计算机技术
开发与应用丛书

LiteOS轻量级物联网操作系统实战

微课视频版

魏　杰 ◎ 编著

清華大学出版社
北京

内容简介

本书采用 PBL 项目式教学模式，以案例 Demo 为主线，将基础知识、核心技能打造成小型案例，通过案例来讲解 LiteOS。LiteOS 可以在 Windows、Linux、macOS 等平台进行开发，内核基础主要包含任务、中断、IPC 通信等。在深层次的知识中，可以进行 LiteOS 组件开发、系统移植。最后在综合项目中穿插用到了基础内核及 LiteOS 支持的物联网协议开发、物联网平台使用，能够让读者快速进行大型项目开发。

本书分为 4 篇共 13 章，分别为快速入门篇（第 1 章和第 2 章）、内核入门篇（第 3～6 章）、内核进阶篇（第 7～9 章）、综合项目实战篇（第 10～13 章）。快速入门篇主要讲述 LiteOS 基本架构、基于 VS Code 的开发环境搭建；内核入门篇从任务、中断、IPC 通信、时间管理等知识入手带领读者详细了解 LiteOS 的内核工作方法；内核进阶篇讲解 Sensor 和 GUI 两个扩展组件，最后进行 LiteOS 的移植；综合项目实战篇搭建了一个基于华为 IoT 云平台的智能家居项目，从项目角度巩固基础知识，掌握 LiteOS 支持的 MQTT、CoAP 等常用物联网协议。

书中通过对 LiteOS 进行拆分，力图实现知识的最大解耦，既适合初学者快速入门，也适合有经验的开发者当作工具书。使用本书进行 LiteOS 学习时，无论有无开发经验都可以按照自己的需求进行跳跃学习。在某些章节后有一些实用的提示，帮助开发者更好地进行项目开发。

图书在版编目(CIP)数据

LiteOS 轻量级物联网操作系统实战：微课视频版/魏杰编著. —北京：清华大学出版社，2023.10
（计算机技术开发与应用丛书）
ISBN 978-7-302-64175-9

Ⅰ. ①L…　Ⅱ. ①魏…　Ⅲ. ①物联网－应用－操作系统　Ⅳ. ①TP316

中国国家版本馆 CIP 数据核字(2023)第 136946 号

责任编辑：赵佳霓
封面设计：吴　刚
责任校对：申晓焕
责任印制：丛怀宇

出版发行：清华大学出版社
网　　址：http://www.tup.com.cn，http://www.wqbook.com
地　　址：北京清华大学学研大厦 A 座　　**邮　　编：**100084
社 总 机：010-83470000　　**邮　　购：**010-62786544
投稿与读者服务：010-62776969，c-service@tup.tsinghua.edu.cn
质量反馈：010-62772015，zhiliang@tup.tsinghua.edu.cn
课件下载：http://www.tup.com.cn，010-83470236
印 装 者：天津鑫丰华印务有限公司
经　　销：全国新华书店
开　　本：186mm×240mm　　**印　张：**22.5　　**字　　数：**505 千字
版　　次：2023 年 11 月第 1 版　　**印　　次：**2023 年 11 月第1次印刷
印　　数：1～2000
定　　价：89.00 元

产品编号：100707-01

前言

PREFACE

自 2017 年 AIoT 这个词被不断地提及，物联网已经跨越到一个新的时代，智能成为物联网的核心需求。面对种类繁多、接口复杂的终端设备，物联网操作系统成为 AIoT 的基础核心。

目前市场流行的物联网操作系统有很多种，例如 2000 年年初开始诞生的 FreeRTOS、μC/OS、RT-Thread，而这几个更侧重的是操作系统，并非“联网”。2015 年发布的 LiteOS、2017 年发布的 AliOS 则在操作系统的基础上增加了端云互通功能，实现了真正的物联。

华为在物联网领域有得天独厚的优势，它的核心竞争力在底层硬件，因此可以快速形成一个闭环生态。由于鸿蒙操作系统的内核也是 LiteOS，因此鸿蒙发布之后，LiteOS 的生态市场更加宽广。

学习一门新技术最好的方式就是通过官网的资料进行学习，尽管华为的技术实力雄厚，然而在文档这一块有些不足。笔者长期致力于物联网项目研发及教学培训，本书将以 PBL 项目式教学模式带领读者深入了解 LiteOS，期待读者可通过本书深入学习 LiteOS，同时也为后期学习鸿蒙操作系统打下基础。

本书主要内容

第 1 章介绍 LiteOS 基本架构及支持的平台，搭建 LiteOS 开发环境，包括 Windows、Ubuntu、macOS 3 种系统下的 LiteOS 开发工具。

第 2 章简单介绍 Qemu 模拟器，包括 Windows、Ubuntu、macOS 下的 Qemu 模拟开发环境搭建。

第 3 章介绍 LiteOS 基础功能组件，包括任务、中断、内存、错误和异常处理，同时还介绍 Makefile 开发工具。

第 4 章介绍 LiteOS 的 IPC 机制，包括信号量、互斥锁、队列、事件。

第 5 章介绍 LiteOS 其他基础组件，包括时间模块、原子操作、链表等，最后介绍 Git 版本控制工具。

第 6 章介绍 LiteOS 支持的两种标准接口，包括 POSIX 接口和 CMSIS 接口。

第 7 章介绍 LiteOS 传感器框架，结合 Kconfig 工具实现传感框架移植。

第 8 章介绍 LiteOS 的 GUI 框架，包括 LVGL 基础语法、模拟器的使用及移植方法。

第 9 章介绍 LiteOS 移植方法，通过案例详细讲解如何移植 LiteOS 及适配 Kconfig

菜单。

第 10 章介绍华为云平台的使用，包括创建产品、定义插件、在线调试等。

第 11 章介绍 CoAP 协议，包括 CoAP 报文结构和 LiteOS 网络接口，通过内置案例详细解析 CoAP 如何实现上报数据和接收命令。

第 12 章介绍 MQTT 协议报文结构，以及如何在华为云平台创建和调试 MQTT 产品。同时解析 LiteOS 内置 MQTT 案例，最后介绍如何移植原生态 MQTT 协议。

第 13 章介绍基于微信小程序的应用开发，以及华为云平台的应用侧 HTTPS 接口、调试手段。最后通过微信小程序的 WebSocket 和华为云的 IAM 账户实现物联网应用 App。

阅读建议

本书是一本基础入门加实战的书籍，既有基础知识，又有丰富示例，同时还加入了 Qemu、Makefile、Kconfig 等常用嵌入式开发工具。本书既可作为入门的学习资料，也可作为项目开发过程中的工具书。书中每个知识点都配有案例，每个案例都提供完整的代码，读者获得源码之后通过 make menuconfig 使能相应的案例，即可看到案例效果。与 LiteOS 相关的代码可在 STM32L431 开发板运行，Makefile、Kconfig、LVGL 等工具案例运行在 PC 端。

建议读者在一开始先把快速入门篇通读一遍，搭建好开发环境。本书最大程度地实现知识解耦，有一定基础的读者可根据实际情况跳跃式阅读。如果没有开发板，则可按照第 2 章搭建 Qemu 模拟环境。如果读者需要使用其他开发板，则应先行阅读第 9 章系统移植。

内核入门篇是 LiteOS 内核入门知识，这一部分内容在操作系统领域具有通用性，如果读者接触过其他操作系统，则这一部分可快速阅读。此外，部分章节最后还引入了 Makefile、Git 等工具，掌握此类工具可帮助开发者快速进入物联网开发环节。

内核进阶篇属于 LiteOS 内核进阶内容，掌握 GUI 和传感框架才能搭建起大型的物联网项目。对于系统移植，读者可先行阅读此部分内容，以此搭建自己的开发环境。

综合项目实战篇属于实战案例部分，此部分内容基于 CoAP 和 MQTT 协议在华为云平台搭建了智能家居项目。CoAP 案例和 MQTT 案例是相互独立的，同时读者也可选择其他云平台实现案例。由于案例中使用了网络模块和 GUI 模块，所以读者必须使用真实开发板才可运行所有代码。

资源下载提示

素材（源码）等资源：扫描目录上方的二维码下载。

视频等资源：扫描封底的文泉云盘防盗码，再扫描书中相应章节的二维码，可以在线学习。

致谢

感谢家人对我工作的支持及业内好友给予的一些珍贵建议，使我可以顺利地完成写作工作。

由于时间仓促，书中难免存在不妥之处，请读者见谅，并提出宝贵意见。

魏　杰

2023 年 8 月 1 日

目录
CONTENTS

本书源码

工具包

快速入门篇

内核进阶篇

综合项目实战篇

快速入门篇

第1章 LiteOS 快速入门

随着5G的普及、智能设备的增加,物体不再是一个单纯的个体,世界已经从互联网时代跨越到物联网时代,进而慢慢地向着AIoT走去。物联网是继互联网之后的“第5次工业革命”。

在物联网体系中,终端数量庞大、种类繁多,传统开发无法实现设备与设备的解耦、设备与系统的解耦。引入物联网操作系统之后,无须考虑设备的物理接口、传输协议等繁重开发,开发者只需编写对应的接口程序就可以实现终端互联。

目前市场流行的物联网操作系统有很多种,例如早期的μC /OS、FreeRTOS、RT-Thread,后面迎头赶来的AliOS、LiteOS。面对如此多的物联网操作系统,究竟该如何选择呢?在笔者看来,肯定应将项目需求摆在第1位,然而对于初学者来讲,选择一个有市场和潜力的产品更为重要。就目前的形势分析,无论是从产品的市场生态环境考虑,还是从国家的政策考虑,LiteOS都是一个正确的选择。接下来带领各位读者开启LiteOS学习之路。

本章重点介绍如何在Windows、Ubuntu、macOS系统中搭建LiteOS开发环境。

1.1 LiteOS 全貌

本节简单介绍LiteOS基本框架及支持的芯片架构。

1.1.1 LiteOS 简介

12min

Huawei LiteOS操作系统于2015年在华为网络大会正式发布,它是华为公司面向物联网领域开发的实时内核轻量级操作系统,具备轻量级、低功耗、互联互通、组件丰富、快速开发等关键能力,可广泛应用于可穿戴设备、智能家居、LPWA、车联网、制造业等领域。

LiteOS支持各种丰富的芯片架构,如Cortex-M系列、Cortex-R系列、Cortex-A系列等,可以快速移植到多种硬件平台,见表1-1。LiteOS也支持UP(单核)与SMP(多核)模式,即支持在单核或者多核的环境上运行。

表 1-1 支持的架构

架　　构	系　　列
ARM	Cortex-M0
	Cortex-M0+
	Cortex-M3
	Cortex-M4
	Cortex-M7
	Cortex-A7
	Cortex-A9
	Cortex-A53
ARM64	Cortex-A72
C-SKY	CK802
RISC-V	RV32

LiteOS 具有实时性高、超小内核、超低功耗等优势；内核可以裁剪到最小 10KB，最低功耗可以低至 μA 级别。LiteOS 除了基础内核外，还提供了丰富的功能组件，例如增强内核、文件系统、网络协议栈等，如图 1-1 所示。

(1) 基础内核：包括不可裁剪的极小内核和可裁剪的其他模块。极小内核包含任务管理(Task Management)、内存管理(Memory Management)、中断管理(Interrupt Management)、异常管理(Exception Management)和系统时钟(System Clock)。可裁剪的模块包括互斥锁(Mutex)、信号量(Semaphore)、消息队列管理(Message Queue)、事件管理(Event)、软件定时器(Software Timer)。

(2) 内核增强：在基础内核之上，进一步提供增强功能，包括 C++ 支持功能、调测功能等。调测组件提供了强大的问题定位及调测能力，包括 Shell 命令、Trace 事件跟踪、获取 CPU 占用率、LMS 等。

(3) 文件系统：用以支持文件系统的基本功能，包括 Vfs(虚拟文件系统)、Ramfs(基于缓存的文件系统)、Fatfs(通用文件系统)等。

(4) 系统库接口：提供各种系统库接口以此提升操作系统的兼容性和可移植性，包括 CMSIS、Libc、Libm、Posix 接口。

(5) 网络协议栈：提供丰富的网络协议栈以支持多种网络功能，包括 LwIP(轻量级 TCP/IP 协议栈) CoAP/LwM2M(轻量级的设备管理协议)、MQTT(消息队列遥测传输)等。

(6) 业务组件：为支持更丰富的用户场景而添加的一些框架，包括 OTA(空中升级)、GUI(图形用户接口)、AI(人工智能)、Sensor(传感器)框架等。

1.1.2 应用生态

华为官方数据表示，目前 LiteOS 已经聚合了 50+ MCU 和解决方案合作伙伴，共同推出一批开源开发套件(常见的有树莓派、小熊派)和行业解决方案(智慧城市、智慧路灯)。同

图 1-1 Huawei LiteOS 架构

时，LiteOS 在发布时还提供了部分芯片的 Qemu 解决方案，使开发者可以实现虚拟开发。

Huawei LiteOS 围绕物联网市场从技术、生态、解决方案、商用支持等多维度使能合作伙伴，构建开源的物联网生态。LiteOS 客户涵盖智能制造、智能抄表、智慧路灯、智慧城市、共享单车、智慧物流等众多行业，已经在快速发展的 AIoT 行业中占有重要市场地位，如

图 1-2 所示。

图 1-2 LiteOS 应用领域

值得注意的是，在最近流行的 OpenHarmony 中也使用了 LiteOS 内核，但是它有两个版本，即 LiteOS_M 和 LiteOS_A。其中 LiteOS_M 主要应用在 Flash/SRAM 资源较少的设备，典型的就是 Cortex-M 系列；而 LiteOS_A 属于标准型应用，一般 SRAM 要达到 2MB 以上，例如应用在 Cortex-A 系列。

1.2 代码仓库

关于 LiteOS 的一切最新内容，应以官方网站发布的内容为基准，官网提供了 LiteOS 的各种产品解决方案和开发者论坛。LiteOS 代码托管在码云上(https://gitee.com)，进入码云官网，搜索 LiteOS 即可找到官方发布的代码，如图 1-3 所示。

图 1-3 码云仓库

单击图 1-3 所示的链接，进入 LiteOS 代码仓库，此时默认处在主分支 master。为了了解 LiteOS 的全部特性，本书将以 master 分支为基础进行开发。切换到 master 分支，单击右侧“克隆/下载”按钮就可以下载代码，默认使用 HTTPS 方式下载，如图 1-4 所示。

图 1-4　下载 LiteOS

注意：*在码云官网下载代码需要提前注册，建议初学者使用 HTTPS 方式下载。*

1.3　LiteOS 开发工具链

在 Windows、Linux、macOS 平台都可以进行 LiteOS 开发，而在开发过程中用到的工具链可以分为代码编辑器、编译工具、下载调试工具，因此，无论开发者的计算机是哪种系统，只要准备好这 3 个工具就可以进行 LiteOS 开发。

1.3.1　代码编辑器

代码在编辑阶段本身就是一个文本文件而已，因此理论上任何能打开 TXT 文件的软件都可以进行代码编辑，甚至一个 Notepad 就可以完成代码编辑工作。为了更好地管理和组织代码，开发者会选择一款合适的 IDE 来完成开发工作，例如嵌入式开发常用的软件 Eclipse for ARM、Keil for ARM、IAR 等。

在 LiteOS 官方网站，推荐使用 LiteOS Studio 集成开发环境进行 LiteOS 开发，但是要求系统在 Windows 10 以上，因此，笔者更倾向于用 VS Code 进行开发。

1.3.2　交叉编译工具

无论在开发过程中使用哪种芯片，LiteOS 都运行在终端设备。物联网的终端设备资源有限，属于典型的嵌入式设备类型，因此代码的编译都必须使用交叉编译器。例如 STM32 系列，需要使用 arm-none-eabi-gcc 编译器，见表 1-2。每种编译器都可以在 GitHub 找到对应的代码仓库，只要下载源代码进行编译安装即可使用。为了操作简单，推荐进入华为云提供的 LiteOS 工具网址下载。

表 1-2　交叉编译器

芯片架构	编　译　器	链　　接
ARM	arm-none-eabi-gcc	https://repo.huaweicloud.com/harmonyos/compiler/
ARM64	aarch64-none-elf-gcc	
C-SKY	csky-elfabiv2	
RISC-V	riscv32-unknown-elf-gcc	

1.3.3 下载调试工具

编译好的代码，需要通过下载器烧录到对应的开发板，以验证其正确性。每个芯片都有自己的烧录方式，本书使用的STM32系列需要使用J-Link或者ST-Link。

21min

1.4 Windows系统下的VS Code开发环境

打开LiteOS官网，可以看到官方推荐使用LiteOS Studio进行开发，并且给出了详细的软件安装和使用方式。由于系统要求，以及LiteOS Studio正在迭代过程中，这里推荐使用VS Code进行开发。如果用LiteOS Studio开发，则可参考网站https://liteos.gitee.io/liteos_studio。

下面介绍Windows系统下的VS Code开发环境，环境要求：Windows 7以上，VS Code1.49～1.52。

1.4.1 关于VS Code

VS Code(Visual Studio Code)是一款由微软开发的免费且跨平台的代码编辑器，能够在Windows、Linux、macOS等平台上运行，通过安装一些插件可以让这个编辑器变成一个编译器。该软件支持代码自动补全、查看定义、语法高亮等功能，并且内置了Git版本控制系统和终端(命令行)工具。VS Code还支持插件功能，用户可在应用商店下载各种插件实现自己需要的功能。

VS Code可以在官方网站(https://code.visualstudio.com)下载，在网页的最底部可以看到各种版本系统对应的VS Code，如图1-5所示。在开发过程中为了确保安全性，尽量避免在其他非正式网站下载开发工具。

图1-5 下载VS Code

为了配合下面将要用到的IoT Link插件，开发者必须使用VS Code的历史版本(v1.49～v1.52)才可以正常工作。VS Code历史版本(例如1.49版)可以在官网(https://

code.visualstudio.com/updates/v1_49)下载。

如果开发者会自己配置交叉工具链,则可随意选择版本。建议初学者不要自己配置交叉编译环境。至于Windows系统下的VS Code安装,只要双击安装包并选择安装目录即可顺利安装。

1.4.2 IoT Link插件

IoT Link是华为工程师推出的一款专门针对LiteOS的插件,它运行在Windows版的VS Code(v1.49~v1.52)之上。IoT Link内置了ARM交叉编译工具、make构建工具、openCD下载工具,安装之后可以直接进行LiteOS开发。下面讲解如何安装IoT Link。

1. 搜索插件

打开VS Code,单击左侧第5个按钮"扩展",之后在搜索框输入IoT Link。此时会显示一个搜索结果列表,如图1-6所示。找到IoT Link条目,单击右下角"安装"按钮即可开始安装。

图1-6 搜索IoT Link插件

2. 等待安装

安装过程其实就是在下载交叉编译器arm-none-eabi-gcc和构建器make,此过程可能需要十几分钟(和网速有关)。安装完毕之前,不要对VS Code进行任何操作。

注意: 如果由于某些原因导致IoT Link插件需要重新安装,则首先要删除C:/用户/Administrators目录下的隐藏文件夹.VS Code和.iotlink。

---

3. 安装完成

安装完成之后,应重启VS Code。可以看到最下方状态栏发生了变化,多了几个按钮,如图1-7所示。

关于各个按钮的功能,见表1-3。

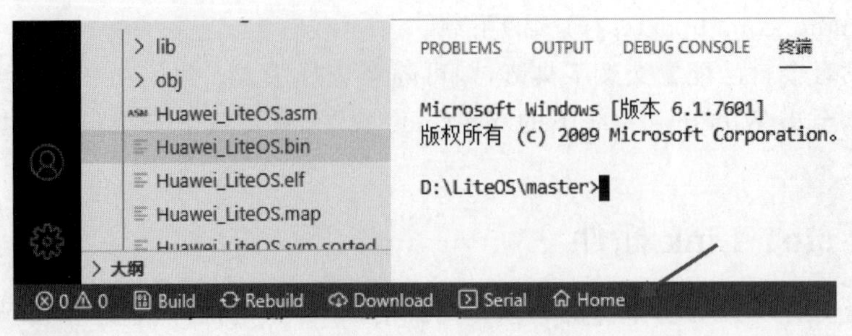

图 1-7　IoT Link 安装完毕

表 1-3　IoT Link 插件功能

按　　钮	功　　能
Home	IoT Link 主页，可以创建、导入 IoT 工程
Serial	串口调试工具
Download	烧录代码
Rebuild	重新构建所有代码
Build	构建修改过的代码

单击 Home 按钮，就可以进入 LiteOS 开发主页，如图 1-8 所示。只有出现如图 1-8 所示的 Home 主页才说明 IoT Link 插件安装成功，否则开发者需要自己安装并配置 GCC 交叉编译器和 make 构建工具。

图 1-8　IoT Link 主页

1.4.3　安装 Python 辅助工具

基于 VS Code＋IoT Link 就可以进行 LiteOS 开发了，只需用代码目录下的 tools/build/config/xxx.config 内容替换代码根目录下的.config，便可以编译出对应开发板的 bin 文件，然而，LiteOS 提供了图形化的配置界面，如图 1-9 所示。图形化配置界面更容易操作，其本质依然是生成了对应的.config 文件。

对于嵌入式开发工作者，图 1-9 所示的界面几乎是用 Kconfig 实现的。为了使用这个图形配置功能，开发者需要安装 Python 工具。

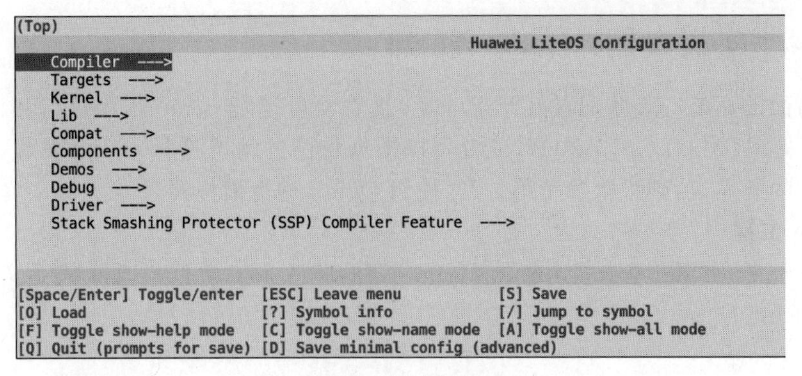

图 1-9　图形化配置

1. 安装 Python 3

从 Python 官网下载自己操作系统对应的 Python 3.8(只要是 Python 3 以上版本都可以),双击可执行程序进行安装,安装过程中注意选择目标路径。

2. 配置环境变量

(1) 按快捷键 Win+R,输入 cmd 后按 Enter 键,如图 1-10 所示。

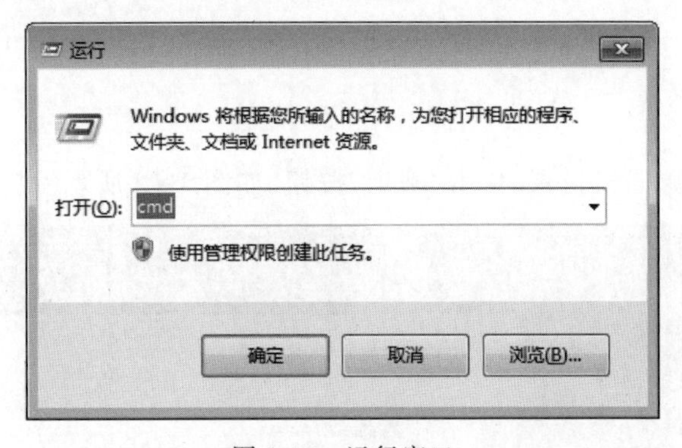

图 1-10　运行窗口

(2) 使用 set path 指令修改环境变量,命令如下:

```
#这意味着在 path 后面追加了路径 d:\python38
#注意,指令中的分号是英文状态下的
setx /m path "%path%;d:\python38"
```

(3) 查看 Python 版本号,验证是否安装成功,命令如下:

```
python --version
```

3. 安装 Kconfig 工具

使用 pip3 指令安装 kconfiglib,命令如下:

```
pip3 install kconfiglib
```

1.4.4 实战案例：Hello World

按照前面的章节安装并配置好开发环境，接着就可运行 demo 程序进行测试。笔者使用的开发板是 STM32L431_BearPi，读者可以根据自己的情况选择对应开发板。如果开发者没有自己的开发板，则可以参考第 2 章，使用 Qemu 进行模拟开发。

1. 导入工程

(1) 打开 VS Code，单击状态栏的 Home 按钮，进入 IoT 主页。选择"导入 GCC 工程"，如图 1-11 所示。

图 1-11　导入工程

(2) 选择对应的源码根目录，单击"确定"按钮，如图 1-12 所示。

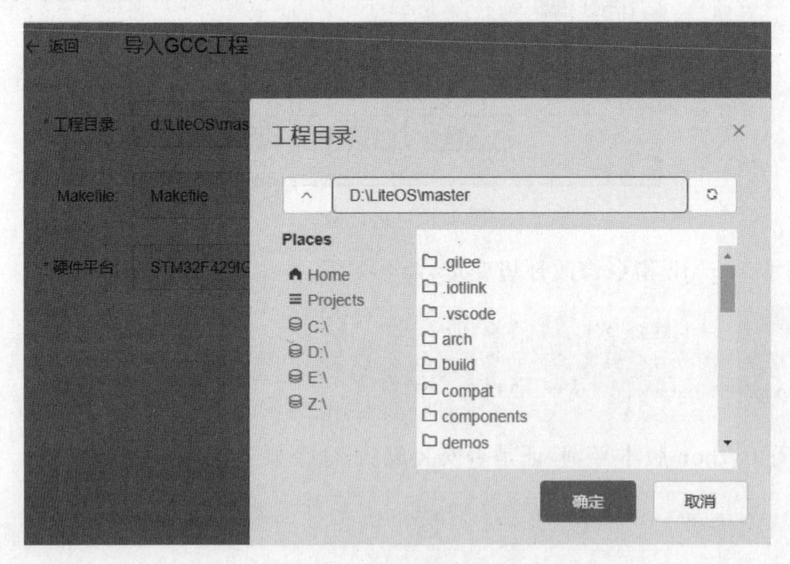

图 1-12　选择源码目录

2. 选择目标板

(1) 选择 VS Code 菜单栏的"终端"→"新建终端" 打开终端，如图 1-13 所示。

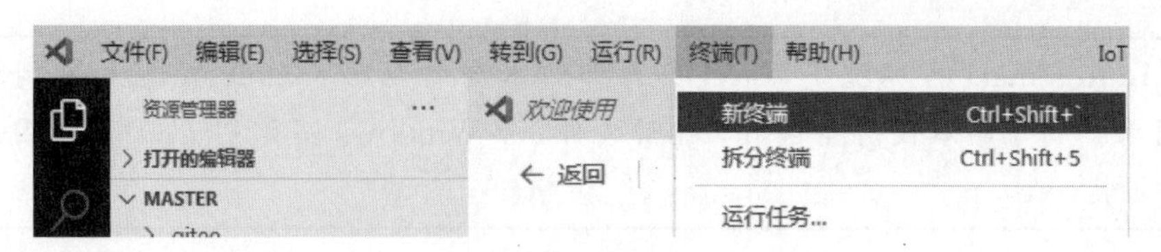

图 1-13 打开终端

(2) 在终端输入指令，打开图形化配置界面，命令如下：

```
make menuconfig
```

(3) 进入配置界面，按↓移动到 Targets 菜单，按 Enter 键进入 Targets 子菜单，如图 1-14 所示。

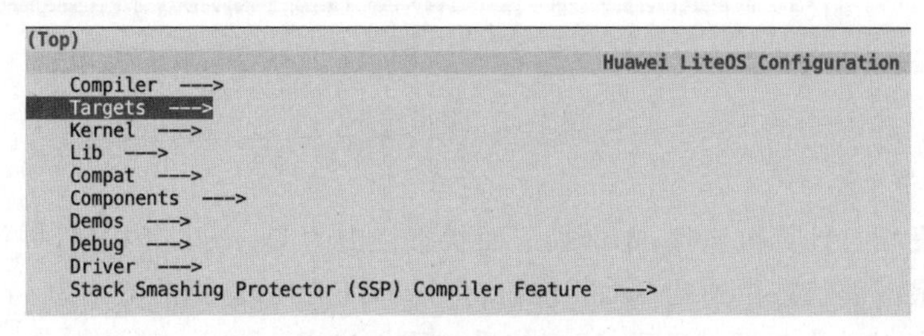

图 1-14 选择 Targets 菜单

(4) 在 Targets 子菜单中选择 Family(STM32)，目标板为 STM32L431_BearPi，如图 1-15 所示。

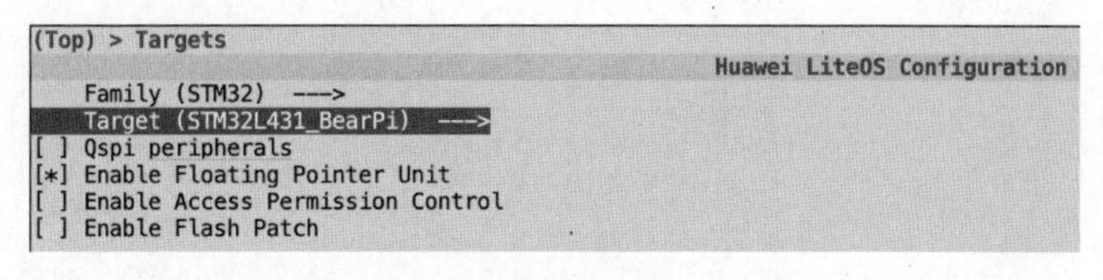

图 1-15 选择目标板和 Family

(5) 按 Esc 键逐渐返回上层菜单，最后输入 y 确认更改，如图 1-16 所示。

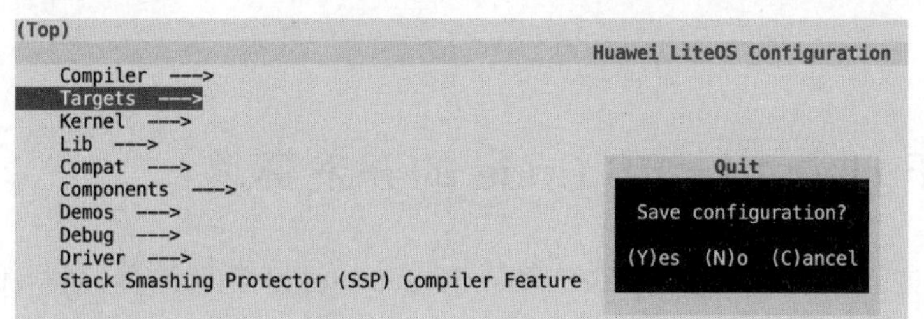

图 1-16 保存退出

(6) 将 Targets 目录下的 menuconfig.h 文件复制到 targets/STM32L431_BearPi/include 目录下。

注意：在 Linux/macOS 环境下，LiteOS 内部脚本会自动将 menuconfig. h 复制到目标板 include 目录。由于脚本使用指令 mv 移动文件，而 Windows 不识别 mv 指令，因此开发者只能手动复制。

3. 编译工程

单击最下面状态栏中的 Build 按钮，或者在终端输入 make 指令，均可对源码进行编译，结果如图 1-17 所示。

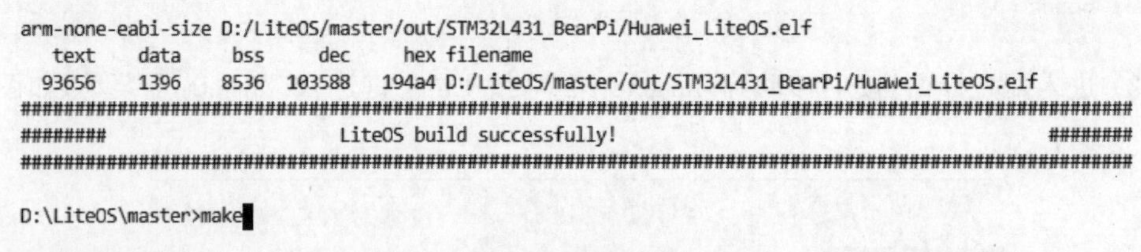

图 1-17　编译结果

4. 烧录验证

（1）将开发板与计算机连接，单击最下面状态栏中的 Download 按钮，进行代码烧录。

（2）单击最下面状态栏中的 Serial 按钮，打开串口工具，选择波特率为 115200。或者使用自己习惯用的其他串口调试助手，运行结果如图 1-18 所示。

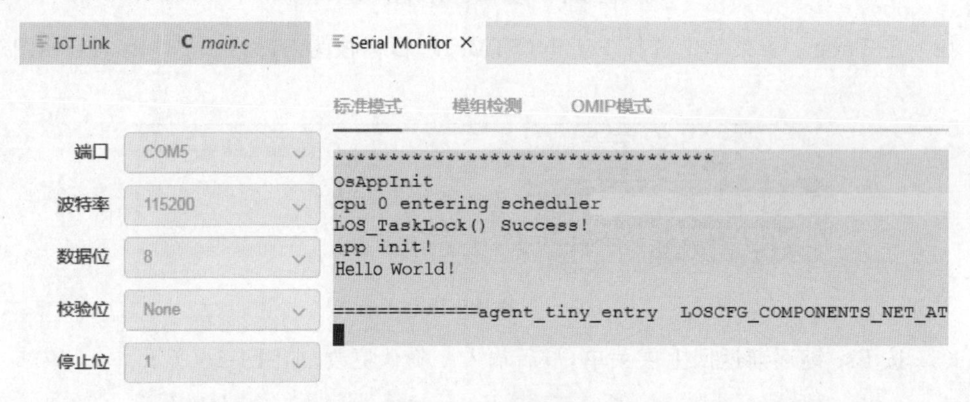

图 1-18　运行结果

26min

1.5　基于 Ubuntu + VS Code 的开发环境

很多从事嵌入式开发的工作者，已经习惯在 Linux 环境下编程，同样 LiteOS 也可在 Linux 环境（推荐使用 Ubuntu）下进行开发。对于 Ubuntu 系统，开发者可以使用 VMware 或者 VirtualBox 虚拟机，也可直接在物理机上安装 Ubuntu。

环境要求：Ubuntu 16 以上，VS Code 无版本要求，GCC 交叉编译器 2019. 10～2021. 10。

1.5.1 安装 VS Code

首先从 VS Code 官网(https://code.visualstudio.com)下载 Ubuntu 版本的 deb 格式安装包,接着打开终端使用命令进行安装。

(1) 增加权限,命令如下:

```
sudo chmod a+x code_1.72.2-1665614327_amd64.deb
```

(2) 执行安装,命令如下:

```
sudo dpikg -i code_1.72.2-1665614327_amd64.deb
```

(3) 打开 VS Code,命令如下:

```
code
```

1.5.2 ARM 交叉编译器

可能有些开发者在安装 Ubuntu 时自带了 GCC 编译器,然而 LiteOS 开发需要使用交叉编译器,因此开发者仍然需要去 GNU 官网(https://developer.arm.com/downloads/-/gnu-rm)下载对应的 arm-none-eabi-gcc 编译器,接着安装下载好的交叉编译器。

注意:务必注意版本号控制在 2019.10～2021.10。由于版本号的限制,因此最好不要使用 apt 指令安装编译器。

(1) 修改权限,命令如下:

```
sudo chmod a+x gcc-arm-none-eabi-10-2020-q4-major-x86_64-linux.tar.bz2
```

(2) 解压下载好的压缩包,命令如下:

```
tar -xjvf gcc-arm-none-eabi-10-2020-q4-major-x86_64-linux.tar.bz2 -C arm-gcc/
```

(3) 修改环境变量,命令如下:

```
#打开~/.bashrc 文件
vim ~/.bashrc
#将下面两句话追加到文件的结尾
PATH=$PATH:/home/wj/data/arm-gcc/gcc-arm-none-eabi-2019-q4-major/bin
#导出变量
export PATH
```

(4) 刷新并测试,命令如下:

```
#刷新~/.bashrc
source ~/.bashrc
#执行 gcc 指令
arm-none-eabi-gcc
#正确的执行结果如下,提示没有输入文件
arm-none-eabi-gcc: fatal error: no input files
compilation terminated.
```

1.5.3 ST-Link 下载调试器

由于无法使用 apt 指令安装 ST-Link，因此只能使用编译源码的方式进行安装。此过程稍微有些复杂，开发者一定要仔细操作。

1. 安装依赖库

为了让后续的编译成功，开发者需要提前安装一些必要的依赖库。Git 是源码下载工具，make、cmake、build-essential 是构建工具，gcc 是编译器，libusb 是一个 USB 接口驱动库。安装命令如下：

```
sudo apt-get install git make cmake libusb-1.0-0-dev gcc build-essential
```

2. 下载源码

源码托管在 GitHub 上，受网络环境影响，可能下载速度较慢，命令如下：

```
git clone https://github.com/stlink-org/stlink
```

3. 编译

切换到 ST-Link 源码目录，如果开发者的系统不缺依赖，则可以直接编译，命令如下：

```
#切换到 ST-Link 源码目录
cd stlink
#编译
make
```

4. 安装

由于安装需要将一些文件复制到系统库，因此需要超级管理权限，命令如下：

```
sudo make install
```

5. 查看是否安装成功

将使用 ST-Link 的开发板插入计算机，查看 Ubuntu 是否可以识别 USB 设备，命令如下：

```
#指令 lsusb 用来查看系统 USB 设备
lsusb
```

```
#执行结果如下
Bus 001 Device 001: ID 1d6b:0002 Linux Foundation 2.0 root hub
Bus 002 Device 003: ID 0483:374b STMicroelectronics ST-LINK/V2.1 (Nucleo-F103RB)
Bus 002 Device 002: ID 80ee:0021 VirtualBox USB Tablet
Bus 002 Device 001: ID 1d6b:0001 Linux Foundation 1.1 root hub
```

1.5.4 J-Link下载调试器

J-Link烧录软件从官网(https://www.segger.com/downloads/jlink/)下载deb格式的安装包之后,可以直接安装。

注意:J-Link官网针对不同的操作系统,分别提供了对应的32位和64位版本,务必选择正确的版本。

---

1. 安装libusb

J-Link同样依赖libusb,因此首先要安装依赖库,命令如下:

```
sudo apt-get install libusb-1.0-0-dev
```

2. 安装J-Link

deb格式的软件需要使用dpkg进行安装,命令如下:

```
sudo dpkg -i JLink_Linux_V782_x86_64.deb
```

3. 查看是否安装成功

将使用J-Link的开发板插入计算机,查看Ubuntu是否可以识别,命令如下:

```
#lsusb用来查看Ubuntu系统的USB设备
lsusb
#如果可以正确识别,则输出结果如下
Bus 001 Device 001: ID 1d6b:0002 Linux Foundation 2.0 root hub
Bus 002 Device 004: ID 1366:0101 SEGGER J-Link PLUS
Bus 002 Device 002: ID 80ee:0021 VirtualBox USB Tablet
Bus 002 Device 001: ID 1d6b:0001 Linux Foundation 1.1 root hub
```

1.5.5 串口驱动

目前常见的开发板通常使用CH340或者CH341芯片实现USB转串口,相比较Windows系统而言,在Ubuntu系统下安装CH340驱动稍微复杂一些。首先要去CH340官网(https://www.wch.cn/download/CH341SER_LINUX_ZIP.html)下载对应的驱动安装包。

1. 解压驱动包

解压之后得到ch34x.c、makefile、readme共3个文件,解压命令如下:

```
unzip CH341SER_linux.ZIP
```

2. 查看系统版本

针对不同的系统版本，CH340会做出不同的驱动选择。查看Ubuntu系统版本，命令如下：

```
# -r参数可以知道Ubuntu内核的详细版本
uname -r
#输出结果如下
5.3.0-28-generic
```

3. 替换内容

输入网址https://elixir.bootlin.com/linux/v5.4.42/source/drivers/usb/serial/ch341.c，查找自己系统版本（例如5.3.0-28-generic）对应的文件，然后用该文件内容替换原来的ch34x.c，如图1-19所示。

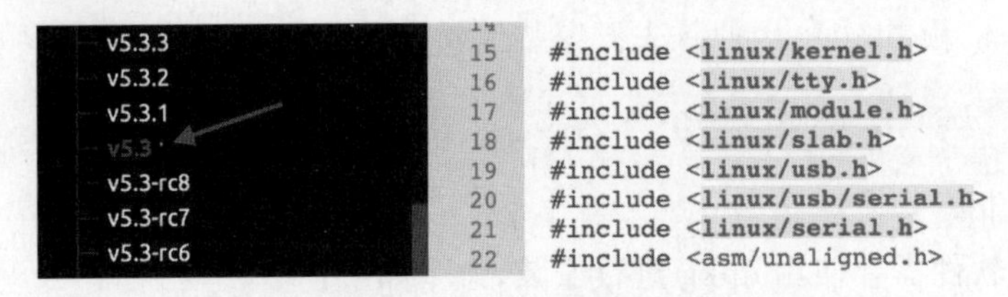

图1-19 替换CH340

4. 编译安装

此时的CH340驱动还是一堆源代码，需要经过编译安装才能使用，命令如下：

```
#务必切换到驱动源代码目录
cd CH341SER_LINUX
#执行make开始编译
make
#编译完成之后安装,需要使用sudo提升权限
sudo make load
```

5. 测试

一般情况下，插入USB转串口设备后可以在dev目录下看到ttyUSB0，命令如下：

```
#查看dev下的设备,使用grep过滤输出结果
ls /dev | grep ttyUSB*
#结果如下,当然也可能是ttyUSB1、ttyUSB2
ttyUSB0
```

1.5.6 实战案例：Hello World

打开VS Code，选择“文件”→“打开文件夹”，打开对应的源码目录。选择“终端”→“新

建终端”,打开终端进行操作。

注意:以下命令都是在源码根目录下执行的。

1. 编译构建

(1) 在终端内刷新文件~/.bashrc,命令如下:

```
source ~/.bashrc
```

(2) 通过图形化界面进行开发板的选择,具体可以参考1.4.3节,命令如下:

```
make menuconfig
```

由于LiteOS代码有Bug,只有第2次执行make menuconfig指令,menuconfig.h文件才能正确移动到目标开发板路径下的include目录中。

(3) 配置完成之后,进行编译,命令如下:

```
make
```

(4) 如果没有改动源代码,则编译可顺利通过,如图1-20所示。

```
arm-none-eabi-size D:/LiteOS/master/out/STM32L431_BearPi/Huawei_LiteOS.elf
   text    data     bss     dec     hex filename
  93656    1396    8536  103588   194a4 D:/LiteOS/master/out/STM32L431_BearPi/Huawei_LiteOS.elf
########################################################################################################
########                              LiteOS build successfully!                              ########
########################################################################################################

D:\LiteOS\master>make
```

图1-20 编译成功

2. 烧录

1) ST-Link

对于本书使用的STM32L431_BearPi开发板,采用了ST-Link接口,因此需要使用ST-Link工具进行代码烧录,命令如下:

```
st-flash write out/STM32L431_BearPi/Huawei_LiteOS.bin 0x0800000
```

2) J-Link

(1) 如果读者的开发板使用的是J-Link工具烧录,则要将终端切换到/opt/SEGGER/JLink目录,命令如下:

```
cd /opt/SEGGER/JLink
```

(2) 执行JLinkExe程序,命令如下:

```
./JLinkExe
```

（3）进入 J-Link 之后，输入指令连接 J-Link，命令如下：

```
connect
```

（4）输入对应的芯片型号，例如这里是 stm32f407vet6，命令如下：

```
Device > stm32f407vet6
```

（5）选择连接方式和速度，例如这里选择 SWD、4000，命令如下：

```
#选择连接方式
TIF > SWD
Specify target interface speed[kHz],< Default >:;4000kHz
#选择速度
Speed > 4000
```

（6）连接成功后，开始下载，指令格式是 loadbin xxx.bin addr，具体命令如下：

```
#下载指令的格式为 loadbin xxx.bin addr
J - Link > loadbin /wj/master/out/led.bin 0x8000000
```

3. 验证

打开串口调试助手，选择开发板对应的串口，按下开发板的复位按钮，运行结果如图 1-21 所示。

```
********Hello Huawei LiteOS********

LiteOS Kernel Version : 5.1.0
build date : Oct 11 2022 19:16:42

**********************************
OsAppInit
cpu 0 entering scheduler
LOS_TaskLock() Success!

app init!
Hello World!
```

图 1-21　Hello Word 运行结果

20min

1.6　基于 macOS + VS Code 的开发环境

对于 Mac 计算机，无须安装虚拟机就可以直接进行 LiteOS 开发。开发者只需准备好 VS Code、交叉编译器、下载工具就可以进行 LiteOS 开发。对于 VS Code，官网提供了对应的 dmg 格式安装包（无须控制版本号），下载后直接双击就可以安装。

环境要求：VS Code 无版本要求，GCC 交叉编译器 2019.10～2021.10。

1.6.1　ARM 交叉编译器

在默认情况下 macOS 自带 GCC 交叉编译工具，然而 LiteOS 对于 GCC 的版本有要求，开发者需要去 GNU 官网下载指定版本（版本号介于 2019.10～2021.10）的 GCC 工具。

1. 解压，追加环境变量

将下载好的 GCC 工具包解压到指定目录，修改～/.bashrc 文件，命令如下：

```
#打开 ～/.bashrc 文件
vim ～/.bashrc
#在文件的结尾追加下面的内容，其实就是环境变量，开发者根据自己的计算机进行修改
```

```
PATH = /Users/weijie/data/gcc/gcc - arm - none - eabi - 9 - 2019 - q4 - major/bin: $ PATH
#导出环境变量
export PATH
```

2. 刷新

打开终端,刷新~/. bashrc 文件,命令如下:

```
source ~/.bashrc
```

3. 测试

安装完成之后,需要在终端测试交叉编译器,命令如下:

```
#使用 arm - none - eabi - gcc 测试
arm - none - eabi - gcc
#如果安装配置正确,则输出结果如下
arm - none - eabi - gcc: fatal error: no input files
compilation terminated.
```

1.6.2 下载和调试工具

对于 macOS 来讲,最难的就是找到自己想用的软件。庆幸的是,无论 ST-Link 还是 J-Link,官方都提供了对应的 macOS 版本。

从 J-Link 官网(https://www.segger.com/downloads/jlink/)下载 dmg 格式安装包,双击下载的 dmg 格式安装包即可进行安装。

ST-Link 可以使用 macOS 的 brew 指令进行安装,命令如下:

```
brew install st - link
```

到此为止,开发者还缺一个串口调试助手。如果开发者会使用 QT,则可以自己编写一个串口调试助手,网上有很多源码可以参考。开发者也可以去 App Store 搜索串口调试助手,目前有业余爱好者已经开发出一款实用的 Mac 串口助手,如图 1-22 所示。

图 1-22 Mac 串口助手

开发者也可以搜其他串口工具,例如友善之臂也提供了 macOS 下的串口助手,或者使用超级终端。

1.6.3 安装 Kconfig

如果开发者需要使用 LiteOS 的图形化配置功能，则 Kconfig 是必不可少的，当然 Python 也是必不可少的。

注意：不要庆幸你的计算机自带 Python，当前多数 macOS 自带的 Python 版本为 2.7，Kconfig 要求 Python 3 才可以使用，所以务必先将 Python 2 升级到 Python 3.7 以上。

打开终端，使用指令 pip3 安装 Kconfig，命令如下：

```
pip3 install kconfiglib
```

1.6.4 修改工程配置文件

LiteOS 项目在开发时，并没有考虑到兼容 macOS，因此无法直接在 macOS 下编译源码。在源码的 build/mk 目录下，有一个文件 compile_gcc.mk，第 58 行是对操作系统的判断，第 89 行用于设置 GCC 自带的 Lib 库路径，代码如下：

```
#Check if input compiler is availible
#如果是 Linux 系统
ifeq ($(OS), Linux)
    ifeq ($(shell which $(CC)),)
        $(error compiler $(CROSS_COMPILE) is not in the ENV)
    endif
LITEOS_COMPILER_PATH: =  $(shell  $(LITEOSTOPDIR)/build/scripts/get_compiler_path.sh
$(CC))
#如果是 macOS 系统，这段代码是笔者自己添加的
else ifeq ($(OS), Darwin)
    ifeq ($(shell which $(CC)),)
        $(error compiler $(CROSS_COMPILE) is not in the ENV)
    endif
    LITEOS_COMPILER_PATH: =  $(shell  $(LITEOSTOPDIR)/build/scripts/get_compiler_path.sh
$(CC))
#其他系统，其实就是 Windows 了
else
    ifeq ($(shell where $(CC)),)
        $(error compiler $(COMPILE_NAME) is not in the ENV)
    endif
    LITEOS_COMPILER_EXE_PATH := $(shell where $(CC))

LITEOS_COMPILER_PATH: = $(subst\bin\$(CC).exe,,$(LITEOS_COMPILER_EXE_PATH))
endif

#第 89 行，这里主要修改了 GCC 自带的 lib 库的路径
GCCLIB_PATH_32  =  $(realpath $(LITEOS_COMPILER_PATH)/../..)/lib/gcc/$(COMPILE_NAME)/
$(VERSION_NUM)
```

```
GCCLIB_PATH_64 = $(realpath $(LITEOS_COMPILER_PATH)/../..)/lib64/gcc/$(COMPILE_NAME)/
$(VERSION_NUM)

CXXLIB_PATH_32 = $(realpath $(LITEOS_COMPILER_PATH)/../..)/$(COMPILE_NAME)/lib
CXXLIB_PATH_64 = $(realpath $(LITEOS_COMPILER_PATH)/../..)/$(COMPILE_NAME)/lib64
```

1.6.5 实战案例：测试 Hello World

打开 VS Code，选择"文件"→"打开文件夹"，打开对应的源码目录。选择"终端"→"新建终端"，打开终端进行操作。

注意：以下命令都是在源码根目录下执行的。

1. 编译

在终端内刷新～/.bashrc 文件，命令如下：

```
source ~/.bashrc
```

通过图形界面选择目标开发板，具体可以参考 1.4.3 节，命令如下：

```
make menuconfig
```

配置完成之后，编译源代码，命令如下：

```
make
```

如果配置正确，则编译结果如图 1-23 所示。

```
arm-none-eabi-size /Users/weijie/data/code/liteos/LiteOS-STM32L431-MQTT/out/STM32L431_BearPi/Huawei_LiteOS.elf
   text    data     bss     dec     hex filename
 255852    1344   22376  279572   44414 /Users/weijie/data/code/liteos/LiteOS-STM32L431-MQTT/out/STM32L431_BearPi/Huawei_LiteOS.
elf
########################################################################################################
########                          LiteOS build successfully!                                 ########
########################################################################################################
weijiedeMacBook-Pro:LiteOS-STM32L431-MQTT weijie$
```

图 1-23　编译成功

2. 烧录

1）ST-Link

对于本书采用的 STM32L431_BearPi 开发板，使用 ST-Link 接口，因此需要使用 ST-Link 工具烧录代码，命令如下：

```
st-flash write out/STM32L431_BearPi/Huawei_LiteOS.bin 0x0800000
```

2）J-Link

(1) 如果读者的开发板使用 J-Link 进行烧录，则应打开安装好的 J-Link 软件。J-Link 一次性安装了许多软件，这里选择 J-FlashLite 即可，如图 1-24 所示。

图 1-24　J-FlashLite

（2）打开 J-FlashLite 首先要选择芯片和基础配置，例如使用正点原子的 STM32F407VE 开发板，如图 1-25 所示。

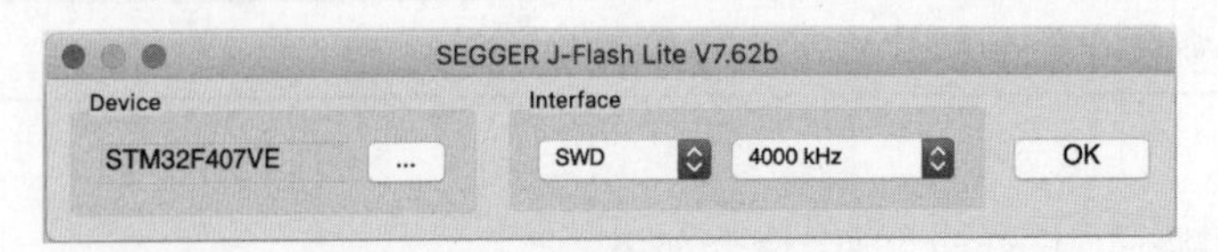

图 1-25　J-FlashLite 基础配置

（3）配置完成之后进入下一个界面，选择要烧录的 bin 文件，还需要设置下载地址。对于 Cortex-M4 系列芯片来讲，下载地址都是 0x08000000，如图 1-26 所示。

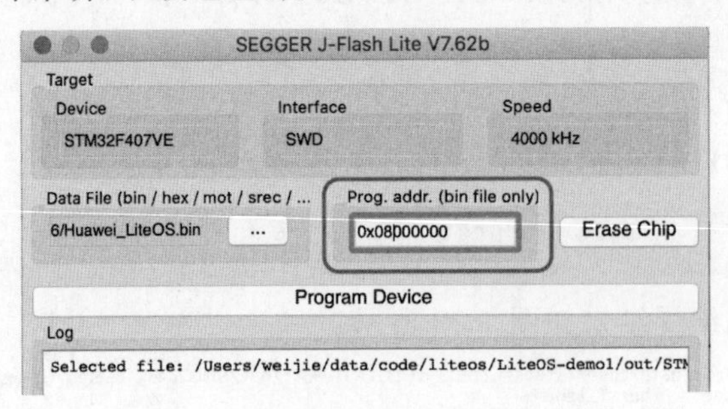

图 1-26　J-FlashLite 烧写配置

3. 验证

打开串口调试助手，选择开发板对应的串口，按下开发板的复位按钮，运行结果如图 1-27 所示。

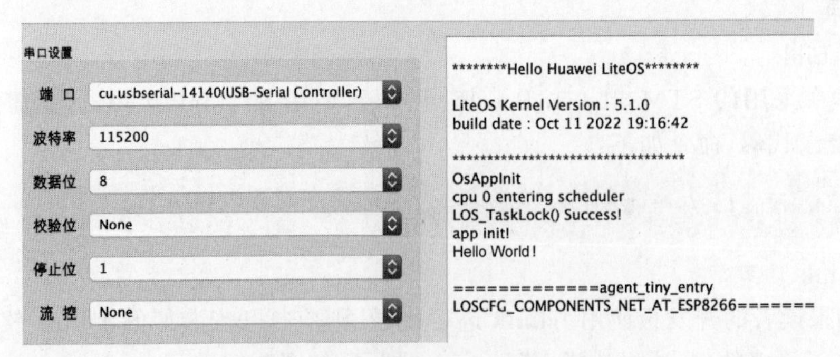

图 1-27　Hello World 运行结果

1.7 本章小结

本章介绍了 LiteOS 的基本架构，分析了 LiteOS 开发所需的工具链，并且搭建了 3 种平台下的 LiteOS 开发环境。尽管官方推荐使用 LiteOS Studio，但笔者更倾向于在 Ubuntu 下使用 VS Code+Cross Tool Chain（交叉工具链）。基于 Ubuntu 的开发环境可以让读者更深入地了解 LiteOS 基础架构及开发流程，同时也为后期学习 HarmonyOS 打下基础。第 2 章将介绍一款硬件模拟器，让开发者可以零成本学习 LiteOS 开发。

第2章 Qemu模拟开发

也许有些读者羡慕软件开发者，因为他们几乎可以搭建一个免费使用的平台。对于硬件开发者来讲，不仅要有一个合适的集成开发环境，还需要一款合适的开发板。那么问题来了，是否每切换一个平台都得买一块开发板？

相信很多硬件开发者在学校用过 Proteus、EMU8086、Multisim 等模拟软件，这些软件可以让开发者在没有硬件支持的情况下模拟运行一些基础代码。随着科技的不断进步，市场上的芯片也越来越多，开源软件 Qemu 应运而生。Qemu 可以模拟很多常见的处理器，包括 ARM64 系列、Cortex-A 系列、部分 Cortex-M 系列、RISC 系列等。

本章将介绍 Qemu 模拟器的安装和使用方法。

2.1 Qemu概述

Qemu 是一个通用的开源模拟处理器软件，广泛应用在 GNU/Linux 平台。Qemu 可以模拟内核运行在不同的单板，解除对物理开发板的依赖。

Qemu 主要有两种工作模式，系统仿真模式和用户模式。系统仿真模式为运行操作系统提供了整个机器(CPU、内存和仿真设备)的虚拟模型；在这种模式下，CPU 可以完全仿真，也可以与虚拟机监控程序(如 KVM、Xen、Hax 或 Hypervisor)一起工作，允许来宾直接在主机 CPU 上运行编译框架。在用户模式下，Qemu 可以在一个 CPU 上启动为另一个 CPU 编译的进程；在这种模式下，CPU 总是模拟的。

11min

2.2 安装 Qemu

本节介绍如何在 Windows、Ubuntu、macOS 系统下安装 Qemu 软件。

2.2.1 Windows 系统下的 Qemu 安装

要想运行 Qemu，首先要从官网找到指定系统对应的安装包，见表 2-1。Qemu 为 Windows 环境提供了免编译的安装包，下载之后无须编译就可以直接安装。

表 2-1 Qemu 官网

版　本	网　址
Windows 64 位	https://qemu.weilnetz.de/w64/
Windows 32 位	https://qemu.weilnetz.de/w32/

进入表 2-1 列出的网址，下载自己系统对应的 Qemu 安装包(注意 32 位和 64 位)，Windows 系统下的 Qemu 安装过程如下。

(1) 双击安装包，开始运行安装程序。

(2) 选择安装语言(默认 English，没有汉语)，如图 2-1 所示。

图 2-1 安装 Qemu，选择语言

(3) 开始安装，单击 Next 按钮，然后单击 Agree 按钮，如图 2-2 所示。

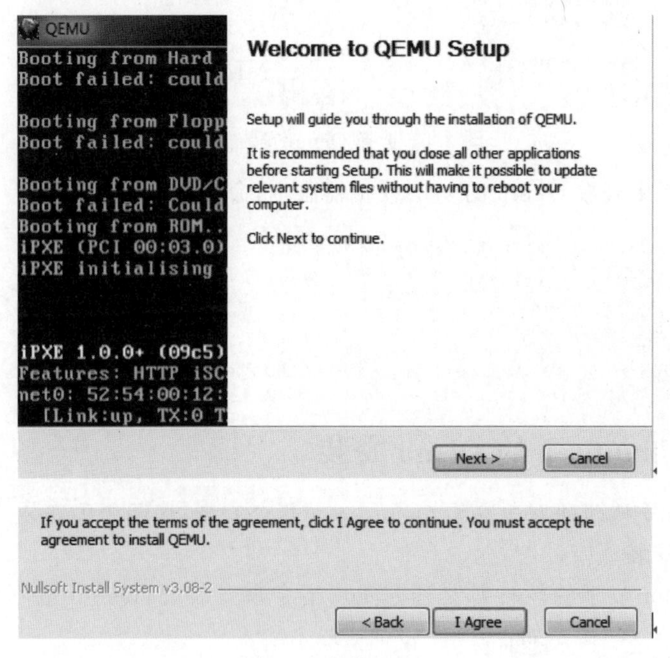

图 2-2 安装 Qemu

(4) 在默认情况下，Qemu 会安装所有的工具包。开发者可以展开 System emulation 选项卡，里面列出了所有 Qemu 支持的处理器类型，如图 2-3 所示。例如用户要仿真一个 Cortex-A7 的处理器，则安装时必须勾选 System emulation 中的 arm 选项。

(5) 选择安装位置，如图 2-4 所示，此安装位置会在下一步的环境变量中使用。

(6) 打开命令行，将 Qemu 的安装路径追加到 path 变量，命令如下：

```
setx /m path "%path%;d:\qemu"
```

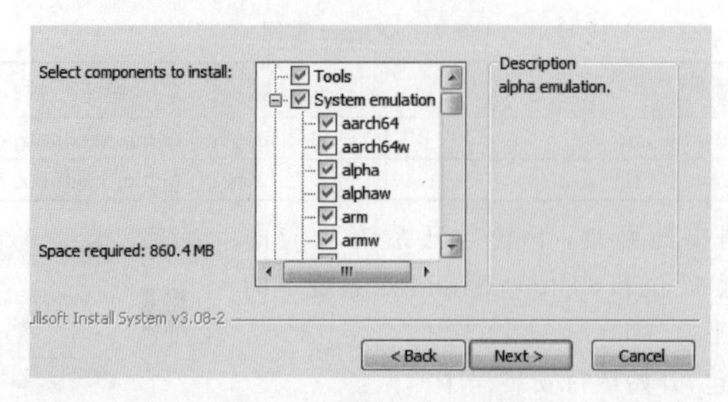

图 2-3　选择 Qemu 工具包

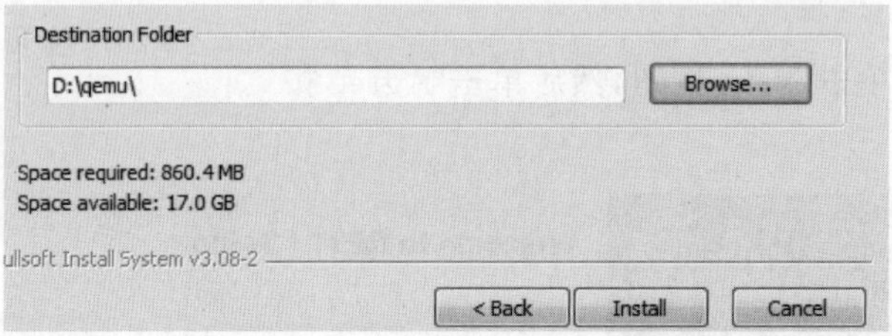

图 2-4　选择 Qemu 安装位置

(7) 在命令行中查看 Qemu 的 arm 模拟器版本，命令如下：

```
#qemu - system - arm 用于启动 Qemu 中的 arm 模拟器
qemu - system - arm  - - version
#输出结果如下
QEMU emulator version 6.2.0
Copyright I 2003 - 2021 Fabrice Bellard and the QEMU Project developers
```

2.2.2　Ubuntu 下的 Qemu 安装

Ubuntu 系统支持两种方法安装 Qemu：apt 指令安装、编译源码安装。

1. apt 指令安装

(1) 通常 Ubuntu 下的软件都是通过 apt 指令来安装的，Qemu 也不例外。在安装之前，需要先更新 apt 源，命令如下：

```
sudo apt update
```

(2) 使用 apt 指令安装 Qemu，命令如下：

```
sudo apt install qemu
```

(3) 测试 Qemu 是否安装成功，命令如下：

```
#qemu - system - arm 用于启动 Qemu 中的 arm 模拟器
qemu - system - arm -- version
```

```
#输出结果如下
QEMU emulator version 6.2.0
Copyright I 2003 - 2021 Fabrice Bellard and the QEMU Project developers
```

2. 编译源码安装

随着 LiteOS 代码不断地更新迭代，对 Qemu 的版本可能会要求更高，然而通过 apt 方式安装的 Qemu 可能不是用户需要的版本，在这种情况下，用户需要自己下载 Qemu 源码，经过编译之后使用 make install 指令安装。下面介绍 Qemu 的源码安装方法。

（1）安装依赖工具，命令如下：

```
sudo apt install build - essential zlib1g - dev pkg - config libglib2.0 - dev binutils - dev
libboost - all - dev autoconf libtool libssl - dev libpixman - 1 - dev virtualenv flex bison
```

（2）下载 Qemu 源码，命令如下：

```
#wget 是下载指令，可以直接将后面的网址放在浏览器中下载
wget https://download.qemu.org/qemu - 6.2.0.tar.xz
```

（3）编译源码，命令如下：

```
#解压
tar  - xf qemu - 6.2.0.tar.xz
#切换到 Qemu 源码目录
cd qemu - 6.2.0
#创建 build 文件夹，并进入
mkdir build && cd build
#配置安装路径
../configure __prefix = qemu_install_path
#开始编译
make  - j16
```

（4）开始安装，命令如下：

```
make install
```

（5）打开～/.bashrc，修改环境变量，命令如下：

```
#打开文件
vim ～/.bashrc
#在文件的最后将 Qemu 路径追加到 PATH
export PATH = $ PATH:qemu_installation_path/bin
```

（6）测试是否安装成功，命令如下：

```
#查看 Qemu 中的 arm 模拟器版本
qemu - system - arm  - version
#输出结果如下
```

```
QEMU emulator version 6.2.0
Copyright I 2003 - 2021 Fabrice Bellard and the QEMU Project developers
```

注意：上面的-prefix=qemu_install_path 中，qemu_install_path 要替换成自己想要设置的 Qemu 安装目录，例如/home/wj/qemu6.0.2。

2.2.3 macOS 下的 Qemu 安装

macOS 下直接使用 brew 指令就可以安装 Qemu，命令如下：

```
brew install qemu
```

8min

2.3 实战案例：ARM 下的 Hello World

LiteOS 提供了在 Qemu 下模拟的几种芯片方案，包括 Cortex-A9、Cortex-A53、ESP32、Cortex-M55。只要安装了对应的编译器，开发者就可以在 Qemu 上模拟一些简单的操作。

本节介绍如何在 Qemu 中模拟 ARM 64 位处理器。

1. 选择目标板

(1) 打开 master 项目代码，在终端将 Family 选为 QEMU，如图 2-5 所示。

```
(Top) > Targets > Family
                                        Huawei LiteOS Configuration
( ) APM32
( ) CSKY
( ) FMSH
( ) GD
(X) QEMU
( ) raspberry
( ) SIFIVE
( ) STM32
( ) XTENSA
```

图 2-5　选择处理器架构

(2) 将 Targets 选为 qemu-virt-a53，如图 2-6 所示。

```
(Top) > Targets > Target
                                        Huawei LiteOS Configuration
( ) realview-pbx-a9
(X) qemu-virt-a53
( ) SmartL_E802
( ) ESP32
```

图 2-6　选择芯片

2. 安装交叉编译器

从上一步可以看出，Qemu 支持四款目标芯片，然而这些芯片并不是 32 位 ARM 架构的。例如当前选择的 A53 系列，这是 ARM 64 位架构，因此需要安装 64 位交叉编译器。开发者可以参考 1.3.3 节，在官网下载对应的编译器。

1) Ubuntu 系统下的 ARM 64 位编译器

(1) 将编译器解压到指定的目录，命令如下：

```
tar -xzvf x86_x64_aarch64_none_elf.tar.xz -C /home/wj/gcc
```

(2) 将编译器路径追加到 PATH 环境变量，命令如下：

```
#打开 ~/.bashrc 文件
vim ~/.bashrc
#将下面的代码追加到~/.bashrc 的最后
export PATH=$PATH:/home/wj/gcc/aarch64/bin
```

(3) 测试交叉编译器，命令如下：

```
#执行 64 位的 aarch64-none-elf-gcc 指令
aarch64-none-elf-gcc
#输出结果如下
aarch64-none-elf-gcc: fatal error: no input files
compilation terminated.
```

2) Windows 系统下的 ARM 64 位编译器

(1) 将编译器解压到指定的目录，将编译器路径追加到 path 环境变量，命令如下：

```
setx /m path "%path%;d:\aarch64_gcc\bin"
```

(2) 测试交叉编译器，命令如下：

```
#执行 64 位交叉编译指令
aarch64-none-elf-gcc
#输出结果如下
aarch64-none-elf-gcc: fatal error: no input files
compilation terminated.
```

3. 编译工程

确保交叉编译器正确安装配置，开始编译源码，命令如下：

```
make
```

4. 执行目标代码

启动 Qemu，模拟 64 位 ARM 处理器，命令如下：

```
qemu-system-aarch64 -machine virt -smp 4 -m 512M -cpu cortex-a53 -kernel out/qemu-virt-a53/Huawei_LiteOS.elf -nographic
```

5. Qemu 常用指令

关于 Qemu 命令行的用法可以通过指令 qemu-system-arm-help 查看，qemu-system-arm 代表启动 arm 虚拟机，qemu-system-aarch64 代表启动 64 位虚拟机。下面给出指令 qemu-system-arm 的每个参数代表的意义，见表 2-2。

表 2-2 qemu-system-aarch64 参数

参 数	意 义
-machine	表示 Qemu 要仿真的虚拟机类型
-smp	表示 Guest 虚拟机的 CPU 的个数
-m	为此 Guest 虚拟机预留的内存大小，如果不指定，则默认大小是 128MB
-cpu	表示要仿真的虚拟机的芯片架构
-kernel	表示要运行的镜像文件路径
-nographic	表示启动的是非图形界面

2.4 浅尝 VS Code 利器

笔者从大学开始做项目，用过各式各样的 IDE，例如 Keil、IAR、Eclipse，最让人头疼的就是跨平台问题，偶然的机会接触了 VS Code，简直爱不释手，果断抛弃了之前的 IDE。

曾经听到某位资深开发者的自白：我为什么喜欢 VS Code？因为它跨平台、轻量级，同时集成了版本管理功能，而且打开目录即为工程。

2.4.1 简单的配置

VS Code 通过各种配置和插件实现更好的用户体验，下面开始做一些简单的入门级配置，这样可以获得更好的体验。

刚刚安装好的 VS Code 处于英文界面，用户可以在插件搜索框搜索 Chinese，安装汉化包插件。VS Code 提供两种方式实现基础配置，第 1 种是图形化界面，第 2 种是编辑配置文件 settings.json。对于初学者来讲，还是使用图形化配置更方便一点。

单击左下角第 1 个按钮，选择“设置”即可打开设置界面，如图 2-7 所示。

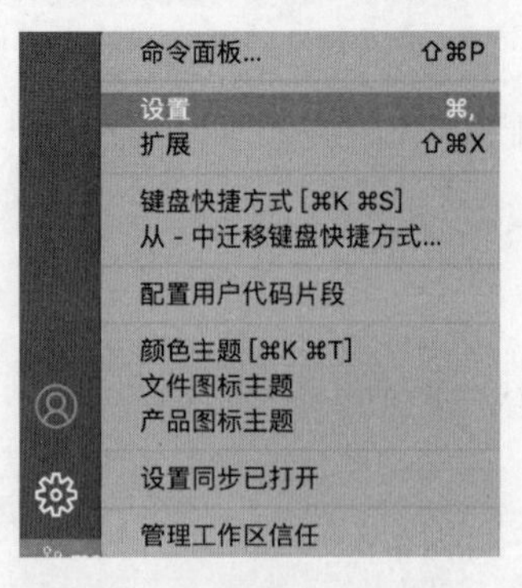

图 2-7 打开 VS Code 设置

在设置界面可以设置字体、制表符等一系列操作，用户可以直接在设置界面的搜索框里搜索要设置的内容,这样可以快速跳转到对应的设置界面,如图 2-8 所示。

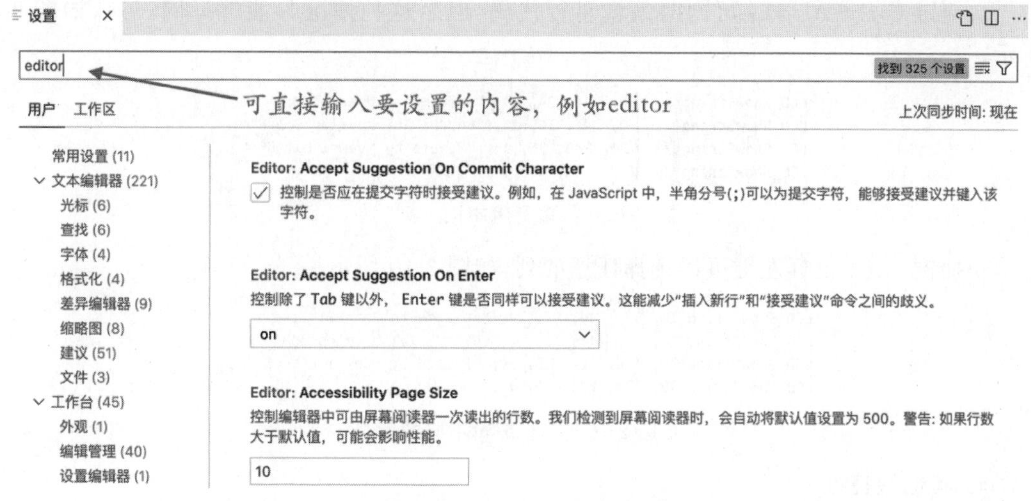

图 2-8 VS Code 设置界面

VS Code 可配置的选项比较多,笔者给出常用的一些设置选项,见表 2-3。开发者可以直接在设置界面搜索其中的某个关键字,也可以在 settings.json 文件中利用键-值对的方式进行修改。

表 2-3 VS Code 常用来设置

选 项	说 明
Editor: font size	设置编辑器的字体大小
Editor: tab size	设置编辑器的 Tab 占位个数
File: auto save	设置自动保存
Editor: lineNumbers	设置是否显示行号
Auto indent	控制是否自动缩进
Quick suggestion	控制是否进行代码自动提示

2.4.2 快捷按钮

记住几个快捷键,可以让开发者在编辑代码时更加方便(在 Windows 系统下的 Ctrl 按键对应 macOS 下的 Command 按键,其他按键通用)。

1. 代码快速格式化

选中代码,先按快捷键 Ctrl+K,然后按快捷键 Ctrl+F。

2. 展开/折叠代码块

(1) 折叠当前文件内的所有代码,先按快捷键 Ctrl+K,然后按快捷键 Ctrl+0。

(2) 展开当前文件内的所有代码,先按快捷键 Ctrl+K,然后按快捷键 Ctrl+J。

(3) 折叠本级和它包含的节点,先按快捷键 Ctrl+K,然后按快捷键 Ctrl+[。

(4) 展开本级和它包含的节点,先按快捷键 Ctrl+K,然后按快捷键 Ctrl+]。

3. 多行编辑

快捷键 Ctrl＋Alt＋↓可同时编辑多行代码，但是这种情况只能选择同一列，如图 2-9 所示。

```
LCD_ShowString(10, 50, 240, 24, 24, "Welcome to BearPi!");
LCD_ShowString(20, 90, 240, 16, 16, "BearPi IoT Develop Board");
LCD_ShowString(20, 130, 240, 16, 16, "Powerd by Huawei LiteOS!");
LCD_ShowString(10, 170, 240, 16, 16, "丫头");
```

图 2-9　多行编辑同一列

快捷键 Alt＋鼠标左键可以选择任意的列，如图 2-10 所示。

```
LCD_ShowString(10, 50, 240, 24, 24, "Welcome to BearPi!");
LCD_ShowString(20, 90, 240, 16, 16, "BearPi IoT Develop Board");
LCD_ShowString(20, 130, 240, 16, 16, "Powerd by Huawei LiteOS!");
LCD_ShowString(10, 170, 240, 16, 16, "丫头");
```

图 2-10　多行编辑不同的列

4. 其他快捷键

快捷键并不是一朝一夕可以记住的，有了上面的几个基础按键，就可以快速地编辑代码了。下面再给出几个其他常用快捷键供读者参考使用，见表 2-4。

表 2-4　VS Code 快捷键

快　捷　键	用　　途
Ctrl＋/	添加或关闭注释
Shift＋Alt＋A	区块注释
Ctrl＋X	剪切一行，不用选中内容就能剪切
Alt＋↑	向上移动一行
Alt＋↓	向下移动一行
Shift＋Alt＋↑	向上复制一行
Shift＋Alt＋↓	向下复制一行
Alt＋Enter	向下重开一行
Ctrl＋F	在当前文件内搜索
Ctrl＋Alt＋F	在当前文件内替换
Ctrl＋Home	跳转到页头
Ctrl＋End	跳转到页尾
Ctrl＋`	打开终端

2.5　本章小结

本章搭建了 Qemu 模拟开发环境，开发者无须购买开发板就可以进行 LiteOS 模拟操作，相信读者不会再担心硬件成本问题了。2.4 节介绍了 VS Code 的基本使用方法，分享了一些小技巧。所谓“工欲善其事，必先利其器”，学习了前两章的内容，读者可以轻松地进行 LiteOS 开发了。

内核入门篇

第3章

内核基础

使用任何一种操作系统都离不开进程/线程、IPC通信、时间管理、异常等核心内容，对于物联网操作系统，开发者还会用到中断、内存、网络协议栈等功能模块。

本章讲解LiteOS中的任务、中断、内存、异常等核心功能组件。

3.1 LiteOS内核架构

本节介绍LiteOS基础内核组成，以及启动流程。

3.1.1 基础内核

14min

LiteOS的内核包括基础内核和增强内核，绝大多数系统移植需要包含基础内核，而增强内核可以根据实际情况裁剪。基础内核又由一个不可裁剪的极小内核和其他可裁剪模块组成，如图3-1所示。

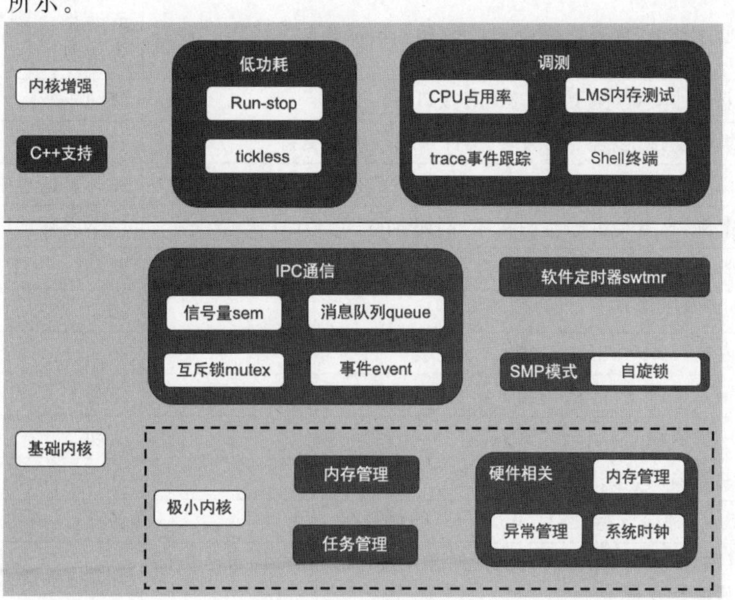

图3-1 LiteOS内核

任务管理模块提供了任务的创建、删除、挂起、恢复等功能,同时还提供了任务的调度、锁定、解锁功能。LiteOS 支持抢占式调度,即高优先级任务可以打断低优先级任务,对于优先级相同的任务支持时间片轮转调度。

内存管理模块支持内存的申请和释放,提供内存统计、内存越界检测功能。LiteOS 提供静态内存和动态内存两种算法,目前支持的内存管理算法有 Box 算法、Bestfit 算法、Bestfit_little 算法。

中断管理模块提供了中断的创建、删除、使能及标志位的清除功能;异常管理模块在系统运行异常之后,可以打印出当前发生异常的函数调用栈信息;系统时钟模块负责时钟转换,LiteOS 以 Tick 作为系统调度的基本单位。

IPC 通信模块提供了信号量、互斥锁、事件、消息队列 4 种任务的通信机制,每种通信机制都可以单独进行配置。

注意:在最新版本的 LiteOS 中,中断已经被系统全面接管,不再提供原始的裸机中断接口。

3.1.2 代码结构

LiteOS 官方仓库有若干分支,其中 master 分支的功能最为全面。在使用 master 分支进行开发之前,首先要了解其代码结构,见表 3-1。

表 3-1 LiteOS 目录结构

目 录	说 明	备 注
arch	架构支持,目前支持 ARM64\ARM-A\ARM-M\RISC-V	勿动
build	编译脚本,负责检测编译工具,组织编译代码	macOS 下需要微调,其他系统勿动
compat	兼容性支持,主要是 CMSIS 接口	勿动
component	组件支持,包含 AI、网络、文件系统等组件支持	勿动
doc	说明文档,关于 LiteOS 的一切知识都在这里	在开发过程中可以参考
demos	案例,官方提供的实例程序,例如 MQTT、CoAP 等	供学习测试用,可以修改
drivers	驱动,串口和定时器的一些代码,供调试使用	勿动
include	头文件	勿动
Kernel	内核,LiteOS 核心功能	勿动
lib	第三方库支持,例如解压功能 Zlib	勿动
osdepend	一些依赖	勿动
out	编译输出,以开发板名字命名	自动生成
shell	Shell 命令支持,类似 Windows 的命令行	勿动
targets	目标板支持,列出所有支持的开发板,开发者可以自己添加其他开发板	开发者主要修改的地方

续表

目　录	说　明	备　注
test、tests	测试用案例	勿动
tools	编译和构建工具配置	macOS下需要微调

3.1.3 内核启动流程

在 targets 目录下列出了许多已经移植成功的开发板，每个开发板对应的目录下都有一个 main.c 文件，这里就是 LiteOS 的入口，代码如下：

```
//第 3 章/main.c
VOID BoardConfig(VOID){
    g_sys_mem_addr_end = __LOS_HEAP_ADDR_END__;
}
INT32 main(VOID){
#ifdef __GNUC__
    ArchStackGuardInit();
#endif
    OsSetMainTask();
    OsCurrTaskSet(OsGetMainTask());

    BoardConfig();
    HardwareInit();

    PRINT_RELEASE("\n******** Hello Huawei LiteOS ******** \n"
                  "\nLiteOS Kernel Version : %s\n"
                  "build date : %s %s\n\n"
                  "********************************** \n",
                  HW_LITEOS_KERNEL_VERSION_STRING, __DATE__, __TIME__);

    UINT32 ret = OsMain();
    if (ret != LOS_OK) {
        return LOS_NOK;
    }

    OsStart();

    return 0;
}
```

首先进行内存结束地址配置 BoardConfig()、硬件初始化 HardwareInit()，然后打印 Huawei LiteOS 的版本信息；接着执行函数 OsMain()初始化 Huawei LiteOS 内核及例程，在 OsMain()函数中会创建用户任务，其任务处理函数为 app_init()；最后调用 OsStart()开始任务调度，Huawei LiteOS 开始正常工作，具体如图 3-2 所示。

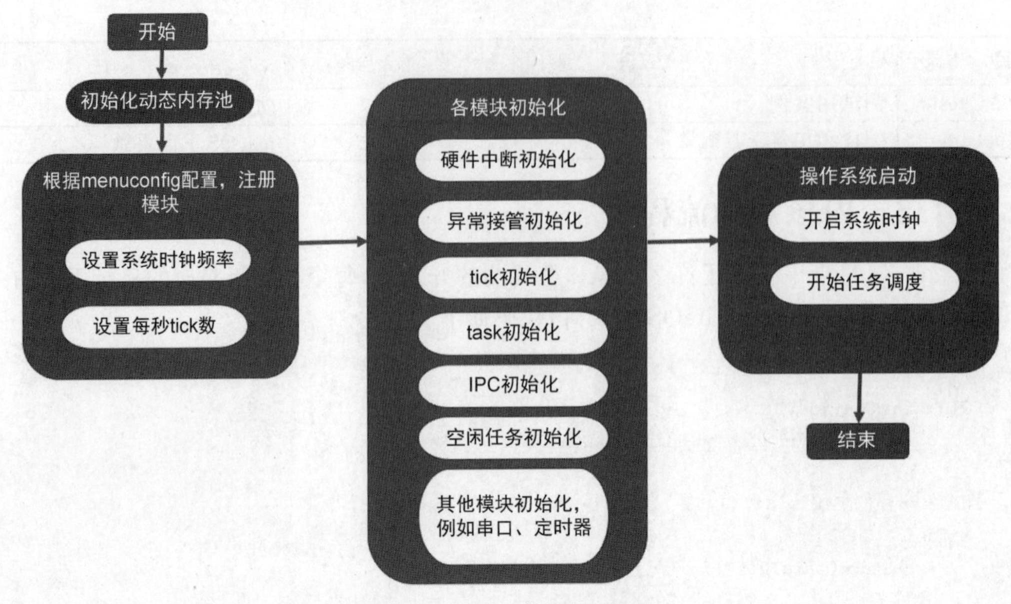

图 3-2　LiteOS 内核启动流程

注意：Huawei LiteOS 提供了一套自有 OS 接口（例如 LOS_TaskDelay），同时也支持 POSIX 接口（例如 sleep）和 CMSIS 接口（例如 osDelay），请勿混用这些接口，否则可能导致未知错误。例如用 POSIX 接口加锁互斥量，但用 Huawei LiteOS 接口解锁互斥量，最终可能导致互斥量无法解锁。开发驱动程序只能用 Huawei LiteOS 的自有接口，上层 App 建议用 POSIX 接口。

3.2　任务

任务是系统的核心，整个操作系统都围绕着各种任务在运行。本节介绍 LiteOS 的任务管理体系。

16min

3.2.1　任务的概念

1．基本概念

在《UNIX 高级编程》中，作者给出了两个概念：进程是资源分配的最小单位；线程是系统调度的最小单位。Huawei 官网给出的任务概念是：任务是竞争系统资源的最小运行单元。由此可以看出，在 LiteOS 中任务其实就是线程。

LiteOS 的任务管理模块提供了任务的创建、删除、挂起、恢复等操作，可以为用户提供多个任务，每个任务享有独立的内存等资源空间，并且独立于其他任务运行。LiteOS 的任务管理模块具有以下几个特性。

(1) 支持多任务。

(2) 支持抢占式调度,高优先级的任务可以打断低优先级的任务。

(3) 优先级相同的任务支持时间片轮转调度。

(4) 有 32 个优先级(0～31),0 为最高优先级,31 为最低优先级。

2. 任务状态

在绝大多数的物联网操作系统中都有任务的概念,无论任务代表的是线程还是进程都具有以下 4 种状态。

(1) 就绪态:该任务在就绪队列中,只等待 CPU。

(2) 运行态:该任务正在执行。

(3) 阻塞态:该任务不在就绪队列中,包含任务被挂起(suspend 状态)、任务被延时(delay 状态)、任务正在等待信号量、读写队列或者等待事件等。

(4) 退出态:该任务运行结束,等待系统回收资源。

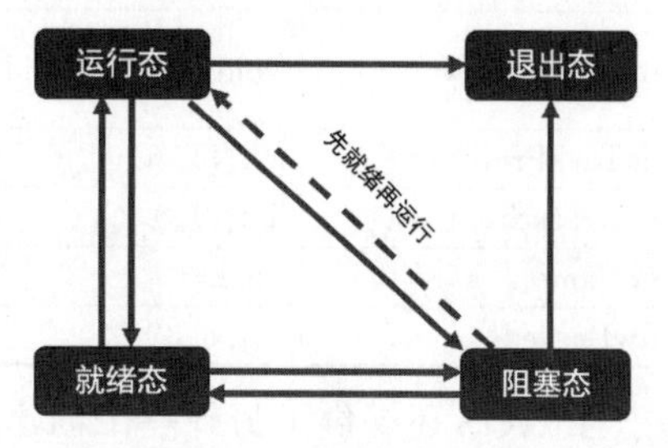

图 3-3 任务状态切换

任务的 4 种状态可以相互切换,如图 3-3 所示。

3. 其他任务相关概念

(1) 任务 ID:任务创建成功后通过参数返给用户,系统中的任务 ID 号是唯一的。用户可以通过任务 ID 对指定任务进行任务挂起、恢复、查询、删除等操作。

(2) 任务入口函数:当任务得到调度后就会执行此函数。该函数由用户实现,在任务创建时,通过结构体 TSK_INIT_PARAM_S 设置。

(3) 任务优先级:代表任务在执行过程中的优先顺序。当发生任务切换时,执行任务就绪队列中优先级最高的任务。

(4) 任务栈:任务在运行过程中的独立空间。栈空间里保存的信息包含局部变量、寄存器、函数参数、函数返回地址等。

(5) 任务上下文:任务在运行过程中使用的一些资源,如通用寄存器、程序状态字等。当一个任务被挂起时,其他任务继续执行,可能会修改寄存器中的值。如果任务切换时没有保存任务上下文,则可能会导致任务恢复后出现未知错误。任务上下文一般保存在任务栈里。

(6) 任务控制块 TCB:每个任务都包含一个任务控制块。TCB 包含了任务上下文栈指针(Stack Pointer)、任务状态、任务优先级、任务 ID、任务名、任务栈大小等信息。TCB 可以反映出每个任务的运行情况,在任务调度时需要用到 TCB。

3.2.2 创建和删除任务

24min

函数 LOS_TaskCreate()可以创建一个任务,当任务被创建之后进入就绪状态。如果就绪队列中没有优先级更高的任务,则运行该任务。函数 LOS_TaskCreate()的各个参数说明见表 3-2。

表 3-2 LOS_TaskCreate 函数说明

返　回　值	类　　型	说明(头文件 kernel/include/los_task. h)
	UINT32	如果成功，则返回 LOS_OK，如果失败，则返回 LOS_ERRNO_TSK_XXX
参　　数	**类　　型**	**说　　明**
taskId	UINT32	任务 ID，当任务被创建之后自动回填
initParam	TSK_INIT_PARAM_S	任务参数，是一个结构体
参数 initParam 成员	**类　　型**	**说　　明**
pfnTaskEntry	void *(*)(void *)	任务的入口地址，这是一个函数指针，返回值为 void *，参数也是 void *
usTaskPrio	UINT16	任务优先级，默认为 10
uwStackSize	UINT32	任务栈大小，默认为 1536 字节
pcName	char *	任务名称，方便在调测时使用
uwResved	UINT32	保留字节

LiteOS 还提供了另外一个创建任务的函数 LOS_TaskCreateOnly()，任务被创建之后并不会进入就绪态，而是被挂起。

无论使用哪个函数创建任务，函数 LOS_TaskDelete()都可以将任务删除，此函数没有参数。

LiteOS 使用 LOS_XXX 来表示一个函数的返回值，例如 LOS_OK 代表成功。用户在创建任务时未必会成功，此时需要通过返回值查找原因。下面给出 LiteOS 任务模块的几个常见错误码，见表 3-3。

表 3-3 任务模块错误码

返　回　值	实际数值	说明(头文件 kernel/include/los_task. h)
LOS_ERRNO_TSK_ID_INVALID	0x02000207	无效的任务 ID
LOS_ERRNO_TSK_NO_MEMORY	0x03000200	内存不足，可以尝试设置更大的动态内存池，或者减少系统支持的最大任务数
LOS_ERRNO_TSK_PTR_NULL	0x02000201	initParam 为空指针
LOS_ERRNO_TSK_PRIOR_ERROR	0x02000203	优先级参数不对，保证优先级在[0,31]
LOS_ERRNO_TSK_ENTRY_NULL	0x02000204	任务入口为空，检查参数 initParam. pfnTaskEntry
LOS_ERRNO_TSK_NAME_EMPTY	0x02000205	任务名是空指针
LOS_ERRNO_TSK_STKSZ_TOO_SMALL	0x02000206	任务栈太小，增加 initParam. uwStackSize
LOS_ERRNO_TSK_ID_INVALID	0x02000207	无效的任务 ID
LOS_ERRNO_TSK_ALREADY_SUSPENDED	0x02000208	挂起任务时，任务已经被挂起

续表

返　回　值	实际数值	说明（头文件 kernel/include/los_task.h）
LOS_ERRNO_TSK_NOT_SUSPENDED	0x02000209	恢复任务时，任务未被挂起
LOS_ERRNO_TSK_DELAY_IN_INT	0x0300020d	在中断内使用任务延时

3.2.3　任务调度

18min

一般情况下，系统按照时间片轮转法则进行任务调度。内核给每个任务分配固定的Tick，当任务的Tick时间到达后会进入就绪队列，内核从队列头部取出下一个任务执行。用户也可以通过系统提供的一些函数自由控制任务的执行状态，见表3-4。

表3-4　任务状态控制

函　　数	说明（头文件 kernel/include/los_task.h）
LOS_TaskDelay	任务延时等待，释放CPU，等待时间到期后该任务会重新进入ready状态，单位Tick 返回值：UINT32，如果成功，则返回LOS_OK，如果失败，则返回LOS_ERRNO_XXX，见表3-3 参数：[IN] UINT32 tick，延时的时间
LOS_TaskYield	当前任务释放CPU，并将其移到具有相同优先级的就绪任务队列的末尾，不可以在中断里使用 返回值：UINT32，如果成功，则返回LOS_OK，如果失败，则返回LOS_ERRNO_TSK_XXX，见表3-3 参数：无
LOS_TaskSuspend	挂起指定的任务，然后切换任务 返回值：UINT32，如果成功，则返回LOS_OK，如果失败，则返回LOS_ERRNO_TSK_XXX，见表3-3 参数：[IN] UINT32 taskId，任务ID号
LOS_TaskResume	恢复挂起的任务，使该任务进入ready状态 返回值：UINT32，如果成功，则返回LOS_OK，如果失败，则返回LOS_ERRNO_TSK_XXX，见表3-3 参数：[IN] UINT32 taskId，任务ID号

任务延时函数LOS_TaskDelay()以Tick为单位，默认每秒1000个Tick。在项目中，任务挂起和恢复应该成对使用；如果使用函数LOS_TaskCreateOnly()创建任务，则函数LOS_TaskResume()会多出一个。

进行任务开发时首先要对当前LiteOS系统进行简单配置，在终端输入make menuconfig指令进入配置菜单，之后选择Kernel→Basic Config→Task，如图3-4所示。

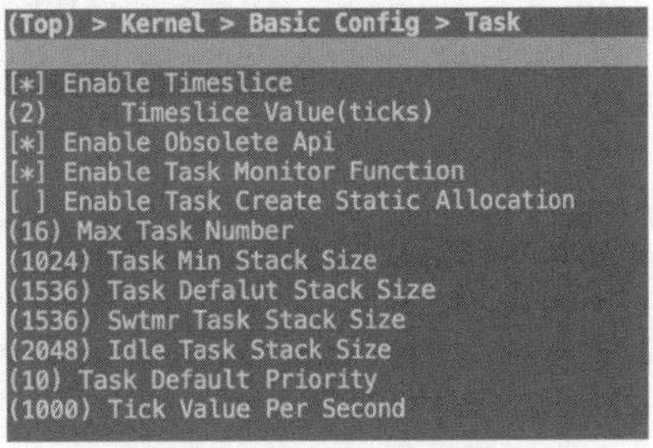

```
(Top) > Kernel > Basic Config > Task

[*] Enable Timeslice
(2)     Timeslice Value(ticks)
[*] Enable Obsolete Api
[*] Enable Task Monitor Function
[ ] Enable Task Create Static Allocation
(16) Max Task Number
(1024) Task Min Stack Size
(1536) Task Defalut Stack Size
(1536) Swtmr Task Stack Size
(2048) Idle Task Stack Size
(10) Task Default Priority
(1000) Tick Value Per Second
```

图3-4　任务配置

3.2.4 实战案例：简单任务控制

本章的案例都存储在 LiteOS-master 根目录下的 mydemos 文件夹中，所有的案例均使用小熊派 STM32L431_BearPi 开发板。为了后续实验操作更快捷，这里首先对工程做统一配置，在 VS Code 中打开 LiteOS-master 目录，进入终端，输入指令 make menuconfig，选择 Targets→Target→STM32L431_BearPi，如图 3-5 所示。

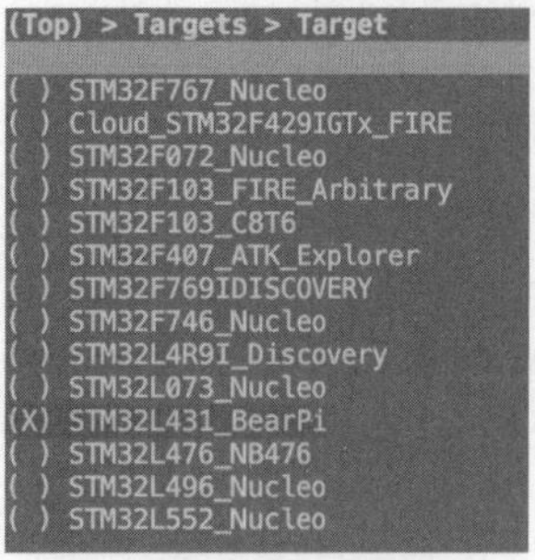

```
(Top) > Targets > Target

( ) STM32F767_Nucleo
( ) Cloud_STM32F429IGTx_FIRE
( ) STM32F072_Nucleo
( ) STM32F103_FIRE_Arbitrary
( ) STM32F103_C8T6
( ) STM32F407_ATK_Explorer
( ) STM32F769IDISCOVERY
( ) STM32F746_Nucleo
( ) STM32L4R9I_Discovery
( ) STM32L073_Nucleo
(X) STM32L431_BearPi
( ) STM32L476_NB476
( ) STM32L496_Nucleo
( ) STM32L552_Nucleo
```

图 3-5　选择目标开发板

本节通过一个简单案例演示任务的操作，有关任务的基础配置，这里选择默认即可。

1. 案例描述

创建两个任务 Task1 和 Task2，两个任务交替执行，每个任务的执行周期为 3s。系统启动之后，首先执行任务 Task1。

2. 操作流程

1）创建源文件

在 LiteOS 源码根目录下创建文件夹 mydemos/task，在 task 文件夹下创建源文件 task.c、头文件 task.h，最终的目录结构如图 3-6 所示。

```
|LiteOS-master
|----...
|----mydemos
     |----task
          |----task.c
          |----task.h
|----...
|----...
```

图 3-6　Task 目录结构

2）编辑源代码

（1）根据案例描述可以分析出，每个任务执行 3s 后需要挂起自己，然后恢复另一个任务，代码如下：

```
//第 3 章/mydemos/task/task.c
//任务计数器
UINT32 secs1, secs2;

UINT32 task1_entry(VOID) {
    while (1) {
        //计数器加 1
        secs1++;
        printf("task1 demo\n");
        if (secs1 % 3 == 0) {
            printf("==========\n");
            //恢复任务 2
            LOS_TaskResume(task2_id);
            //挂起任务 1
            LOS_TaskSuspend(task1_id);
        }
        //延时 1000Tick,即 1s
        LOS_TaskDelay(1000);
    }
    return 0;
```

```
}

UINT32 task2_entry(VOID) {
    while (1) {
        //计数器加 1
        secs2++;
        printf("task2 demo\n");
        if (secs2 % 3 == 0) {
            printf(" ========== \n");
            //恢复任务 1
            LOS_TaskResume(task1_id);
            //挂起任务 2
            LOS_TaskSuspend(task2_id);
        }
        //延时 1000Tick,即 1s
        LOS_TaskDelay(1000);
    }
    return 0;
}
```

(2) 使用函数 LOS_TaskCreate()创建 Task1,为了保证不让 Task2 先运行,这里使用函数 LOS_TaskCreateOnly()创建 Task2,代码如下:

```
//第 3 章/mydemos/task/task.c
UINT32 demo_task(VOID) {
    UINT32 ret;
    TSK_INIT_PARAM_S param;

    //锁住任务调度,防止高优先级任务调度
    LOS_TaskLock();
    //任务名字
    param.pcName = "task1";
    //任务入口地址
    param.pfnTaskEntry = (TSK_ENTRY_FUNC)task1_entry;
    //任务优先级
    param.usTaskPrio = 10;
    //任务栈
    param.uwStackSize = 0x800;
    //调用系统函数,创建任务.成功后任务处于就绪状态
    ret = LOS_TaskCreate(&task1_id, &param);
    if (ret != LOS_OK) {
        printf("create task1 failed, errno = %x\n", ret);
        //如果创建任务失败,则直接返回
        Goto exit_demo;
    }

    param.pcName = "task2";
    param.pfnTaskEntry = (TSK_ENTRY_FUNC)task2_entry;
```

```
    param.usTaskPrio = 10;
    param.uwStackSize = 0x800;
    //创建任务 2,成功后任务处于挂起状态
    ret = LOS_TaskCreateOnly(&task2_id, &param);
    if (ret != LOS_OK) {
        printf("create task2 failed, errno =  % x\n", ret);
        goto exit_demo;
    }

exit_demo:
    //解锁任务调度
    LOS_TaskUnlock();

    return ret;
}
```

(3) 在头文件 task.h 文件中添加函数声明，代码如下：

```
//第 3 章/mydemos/task/task.h
#ifndef __TASK1_H
#define __TASK1_H

#include "los_task.h"
#include "sys_init.h"

UINT32 demo_task(VOID);

#endif
```

(4) 在源文件 targets/STM32L431_BearPi/Src/user_task.c 文件中调用函数 demo_task()，代码如下：

```
VOID app_init(VOID){
    printf("app init!\n");
    DemoEntry();
    demo_task();
}
```

3) 修改 Makefile

将文件 task.c 和 task.h 的相对路径添加到文件 targets/STM32L431_BearPi/Makefile 中，代码如下：

```
#第 3 章/targets/STM32L431_BearPi/Makefile
#将源文件 task.c 添加到 LOCAL_SRCS
LOCAL_SRCS += \
    ...
    $ (LITEOSTOPDIR)/targets/STM32L431_BearPi/Src/flash_adaptor.c \
```

```
    $(LITEOSTOPDIR)/mydemos/task/task.c
#将头文件路径追加到 LOCAL_INCLUDE
LOCAL_INCLUDE += \
    ...
    -I $(LITEOSTOPDIR)/include \
    -I $(LITEOSTOPDIR)/mydemos/task
```

在 Makefile 中反斜杠"\"代表换行转义，因此以上代码片段实际上是两句话，代码如下：

```
LOCAL_SRCS += ... $(LITEOSTOPDIR)/mydemos/task/task.c
LOCAL_INCLUDE += ... -I $(LITEOSTOPDIR)/mydemos/task
```

3. 运行结果

在终端执行 make 指令，编译无误之后将代码下载到开发板，运行结果如图 3-7 所示。

```
Huawei LiteOS # task1 demo
task1 demo
task1 demo
==========
task2 demo
task2 demo
task2 demo
==========
task1 demo
task1 demo
task1 demo
==========
task2 demo
task2 demo
task2 demo
```

图 3-7　运行结果

3.3　中断

中断是指在程序运行过程中出现了一个必须由 CPU 立即处理的事务，由此导致 CPU 暂停执行当前程序转而执行另外一个程序的过程。

3.3.1　LiteOS 的中断机制

19min

1. 中断相关结构体

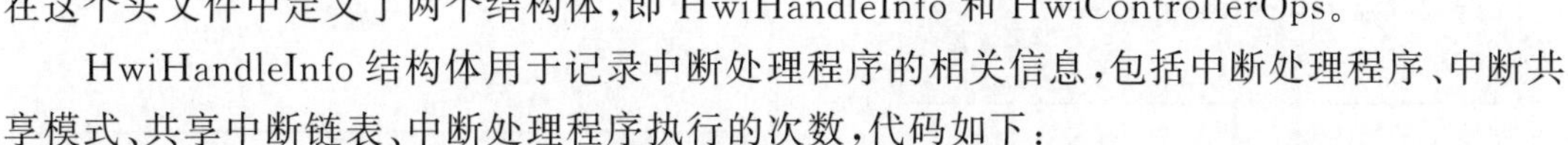

Huawei LiteOS 的中断有几个特性：支持配置中断优先级、支持中断嵌套、支持配置中断个数、支持中断共享。与中断相关的核心头文件是 kernel/base/include/los_hwi_pri.h，在这个头文件中定义了两个结构体，即 HwiHandleInfo 和 HwiControllerOps。

HwiHandleInfo 结构体用于记录中断处理程序的相关信息，包括中断处理程序、中断共享模式、共享中断链表、中断处理程序执行的次数，代码如下：

```
//第 3 章/kernel/base/include/los_hwi_pri.h
typedef struct tagHwiHandleForm {
    HWI_PROC_FUNC hook;                /* 中断处理函数 */
    union {
        HWI_ARG_T shareMode;           /* UINT16,共享中断标记位,最高位 1 代表共享中断 */
        HWI_ARG_T registerInfo;        /* 用户注册的中断参数 */
    };
#ifdef LOSCFG_SHARED_IRQ
    struct tagHwiHandleForm *next;    /* 共享中断链表 */
#endif
    UINT32 respCount;                  /* 中断调用次数 */
} HwiHandleInfo;
```

HwiControllerOps结构体定义与中断操作相关的函数，如触发中断、清除中断、使能中断、失能中断、设置中断优先级、获取当前中断号等，代码如下：

```
//第3章/kernel/base/include/los_hwi_pri.h
typedef struct {
    UINT32 (*triggerIrq)(HWI_HANDLE_T hwiNum);          /* 触发中断 */
    UINT32 (*clearIrq)(HWI_HANDLE_T hwiNum);            /* 清除中断标志 */
    UINT32 (*enableIrq)(HWI_HANDLE_T hwiNum);           /* 使能中断 */
    UINT32 (*disableIrq)(HWI_HANDLE_T hwiNum);          /* 失能中断 */
    UINT32 (*setIrqPriority)(HWI_HANDLE_T hwiNum, UINT8 priority); /* 设置中断优先级 */
    UINT32 (*getCurIrqNum)(VOID);                       /* 获取当前执行的中断号 */
    CHAR *(*getIrqVersion)(VOID);                       /* 获取中断版本 */
    HwiHandleInfo *(*getHandleForm)(HWI_HANDLE_T hwiNum); /* 根据中断号获取中断处理程
序信息. */
    VOID (*handleIrq)(VOID);                            /* 中断处理句柄 */
#ifdef LOSCFG_KERNEL_SMP
    UINT32 (*setIrqCpuAffinity)(HWI_HANDLE_T hwiNum, UINT32 cpuMask); /* 设置CPU亲和性 */
    UINT32 (*sendIpi)(UINT32 target, UINT32 ipi);       /* 发送核间中断 */
#endif
} HwiControllerOps;
```

2. 中断注册流程

以Cortex-M4架构为例，LiteOS启动时会调用源文件kernel/base/los_hwi.c中的函数OsHwiInit()进行中断初始化，接着调用源文件drivers/interrupt/arm_nvic.c中的函数ArchIrqInit()完成中断向量初始化，最后用函数OsHwiControllerReg()注册中断控制器操作句柄，如图3-8所示。

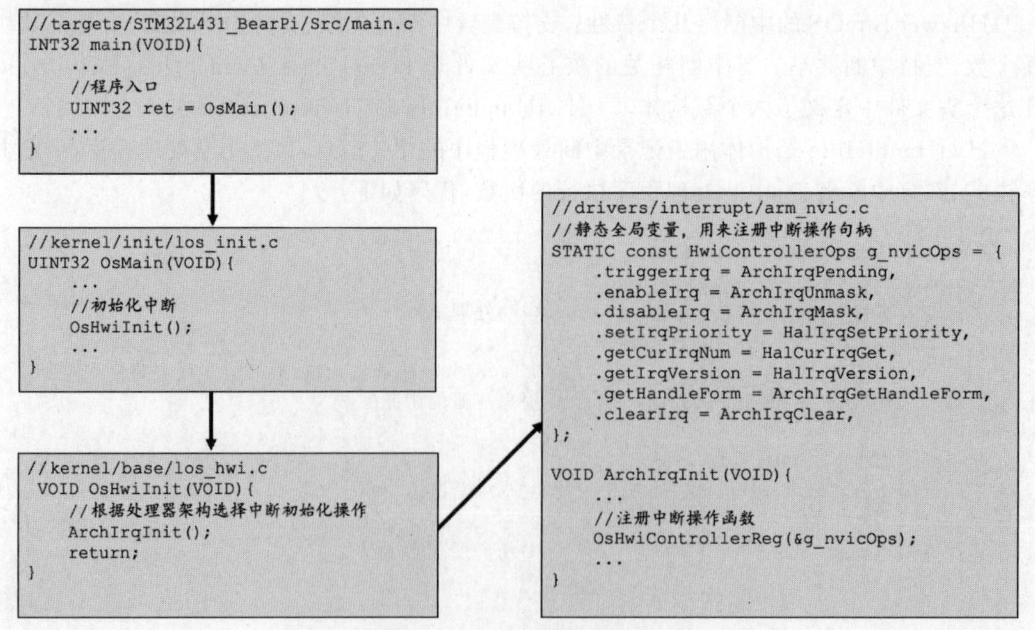

图3-8 LiteOS中断初始化

3.3.2 创建中断

LiteOS 可以通过 menuconfig 对中断进行简单配置,进入菜单顶层目录后选择 Kernel→Interrupt Management 可以配置中断参数:[]Enable Interrupt Share 代表是否要打开共享中断,()Max Hardware Interrupts 代表系统支持的最大中断数,()Interrupt Priority range 代表最大中断优先级。

使用函数 LOS_HwiCreate()创建中断,此函数有 5 个参数,见表 3-5。

表 3-5 LOS_HwiCreate 说明

返回值	类型	说明(头文件 kernel/include/los_hwi.h)
	UINT32	如果成功,则返回 LOS_OK,如果失败,则返回 LOS_ERRNO_HWI_XXX,见表 3-6
参数	**类型**	**说明**
hwiNum	HWI_HANDLE_T	中断号,硬件中断由芯片决定
hwiPrio	HWI_PRIOR_T	中断优先级,数字越大,优先级越低。不可以超过最大优先级
hwiMode	HWI_MODE_T	中断模式,0 表示普通中断,IRQF_SHARED(0x8000)表示共享中断
hwiHandler	HWI_PROC_FUNC	中断处理函数,用户自定义
irqParam	HWI_IRQ_PARAM_S	中断处理函数的参数,可以为空 NULL

第 5 个参数 irqParam 是一个结构体,代码如下:

```
//第 3 章/kernel/base/include/los_hwi_pri.h
typedef struct tagIrqParam {
    int swIrq;                    /* 子中断号 */
    VOID * pDevId;                /* 用来标识产生中断的设备号 */
    const CHAR * pName;           /* 中断的名字,方便用户使用 */
} HWI_IRQ_PARAM_S;
```

中断共享机制,支持不同的设备使用相同的中断号注册同一中断处理程序,但中断处理程序的入参 pDevId(设备号)必须唯一,代表不同的设备,即同一中断号,同一 dev 只能挂载一次,但同一中断号,同一中断处理程序,如果 dev 不同,则可以重复挂载。

共享中断并不是可以随意使用的,它要求处理器在硬件上已经实现了中断共享。例如,STM32 的 PA0 和 PB0 都可以挂载到外部中断 0,但这并不是 LiteOS 的共享中断,因为同一时刻只可以挂载一个引脚,而 PA5 和 PA6 在硬件上已经同时挂载到 EXTI9_5_IRQn,因此可以让 PA5 和 PA6 共享中断。

注意: 对于 Cortex-M 系列,0~15 为系统中断,因此中断号应该类似 EXTI1_IRQn+16。

创建中断未必总是成功的,需要通过返回值找到出错原因,LiteOS 中断模块常见错误码见表 3-6。

表 3-6　中断模块错误码

返　回　值	十 六 进 制	说明(头文件 kernel/include/los_hwi. h)
LOS_ERRNO_HWI_NUM_INVALID	0x02000900	中断号无效
LOS_ERRNO_HWI_PROC_FUNC_NULL	0x02000901	中断处理程序为空
LOS_ERRNO_HWI_NO_MEMORY	0x02000903	创建中断时内存不足,需要增加动态内存池
LOS_ERRNO_HWI_ALREADY_CREATED	0x02000904	中断号已经被创建。对于非共享中断,应仔细检查是否已经注册过；对于共享中断,应检查中断入口参数的设备 ID 是否重复
LOS_ERRNO_HWI_PRIO_INVALID	0x02000905	中断优先级无效,需要参考硬件手册
LOS_ERRNO_HWI_MODE_INVALID	0x02000906	中断模式无效,应该是 0 或者 1
LOS_ERRNO_HWI_SHARED_ERROR	0x02000909	创建共享中断时没有设置设备 ID,或者要创建非共享中断,但是中断号已经被注册为共享中断

函数 LOS_HwiDelete()可以删除中断,有两个参数：hwiNum 是中断号,irqParam 是中断入口参数。由于用户可能同时为一个中断号注册多个共享中断,因此删除时必须通过入口参数来判断要删除的中断是哪一个。

3.3.3 中断控制

LiteOS 的中断模块为用户提供了若干中断控制接口,具体见表 3-7。

表 3-7　中断控制函数

函　　数	说明(头文件 kernel/include/los_hwi. h)
LOS_IntLock	关闭当前处理器的所有中断响应 返回值：UINT32,关中断之前的 CPSR 值 参数：无
LOS_IntUnLock	恢复当前处理器的所有中断响应 返回值：UINT32,打开中断之后的 CPSR 值 参数：无
LOS_IntRestore	让处理器恢复到使用 LOS_IntLock 之前的状态 返回值：无 参数：[IN] UINT32 intSave,关中断之前的 CPSR 值
LOS_HwiEnable	使能指定中断 返回值：UINT32,如果成功,则返回 LOS_OK,如果失败,则返回 LOS_ERRNO_HWI_XXX,见表 3-6 参数：[IN] HWI_HANDLE_T hwiNum,中断号

续表

函　　数	说明(头文件 kernel/include/los_hwi.h)
LOS_HwiDisable	失能指定中断 返回值：UINT32，如果成功，则返回 LOS_OK，如果失败，则返回 LOS_ERRNO_HWI_XXX，见表 3-6 参数：[IN] HWI_HANDLE_T hwiNum，中断号
LOS_HwiSetPriority	设置中断优先级 返回值：UINT32，如果成功，则返回 LOS_OK，如果失败，则返回 LOS_ERRNO_HWI_XXX，见表 3-6 参数 1：[IN] HWI_HANDLE_T hwiNum，中断号 参数 2：[IN] HWI_PRIOR_T priority，优先级

如果在开发过程中使用函数 LOS_IntLock()关闭了全局中断，则在调用函数 LOS_IntUnLock()恢复中断响应之前首先要调用函数 LOS_IntRestore()恢复处理器的状态，并且函数 LOS_IntRestore()的参数必须是函数 LOS_IntLock()的返回值。

虽然 LiteOS 提供了函数 LOS_HwiClear()来清除中断标记位，但是笔者在 STM32 中反复测试此函数没有任何效果，因此推荐开发者使用 HAL 库自带的标记位清除函数。

注意：中断处理函数不能耗时太长，否则会影响 CPU 对中断的响应；另外中断处理程序也不能执行可能引起系统调度的函数，例如 LOS_TaskDelay()。

3.3.4 实战案例：独立中断

21min

1. 案例描述

使用独立中断控制按钮，每按一次输出一条语句。笔者使用 STM32L431_BearPi 开发板，两个按钮分别连接在引脚 PB2、PB3。关于中断的基础配置，这里使用系统默认值。

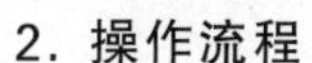

2. 操作流程

1) 创建源文件

在 mydemos 目录下创建文件夹 hwi，在 hwi 目录下创建源文件 hwi.c 和头文件 hwi.h，最终的目录结构如图 3-9 所示。

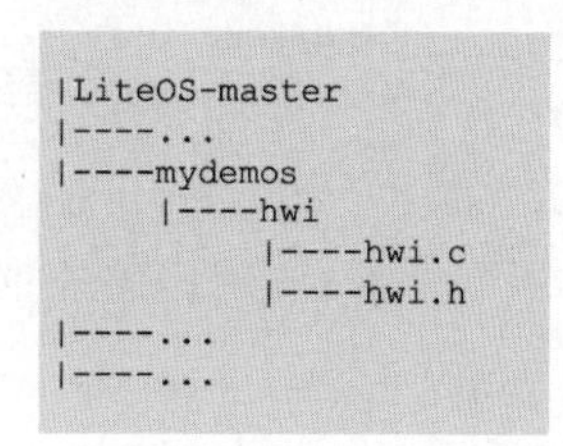

图 3-9　目录结构

2) 编辑源代码

(1) 利用 PB2 中断控制输出信息，首先要打开 GPIOB 时钟并且将 PB2 引脚初始化为外部中断状态，代码如下：

```
//第 3 章/mydemos/hwi/hwi.c
void hwi_hard_init(VOID){
    GPIO_InitTypeDef GPIO_InitStruct;
    //打开 GPIOB 时钟
    HAL_RCC_GPIOB_CLK_ENABLE();
    //将 PB2 初始化为外部中断
```

```
    GPIO_InitStruct.Pin = GPIO_PIN_2;
    GPIO_InitStruct.Mode = GPIO_MODE_IT_FALLING;
    GPIO_InitStruct.Pull = GPIO_PULLUP;
    GPIO_InitStruct.Speed = GPIO_SPEED_FREQ_LOW;
    HAL_GPIO_Init(GPIOB, &GPIO_InitStruct);
}
```

（2）为PB2创建中断，设置中断处理函数，代码如下：

```
//第3章/mydemos/hwi/hwi.c
void irq_handler(HWI_IRQ_PARAM_S param) {
    //清除标记位
    HAL_GPIO_EXTI_IRQHandler(GPIO_PIN_2);
    //中断代码
    printf("devid is %d\n", param.pDevId);
    HWI_IRQ_PARAM_S p;
    p.pDevId = 1;
    UINT32 ret;
    //删除中断
    ret = LOS_HwiDelete(EXTI9_5_IRQn + 16, &p);
    if (ret != LOS_OK)
        printf("delete err %x\n", ret);
    //LOS_HwiDisable(EXTI2_IRQn + 16);
}

void demo_hwi(VOID) {
    UINT32 ret;
    HWI_IRQ_PARAM_S param;

    //初始化硬件
    hwi_hard_init();
    //设备号,非共享中断可以不使用
    param.pDevId = 123;
    //中断号,0~15系统使用,需要加16
    HWI_HANDLE_T irq_num = EXTI2_IRQn + 16;
    //创建中断:中断号、优先级、是否共享、处理函数、参数传递给处理函数
    ret = LOS_HwiCreate(irq_num, 3, 0, irq_handler, &param);
    if (ret != LOS_OK) {
        printf("hwi err %x\n", ret);
        return;
    }
    //使能中断
    LOS_HwiEnable(irq_num);
}
```

（3）在头文件hwi.h中声明函数，并加入需要用到的头文件，代码如下：

```
//第3章/mydemos/hwi/hwi.h
#ifndef __HWI_H
```

```
#define __HWI_H

#include "stdio.h"
#include "los_hwi.h"
#include "los_tick.h"
#include "stm32l4xx_hal.h"

void demo_hwi(VOID);

#endif
```

(4) 在源文件 targets/STM32L431_BearPi/Src/user_task.c 中调用函数 demo_hwi()，代码如下：

```
VOID app_init(VOID){
    printf("app init!\n");
    DemoEntry();
    demo_hwi();
}
```

3) 修改 Makefile

将文件 hwi.c 和 hwi.h 的相对路径添加到 targets/STM32L431_BearPi/Makefile 中，代码如下：

```
#第 3 章/targets/STM32L431_BearPi/Makefile
#将源文件 hwi.c 添加到 LOCAL_SRCS
LOCAL_SRCS += \
    ...
    $(LITEOSTOPDIR)/targets/STM32L431_BearPi/Src/flash_adaptor.c \
    $(LITEOSTOPDIR)/mydemos/hwi/hwi.c
#将头文件路径追加到 LOCAL_INCLUDE
LOCAL_INCLUDE += \
    ...
    -I $(LITEOSTOPDIR)/include \
    -I $(LITEOSTOPDIR)/mydemos/hwi
```

3. 运行结果

如果编译无误，则运行结果如图 3-10 所示。

```
Huawei LiteOS # devid is 123
delete err 200090b
devid is 123
delete err 200090b
devid is 123
delete err 200090b
devid is 123
delete err 200090b
```

图 3-10 运行结果

从图 3-10 可以看到，按键每次被按下时都会输出信息。尽管在中断处理函数中调用 LOS_HwiDelete(EXTI9_5_IRQn+16,&p)尝试删除中断，但是其参数 p 对应的 pDevID 是 1，这与初始化时的函数 pDevID(123)并不匹配，因此删除失败。

3.3.5 实战案例：共享中断

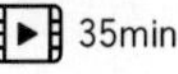

35min

1. 案例描述

将 PB6 和 PB7 设置为外部中断(下降沿模式)，使用函数 LOS_HwiCreate()创建共享中断，每个中断打印自己的设备号和中断号。由于笔者开发板的PB6和PB7引脚并没有连接按钮，所以使用杜邦线模拟按钮功能。将杜邦线一侧接GND，另一侧在PB6、PB7之间来回切换连接，这样就可以检测出下降沿。

2. 操作流程

(1) 本节案例可直接在3.3.4节中的代码进行修改。将PB6和PB7初始化为外部中断模式，检测下降沿中断，代码如下：

```
//第3章/mydemos/hwi/hwi.c
void hwi_hard_init_share(VOID) {
    GPIO_InitTypeDef GPIO_InitStruct;
    //使能GPIOB时钟
    HAL_RCC_GPIOB_CLK_ENABLE();
    GPIO_InitStruct.Pin = GPIO_PIN_6 | GPIO_PIN_7;
    GPIO_InitStruct.Mode = GPIO_MODE_IT_FALLING;
    GPIO_InitStruct.Pull = GPIO_PULLUP;
    GPIO_InitStruct.Speed = GPIO_SPEED_FREQ_LOW;
    HAL_GPIO_Init(GPIOB, &GPIO_InitStruct);
}
```

(2) 为PB6配置设备号1、子中断号GPIO_PIN_6，为PB7配置设备号2、子中断号GPIO_PIN_7。创建两个共享中断，使用同一个中断处理函数，代码如下：

```
//第3章/mydemos/hwi/hwi.c
void hwi_demo_share(VOID) {
    UINT32 ret;
    HWI_IRQ_PARAM_S param;

    //初始化硬件
    hwi_hard_init_share();
    //中断号,0~15系统使用,需要加16
    HWI_HANDLE_T irq_num = EXTI9_5_IRQn + 16;

    param.pDevId = 1;                   //设备号自定义,不可重复
    param.swIrq = GPIO_PIN_6;           //以引脚为子中断号,方便处理
    //创建共享中断
    //参数依次为中断号、优先级、是否共享、处理函数、参数传递给处理函数
    ret = LOS_HwiCreate(irq_num, 3, IRQF_SHARED, irq_handler_share, &param);
    if (ret != LOS_OK) {
        printf("hwi err %x\n", ret);
        return;
    }
    param.pDevId = 2;                   //设备号
    param.swIrq = GPIO_PIN_7;           //以引脚为子中断号
    //创建中断
    ret = LOS_HwiCreate(irq_num, 3, IRQF_SHARED, irq_handler_share, &param);
    if (ret != LOS_OK) {
        printf("hwi err %x\n", ret);
```

```
        return;
    }
    //使能中断
    LOS_HwiEnable(irq_num);
}
```

(3) 设置中断处理函数,通过参数 param.swIrq 判断中断来源,代码如下:

```
//第 3 章/mydemos/hwi/hwi.c
void irq_handler_share(HWI_IRQ_PARAM_S param) {
    //清除标记位
    HAL_GPIO_EXTI_IRQHandler(GPIO_PIN_6 | GPIO_PIN_7);
    //中断处理代码
if (HAL_GPIO_ReadPin(GPIOB, param.swIrq) == 0) {
    //延时为了消除抖动
    LOS_Udelay(20);
        if (HAL_GPIO_ReadPin(GPIOB, param.swIrq) == 0) {
            printf("INTTERRUPT %d\n", param.swIrq);
        }
    }
}
```

(4) 在头文件 hwi.h 中声明函数,代码如下:

```
//第 3 章/mydemos/hwi/hwi.h
#ifndef __HWI_H
#define __HWI_H

#include "stdio.h"
#include "los_hwi.h"
#include "los_tick.h"
#include "stm32l4xx_hal.h"

void demo_hwi(VOID);
void demo_hwi_share(VOID);

#endif
```

(5) 在源文件 targets/STM32L431_BearPi/Src/user_task.c 中调用函数 demo_hwi(),代码如下:

```
VOID app_init(VOID){
    printf("app init!\n");
    DemoEntry();
    demo_hwi_share();
}
```

3. 运行结果

编译无误后在开发板运行代码，将杜邦线悬空的一侧在 PB6、PB7 之间来回切换，可以看到结果如图 3-11 所示。

```
INTTERRUPT 64
INTTERRUPT 128
INTTERRUPT 64
INTTERRUPT 128
INTTERRUPT 64
INTTERRUPT 128
```

图 3-11　运行效果

16min

3.4　内存

内存管理模块是操作系统的核心模块之一，主要负责内存资源的管理，包括内存的初始化、分配及释放。通过对内存的申请、释放使内存的利用率和使用效率达到最优，最大限度地解决系统的内存碎片问题。

LiteOS 的内存管理分为静态内存管理和动态内存管理，提供了内存初始化、分配、释放等功能。

3.4.1　静态内存

1. 运行机制

静态内存本质上就是一个静态数组，使用期间从静态内存池中申请一个块，用完释放即可。静态内存池由一个内存控制块和若干大小相同的内存块组成，控制块位于内存池的头部，如图 3-12 所示。

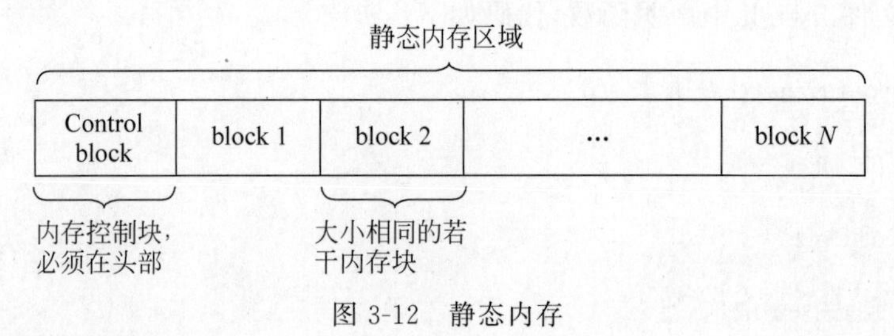

图 3-12　静态内存

内存控制块是一个结构体，内部记录了内存池的块个数、块大小、已经使用的块，还有一个记录 Free 节点的链表，代码如下：

```
//第 3 章/kernel/include/los_membox.h
typedef struct {
    UINT32 uwBlkSize;                    /* 静态内存块大小 */
    UINT32 uwBlkNum;                     /* 内存池的总块数 */
    UINT32 uwBlkCnt;                     /* 已经被使用的块数 */
#ifdef LOSCFG_KERNEL_MEMBOX_STATIC
    LOS_MEMBOX_NODE stFreeList;          /* 单向链表，记录未使用的 Free 节点 */
#endif
} LOS_MEMBOX_INFO;
```

每个 Block 并非按照用户的实际要求设定大小，系统在管理内存时会遵循芯片架构的对齐方式，例如 STM32L431 采用的是 4 字节对齐方式。Block 的起始 4 字节是块标记位，如果 Block 被使用，则标记为 0xa55a5aa5。

注意：静态内存在使用时首先要进入 menuconfig，选择 Kernel→Memory Management 使能 Membox Management。

2. 静态内存 API

静态内存使用前必须初始化内存池并设置块大小，初始化之后块大小不可以改变。内存管理模块为静态内存提供分配、释放等一系列操作，见表 3-8。

表 3-8 静态内存 API

函数	说明(头文件 kernel/include/los_membox.h)
LOS_MemboxInit	初始化静态内存池 返回值：UINT32，如果成功，则返回 LOS_OK，如果失败，则返回 LOS_NOK 参数 1：[IN] VOID * pool，内存池首地址 参数 2：[IN] UINT32 poolSize，内存池大小 参数 3：[IN] UINT32 blkSize，块大小
LOS_MemboxAlloc	申请一块静态内存 返回值：VOID *，如果成功，则返回内存地址，如果失败，则返回 NULL 参数 1：[IN] VOID * pool，内存池地址
LOS_MemboxFree	释放一块静态内存 返回值：UINT32，如果成功，则返回 LOS_OK，如果失败，则返回 LOS_NOK 参数 1：[IN] VOID * pool，内存池地址 参数 2：[IN] VOID * box，要释放的内存块
LOS_MemboxClr	清零指定内存块，无返回值。如果成功，则内存的内容为 0 返回值：无 参数 1：[IN] VOID * pool，内存池地址 参数 2：[IN] VOID * box，要清零的内存块
LOS_MemboxStatisticsGet	获取指定静态内存池的信息，如果执行成功，则可从参数中获取内存信息 返回值：UINT32，如果成功，则返回 LOS_OK，如果失败，则返回 LOS_NOK 参数 1：[IN] const VOID * boxMem，内存池地址 参数 2：[OUT] UINT32 * maxBlk，内存池块的总个数 参数 3：[OUT] UINT32 * blkCnt，已经使用的块个数 参数 4：[OUT] UINT32 * blkSize，块的大小
LOS_ShowBox	打印指定静态内存池的所有节点信息(打印等级是 LOS_INFO_LEVEL)，包括内存池起始地址、内存块大小、总内存块数量、每个空闲内存块的起始地址、所有内存块的起始地址 返回值：无 参数：[IN] VOID * pool，内存池地址

3. 实战案例：申请静态内存

1) 案例测试

初始化一个 200 字节的静态内存池并将块大小设置为 10 字节，申请两个内存块，对得到的内存块进行赋值、清零、释放等操作。在 mydemos 文件夹下创建源文件 mem/mem.c、头文件 mem/mem.h，代码如下：

```
//第 3 章/mydemos/mem/mem.c
void demo_static_mem(){
    UINT32 ret, * mem1, * mem2;

    //初始化内存池,指定大小为 200,块大小为 10
    ret = LOS_MemboxInit(&mem_box[0], box_size, block_size);
    if(ret != LOS_OK){ printf("静态内存池初始化失败\n"); return; }
    printf("内存池起始地址是 0x%x\n",mem_box);
    //打印控制块
    printf("块大小 %d 块总数 %d 已经使用块数 %d 下一个可以分配的块地址 0x%x\n",
           mem_box[0], mem_box[1], mem_box[2], mem_box[3]);

    //申请 mem1
    mem1 = (UINT32 *)LOS_MemboxAlloc(mem_box);
    if(mem1 == NULL){ printf("申请静态 mem1 失败\n"); return;}
    printf("mem1 申请成功\n");
    //打印控制块
    printf("块大小 %d 块总数 %d 已经使用块数 %d 下一个可以分配的块地址 0x%x\n",
           mem_box[0], mem_box[1], mem_box[2], mem_box[3]);

    //申请 mem2
    mem2 = (UINT32 *)LOS_MemboxAlloc(mem_box);
    if(mem2 == NULL){ printf("申请静态 mem2 失败\n"); return;}
    printf("mem2 申请成功\n");
    //打印控制块
    printf("块大小 %d 块总数 %d 已经使用块数 %d 下一个可以分配的块地址 0x%x\n",
           mem_box[0], mem_box[1], mem_box[2], mem_box[3]);

    //内存赋值
    *mem1 = 543;
    *mem2 = 123;
    printf("mem1 内容是 %d, 地址是 0x%x, 保护字是 0x%x\n",
        *mem1, mem1, *(mem1-1));
    printf("mem2 内容是 %d, 地址是 0x%x, 保护字是 0x%x\n",
        *mem2, mem2, *(mem2-1));

    //清空内存 1
    LOS_MemboxClr(mem_box, mem1);
    printf("mem1 的内容是 %d, mem2 的内容是 %d\n", *mem1, *mem2);

    //释放内存
    ret = LOS_MemboxFree(mem_box, mem1);
    if(ret != LOS_OK){ printf("释放 mem1 失败\n");}
    ret = LOS_MemboxFree(mem_box, mem2);
    if(ret != LOS_OK){ printf("释放 mem2 失败\n");}

    return;
}
```

参考 3.2.4 节内容，修改 Makefile 并在源文件 user_task.c 中调用函数 demo_static_mem()，运行结果如图 3-13 所示。

```
app init!
内存池起始地址是 0x20001e68
块大小 16 块总数 11 已经使用块数 0 下一个可以分配的块地址 0x20001e78
mem1 申请成功
块大小 16 块总数 11 已经使用块数 1 下一个可以分配的块地址 0x20001e88
mem2 申请成功
块大小 16 块总数 11 已经使用块数 2 下一个可以分配的块地址 0x20001e98
mem1 内容是 543, 地址是 0x20001e7c, 保护字是 0xa55a5aa5
mem2 内容是 123, 地址是 0x20001e8c, 保护字是 0xa55a5aa5
mem1的内容是 0, mem2的内容是 123
```

图 3-13　运行结果

2）结果分析

内存池首地址是 0x20001e68，控制块是 LOS_MEMBOX_INFO（参考 3.4.1 节）类型，占 4x4 字节。由于每个 Block 需要 4 字节保护字段，因此用户第 1 次分配到的内存地址是 0x20002068+16+4=40x20001e7c。由于本次实验使用的芯片 STM32L431 采用 4 字节对齐方式管理内存，因此每个 Block 的实际大小是 12+4=16。

从图 3-13 可以看到，控制块内存放的下一个节点地址并非用户得到的实际地址，因为要设置 4 字节的标志位，最终用户得到的地址是 stFreeList+4。

3.4.2　动态内存

动态内存属于堆内存，在内存资源足够的情况下，从一块连续的堆内存（动态内存池）中为用户分配任意大小的块。当用户不需要此内存时，又可以释放回收。很明显动态内存是按需分配的，但是容易出现内存碎片。

LiteOS 动态内存支持 BestFit、BestFit_Little 两种算法。

1. BestFit 算法

BestFit 内存结构包含 3 部分：内存池信息、管理节点、用户内存区域，如图 3-14 所示。

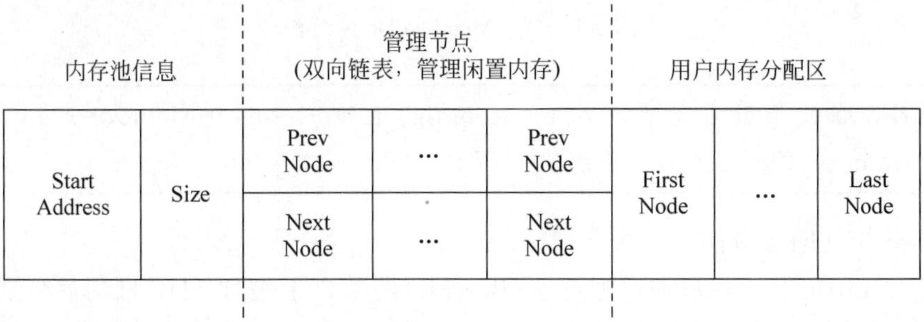

内存池信息		管理节点 (双向链表，管理闲置内存)			用户内存分配区		
Start Address	Size	Prev Node / Next Node	… / …	Prev Node / Next Node	First Node	…	Last Node

图 3-14　BestFit 算法

第一部分记录了内存池起始地址和总大小。

第二部分本质上是一个数组，数组的每个元素都是一个双向链表，所有的 Free 节点都按照规定挂载到链表中。假设内存中允许的最小节点是 2^min 字节，则第 1 个双向链表挂载 size 为 2^min＜size＜2^min＋1 的 Free 节点，第 n 个双向链表挂载 2^min＋n－1＜size＜2^min＋n 的 Free 节点。每次申请内存时，系统会从数组找到大小最合适的 Free 节点；释放时内存会重新挂载到指定链表。例如规定最小节点为 32 字节(2^5)，当用户申请 67 字节的内存时，会从数组的第 3 个链表中分配内存，因为 2^6＜67＜2^7。

第三部分是用户实际使用的区域，占内存池多数空间，每个节点都是 LosMemDynNode 类型的结构体，该结构体的代码如下：

```
//第 3 章/kernel/base/mem/bestfit/los_memory_internal.h
typedef struct {
    union {
        LOS_DL_LIST freeNodeInfo;                    /* Free memory node */
        struct {
            UINT32 magic;
            UINT32 taskId : 16;
        };
    };
    struct tagLosMemDynNode *preNode;
    UINT32 sizeAndFlag;
} LosMemCtlNode;

typedef struct tagLosMemDynNode {
    LosMemCtlNode selfNode;
} LosMemDynNode;
```

关于 LosMemDynNode 结构的说明如图 3-15 所示。

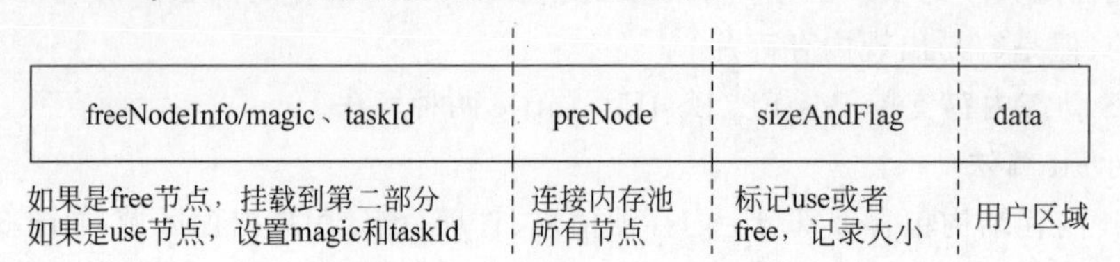

图 3-15　LosMemDynNode 结构

注意：BestFit 在使用时首先要进入 menuconfig，选择 Kernel→Memory Management→Dynamic Memory Management，使能 BestFit。

2. BestFit_Little 算法

BestFit_Little 算法在最佳适配算法(BestFit)的基础上增加 Slab 机制后形成，Slab 机制可以用来分配固定大小的内存块，减少内存碎片。BestFit_Little 算法如图 3-16 所示。

假设动态内存池中有 4 个 Slab Class，每个 Slab Class 最大为 512 字节，系统按照 BestFit 算法分配这 4 个 Slab Class：第 1 个分割为 32 个 16 字节的 Slab 块，第 2 个分割为 16 个 32 字节的 Slab 块，第 3 个分割为 8 个 64 字节的 Slab 块，第 4 个分割为 4 个 128 字节的 Slab 块。

头指针指向内存池的第1个节点	尾指针指向内存池的最后一个节点	内存池总大小	若干OsSlabMem结构，用于管理Slab Class	若干Slab Class，每个都被分成大小相同的Slab块	内存池中的剩余部分，按照BestFit分配
内存池头部，保存所有节点信息				Slab Class按照Slab机制分配的内存	按照BestFit分配的内存

图 3-16　BestFit_Little 算法

初始化时，首先为内存池头部管理节点分配一定空间，接着按照 BestFit 算法申请 4 个 Slab Class，并将每个 Slab Class 初始化(32 个 16 字节、16 个 32 字节、8 个 64 字节、4 个 128 字节)，最后剩下的区域还是按照 BestFit 管理。

每次申请内存时先检索 Slab Class，如果成功，则返回 Slab 中的内存块，释放时继续挂载到 Slab；如果失败，则从第三部分中按照 BestFit 算法继续申请内存。例如申请 25 字节内存，则从 32 字节的 Slab 中分配，如果 32 字节的 Slab 已经用完，则从第三部分按照 BestFit 算法申请。

注意：BestFit_Little 在使用时首先要进入 menuconfig，选择 Kernel→Memory Management，使能 Mem Slab Extention；选择 Kernel→Memory Management→Dynamic Memory Management，使能 BestFit_Little。

LiteOS 内存管理模块为用户提供了动态内存的初始化、申请、释放等功能，见表 3-9。

表 3-9　动态内存 API

函　　数	说明(头文件 kernel/include/los_memory.h)
LOS_MemInit	初始化一块指定的动态内存池，大小为 size 返回值：UINT32，如果成功，则返回 LOS_OK，如果失败，则返回 LOS_NOK 参数 1：[IN] VOID * pool，内存池首地址 参数 2：[IN] UINT32 size，内存池大小
LOS_MemDeInit	删除指定内存池，仅打开 LOSCFG_MEM_MUL_POOL 时有效 返回值：UINT32，如果成功，则返回 LOS_OK，如果失败，则返回 LOS_NOK 参数：[IN] VOID * pool，内存池首地址
LOS_MemAlloc	从指定动态内存池中申请内存 返回值：VOID *，如果成功，则返回块指针，如果失败，则返回 NULL 参数 1：[IN] VOID * pool，内存池地址 参数 2：[IN] UINT32 size，要申请的内存大小

续表

函　数	说明（头文件 kernel/include/los_memory.h）
LOS_MemFree	释放已申请的内存 返回值：UINT32，如果成功，则返回 LOS_OK，如果失败，则返回 LOS_NOK 参数 1：[IN] VOID * pool，内存池地址 参数 2：[IN] VOID * ptr，要释放的内存地址
LOS_MemRealloc	重新分配内存块，并将原内存块内容复制到新内存块。如果新内存块申请成功，则释放原内存块 返回值：VOID *，如果成功，则返回块指针，如果失败，则返回 NULL 参数 1：[IN] VOID * pool 内存池地址 参数 2：[IN] VOID * ptr，原始内存地址 参数 3：[IN] UINT32 size 需要重新申请的内存大小
LOS_MemPoolSizeGet	获取指定动态内存池的总大小 返回值：UINT32，如果成功，则返回内存池大小，如果失败，则返回 LOS_NOK 参数：[IN] const VOID * pool，内存池地址
LOS_MemTotalUsedGet	获取指定动态内存池的总使用量大小 返回值：UINT32，如果成功，则返回使用量，如果失败，则返回 LOS_NOK 参数：[IN] VOID * pool，内存池地址
LOS_MemInfoGet	获取指定内存池的内存结构信息，包括空闲内存大小、已使用内存大小、空闲内存块数量、已使用的内存块数量、最大的空闲内存块大小 返回值：UINT32，如果成功，则返回 LOS_OK，如果失败，则返回 LOS_NOK 参数 1：[IN] VOID * pool，内存池地址 参数 2：[OUT] LOS_MEM_POOL_STATUS * poolStatus，获取的状态
LOS_MemFreeBlksGet	获取指定内存池的空闲内存块数量 返回值：UINT32，如果成功，则返回数量，如果失败，则返回 LOS_NOK 参数：[IN] VOID * pool，内存池地址
LOS_MemUsedBlksGet	获取指定内存池已使用的内存块数量 返回值：UINT32，如果成功，则返回数量，如果失败，则返回 LOS_NOK 参数：[IN] 内存池地址

3. 实战案例：申请动态内存

1）案例测试

定义一个 1KB 的全局数组作为动态内存池，初始化之后首先申请 2 字节内存并赋值，接着在原来的基础上重新申请 4 字节内存。本节案例可直接在 3.4.1 节的基础上进行修改，代码如下：

```
//第 3 章/mydemos/mem/mem.c
void demo_dynamic_mem(){
```

```
    UINT16 *mem, ret;

    printf("LosMemDynNode 节点大小 %d\n", sizeof(LosMemDynNode));
    //初始化内存池
    ret = LOS_MemInit(mem_pool, 1024);
    if(ret != LOS_OK){ printf("动态内存初始化失败\n"); return; }
    else { printf("动态内存初始化成功\n"); }
    print_mem_pool();

    //申请 4 字节内存
    mem = (UINT16 *)LOS_MemAlloc(mem_pool, 2);
    if(mem == NULL) { printf("申请内存失败\n"); return; }
    printf("内存分配成功\n");
    //赋值
    *mem = 0x1234;
    printf("mem 内容是 0x%x\n", *mem);
    print_mem_pool();

    //申请 4 字节内存
    mem = (UINT16 *)LOS_MemRealloc(mem_pool, mem, 4);
    if(mem == NULL) { printf("申请内存失败\n"); return; }
    printf("重新分配内存成功\n");
    *(mem+1) = 0x5678;
    printf("mem 内容是 0x%x\n", *(UINT32 *)mem);
    print_mem_pool();

    //释放内存
    ret = LOS_MemFree(mem_pool, mem);
    if(ret != LOS_OK) { printf("释放内存失败\n"); }
    else { printf("释放内存成功\n"); }

    return;
}
```

参考 3.2.4 节修改 Makefile，将源文件路径添加到 LOCAL_SRCS，将头文件路径添加到 LOCAL_INCLUDE。在源文件 user_task.c 中调用函数 demo_dynamic_mem()，运行结果如图 3-17 所示。

2）结果分析

每个 Block 内存都包含 LosMemDynNode 结构，剩余的才是用户 Data 区。第 1 次申请成功后内存增加了 16+2=18 字节，然而内存管理需要进行 4 字节对齐，因此最终增加了 16+4=20 字节。

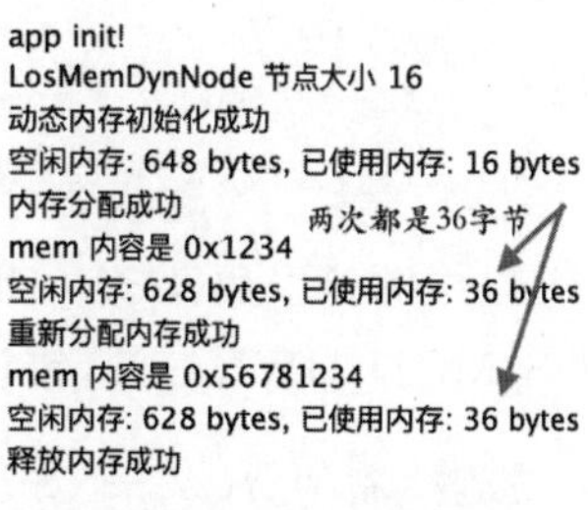

```
app init!
LosMemDynNode 节点大小 16
动态内存初始化成功
空闲内存: 648 bytes, 已使用内存: 16 bytes
内存分配成功
mem 内容是 0x1234
空闲内存: 628 bytes, 已使用内存: 36 bytes
重新分配内存成功
mem 内容是 0x56781234
空闲内存: 628 bytes, 已使用内存: 36 bytes
释放内存成功
```

两次都是36字节

图 3-17　运行结果

当第 2 次使用函数 LOS_MemRealloc() 重新申请内存时，首先要将之前的内存（内容是 0x1234）复制到新内存，因此最终显示的内容是 0x56781234。由于第 1 次的内存遵循 4

字节对齐原则有多余的2字节，而Realloc时正好利用这2字节，所以第2次重新申请并没有增加内存空间。

13min

3.5 错误码和异常处理

当程序出现问题时，通过错误码和异常信息可以准确地定位出错位置。

3.5.1 错误码

错误码是一个4字节的无符号整数，从左到右第1字节表示错误等级，见表3-10；第2字节表示错误码标志，目前该标志是0；第3字节代表错误码所属的模块，例如任务的错误码模块是0x2；第4字节代表错误码序号，具体要参考每个模块是如何定义的。

表3-10 错误等级

函数	数值	说明
NORMAL	0	提示
WARN	1	告警
ERR	2	错误
FATAL	3	致命

在头文件Kernel/include/los_errno.h中定义了错误码对应的模块，部分代码如下：

```
//第3章/kernel/include/los_errno.h
enum LOS_MOUDLE_ID {
    LOS_MOD_SYS = 0x0,              /** 系统 */
    LOS_MOD_MEM = 0x1,              /** 动态内存模块 */
    LOS_MOD_TSK = 0x2,              /** 任务模块 */
    LOS_MOD_SWTMR = 0x3,            /** 软件定时器模块 */
    LOS_MOD_TICK = 0x4,             /** Tick 模块 */
    LOS_MOD_MSG = 0x5,              /** 消息模块 */
    LOS_MOD_QUE = 0x6,              /** 队列模块 */
    LOS_MOD_SEM = 0x7,              /** 信号量模块 */
    LOS_MOD_MBOX = 0x8,             /** 静态内存模块 */
    LOS_MOD_HWI = 0x9,              /** 硬件中断模块 */
    ...
    LOS_MOD_DRIVER = 0x41,          /** 驱动模块 */
    LOS_MOD_BUTT                    /** 结束标志 */
};
```

以中断错误码LOS_ERRNO_HWI_NUM_INVALID为例：中断的错误码模块是LOS_MOD_HWI(0x9)，错误序号是0，错误等级是2，最终得到错误码的代码如下：

```
//第3章/kernel/include/los_errno.h
#define LOS_ERRNO_HWI_NUM_INVALID \
LOS_ERRNO_OS_ERROR(LOS_MOD_HWI, 0x00)
```

```
#define LOS_ERRNO_OS_ERROR(MID, ERRNO) \
    (LOS_ERRTYPE_ERROR | LOS_ERRNO_OS_ID | ((UINT32)(MID) << 8) | \
    ((UINT32)(ERRNO)))

#define LOS_ERRTYPE_ERROR (0x02U << 24)
#define LOS_ERRNO_OS_ID (0x00U << 16)
//mid = 0x9 ERRNO = 0
//由上面代码计算 LOS_ERRNO_HWI_NUM_INVALID = 0x02000900
```

3.5.2 异常处理

异常接管是一种调测手段，当系统发生异常时向用户提供有用的异常信息。LiteOS 的异常接管功能可以打印异常发生时的任务信息、调用栈信息、CPU 现场信息、任务的堆栈信息等。为了查看详细的异常信息，首先要进入 menuconfig 菜单，选择 Debug→[*]Enable Backtrace。

1. 运行机制

每个函数都有自己的栈空间，称为栈帧。调用函数时，会创建子函数的栈帧，同时将函数入口参数、局部变量、寄存器入栈。栈帧从高地址向低地址增长。以 ARM32 架构为例，每个栈帧中都会保存 PC、LR、SP 和 FP 寄存器的历史值。LiteOS 运行期间栈帧结构如图 3-18 所示。

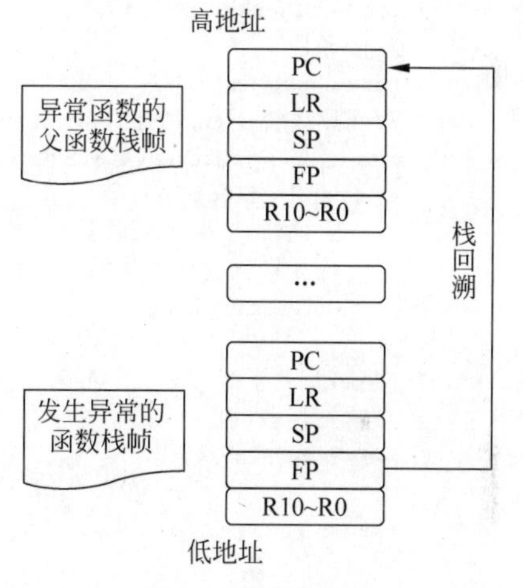

图 3-18　栈帧结构

(1) PC 寄存器：程序计数器，指向下一条要执行的指令。

(2) LR 寄存器：链接寄存器，指向函数的返回地址。

(3) FP 寄存器：帧指针寄存器，指向当前函数的父函数的栈帧起始地址。

从图 3-18 可以看出每个函数的栈帧顶部是 PC，而 PC 则存放着下一条要执行的指令，因此找到 FP 其实就是找到了发生异常的函数。LiteOS 的 Backtrace 功能可以追踪异常信息，打印出发生异常时的 FP 和 LR 值，根据 FP 可以追溯到发生异常的代码。

2. 实战案例：异常追溯

1) 案例测试

LiteOS 提供了函数 LOS_Panic()，以此来触发软中断异常。本案例触发一个软中断异常，根据 Backtrace 信息定位异常发生的位置。在 mydemos 目录下创建源文件 exc/exc.c、头文件 exc/exc.h，代码如下：

```
//第 3 章/mydemos/exc/exc.c
#include "exc.h"
```

```
void exc_entry() {
    printf("Test Exception\n");
    //触发软中断异常
    LOS_Panic("Kernel panic\n");
}

void demo_exc() {
    UINT32 ret, task_id;
    TSK_INIT_PARAM_S param;

    //锁住任务调度,防止高优先级任务调度
    LOS_TaskLock();
    //任务名字
    param.pcName = "task_exc";
    //任务入口地址
    param.pfnTaskEntry = (TSK_ENTRY_FUNC)exc_entry;
    //任务优先级
    param.usTaskPrio = 10;
    //任务栈
    param.uwStackSize = 0x800;
    //调用系统函数,创建任务.成功后任务处于就绪状态
    ret = LOS_TaskCreate(&task_id, &param);
    if (ret != LOS_OK) {
        printf("create task_exc failed, errno = %x\n", ret);
        //如果创建任务失败,则直接返回
        Goto exit_demo;
    }
exit_demo:
    //解锁任务调度
    LOS_TaskUnlock();

    return ret;
}
```

参考 3.2.4 节修改 Makefile，将源文件路径添加到 LOCAL_SRCS，将头文件路径添加到 LOCAL_INCLUDE。在源文件 user_task.c 中调用函数 demo_exc()，运行结果如图 3-19 所示。

2）结果分析

异常管理模块首先打印出发生异常的任务信息，通过 TaskName 字段可以知道发生异常的任务是 task_exc。

打开编译后生成的 ASM 反汇编文件，默认为 out/platform/Huawei_LiteOS.asm，例如当前小熊派对应的是反汇编文件 out/STM32L431_BearPi/Huawei_LiteOS.asm。搜索 Backtrace 第 1 条信息中的 FP 值(要去掉 0x)，如图 3-20 所示。

从图 3-20 看到发生异常的函数是 ArchHaltCpu()，继续搜索第 2 条信息中的 FP 值，结果如图 3-21 所示。

```
app init!
Test Exception
kernel panic
TaskName = task_exc
TaskId = 3
Task stackSize = 2048
System mem addr = 0x200024b8
Phase      = fault in task
Type       = 0x0
FaultAddr  = 0xabababab
intNumOrTaskId    = 0x3
R0         = 0x8011e30
R1         = 0x0
R2         = 0x2000041c
R3         = 0x0
R4         = 0x800277a
R5         = 0x1000200
R6         = 0x200053b8
R7         = 0x200053b8
R8         = 0xcacacaca
R9         = 0x8011e30
R10        = 0x200053d4
R11        = 0x2000041c
R12        = 0x200053e8
PriMask    = 0x200053e0
SP         = 0x800b1b1
LR         = 0x8004d77
PC         = 0x3
xPSR       = 0x3
*******backtrace begin*******
traceback 1 -- lr = 0x080027d4 -- fp = 0x08002774
traceback 2 -- lr = 0x0800b1b0 -- fp = 0x080027ac
traceback 3 -- lr = 0x08004d76 -- fp = 0x0800b1a0
*******backtrace end*******
```

图 3-19 异常运行结果

```
08002774 <ArchHaltCpu>:
 8002774:   b480        push    {r7}
 8002776:   af00        add r7, sp, #0
 8002778:   df00        svc 0
 800277a:   bf00        nop
 800277c:   46bd        mov sp, r7
 800277e:   f85d 7b04   ldr.w   r7, [sp], #4
 8002782:   4770        bx  lr
```

图 3-20 异常函数

从图 3-21 看到发生异常的第 1 层父函数是 LOS_Panic(),由于函数 LOS_Panic()可能被系统调用,因此还要继续搜索下一条 Backtrace 信息中的 FP 值,结果如图 3-22 所示。

```
080027ac <LOS_Panic>:
 80027ac:   b40f        push    {r0, r1, r2, r3}
```

图 3-21 第 1 层父函数

```
0800b1a0 <exc_entry>:
 800b1a0:   b580        push    {r7, lr}
```

图 3-22 第 2 层父函数

从图 3-22 看到引发异常的第 2 层父函数是 exc_entry(),而此函数对应的任务信息也符合图 3-19 显示的内容。综上所述,发生异常的函数依次是 exc_entry()→LOS_Panic()→ArchHaltCpu()。

3.6 认识 Makefile

23min

在实际项目开发中,往往有成百上千个源文件,为了有效地管理整个工程,GNU 推出了 Make 工程管理工具,Makefile 是 Make 工具的配置文件。Windows 系统下通常用 IDE 环境管理工程,IDE 集成了 Make 工具,并且会自动生成 Makefile。UNIX 环境下则需要开发者自己配置 Make 工具,编写 Makefile 文件。

Makefile 就像一个 Shell 脚本一样,当键入 Make 指令后,系统会按照特定的规则执行 Makefile 中的命令。

3.6.1 基础语法

1. 语法格式

Makefile 的核心是规则，而规则按照“目标：依赖 命令”的格式书写，其中“命令”需要另起一行且以 Tab 开头，代码如下：

```
cal: add.c sub.c
    gcc add.c sub.c -o cal
```

目标：编译生成的结果文件。如果目标的更新时间比依赖的更新时间晚，则不需要重新编译，否则就需要重新编译并更新目标。在默认情况下，第 1 个目标就是 Makefile 的最终目标。

依赖：目标文件由哪些文件组成。

命令如何生成目标文件。命令必须以 Tab 开头，不可以用空格代替。

Makefile 使用“#”注释内容，echo 可以输出内容，类似 C 语言的 printf。通常在 echo 前加一个符号“@”，这样编译过程就不显示 echo 语句本身。例如在编译结束后显示 build success，代码如下：

```
@echo "--- build success ---"
#在终端可以看到编译成功后输出 --- build success ---
```

make 在生成目标时会逐层寻找依赖关系，并最终生成第 1 个目标文件。如果在寻找过程中出现错误，则直接退出，并提示错误。

2. 变量

1）变量赋值

如果一个名字后加上等号，则这个名字就是一个变量。等号是最普通的赋值方式，使用“=”赋值时变量是最后被指定的值。Makefile 还提供以下几种赋值方式：

(1)“:=”是直接赋值，给变量赋予当前位置的值。

(2)“?=”表示如果当前变量没有被赋值，就赋予等号后的值。

(3)“+=”和 C 代码一样，表示给变量追加一个值。

当给变量赋值一个很长的字符串时，代码写在同一行并不美观，此时需要用到转义字符“\”，它表明下一行代码也属于当前这一行。一个简单的赋值案例，代码如下：

```
#等价于 src += 1.c 2.c 3.c
src += 1.c \
    2.c \
    3.c
```

2）取变量的值

“$”符号表示取变量的值，当变量有多个字符时，使用“()”。此外“$”还有一些特殊用法：“$@”代表目标文件，“$^”代表所有的依赖文件，“$<”代表第 1 个依赖文件。例如

一个简单加法程序对应的 Makefile，代码如下：

```
cal.bin: add.c sub.c
    gcc $^ -o $@
```

3）预定义变量

Makefile 中有些变量是内部事先定义好的，它们都有默认值，用户也可以修改它们的值，见表 3-11。

表 3-11　预定义变量

变　　量	说　　明
AR	库文件打包程序，默认值为 ar
ARFLAGS	库选项，默认值为 rv
AS	汇编器，默认值为 as
ASFLAGS	汇编选项，默认值为空
CC	C 编译器，默认值为 cc
CFLAGS	C 编译器选项，默认值为空
CPP	C 预处理器，默认值为 $(CC)-E
CPPFLAGS	C 预编译选项，默认值为空
CXX	C++编译器，默认值为 g++
CXXFLAGS	C++编译选项，默认值为空
LDFLAGS	链接器选项，默认值为空
CURDIR	当前工作目录

4）导出变量

如果想让当前变量被其他 Makefile 使用，则可以使用关键字 export 将变量导出，代码如下：

```
#定义变量
OUT = out
#将变量导出
export OUT
```

3. 宏定义

Makefile 提供宏定义功能，语法格式为“-DNAME”，开发者可以在源文件中使用该宏。如果需要为宏指定值，则代码如下：

```
#定义宏 MQTT_PORT,值为 8765
CFLAGS += -DMQTT_PORT=8765
```

如果宏的值为字符串，则需要对引号进行转义。例如定义一个 IP 地址，代码如下：

```
#定义宏 MQTT_IP,值为字符串"192.168.1.100"
CFLAGS += -DMQTT_IP=\"192.168.1.100\"
```

4. 条件判断

Makefile 支持条件判断功能，例如 LiteOS 中的多数功能组件要通过判断配置文件来决定是否编译。例如一个简单的条件判断，代码如下：

```
#定义变量 NET
NET = BC85
#通过变量 NET 的值决定编译哪个网络驱动文件
ifneq ( $ (NET), BC95)
    gcc  -c esp8266.c  -o net.o
else
    gcc  -c bc95.c  -o net.o
endif
```

ifeq 的意义是如果两者相等，则开发者可使用 ifneq 表示。如果两者不相等，则需要多个判断，else 语句可以写作 else ifeq。

注意：在 ifeq 后有一个空格。

---

5. 导入文件

Makefile 提供了关键字 include，用于导入文件，语法格式为 include filename，文件名中可以包含路径和通配符。include 的作用和 C 语言中 include 的作用一样，将被导入的文件内容复制到当前位置。如果要导入当前目录下的 cfg1. mk、cfg2. mk、cfg3. mk，则代码如下：

```
#include 后追加 3 个文件名，用空格隔开
include cfg1.mk cfg2.mk cfg3.mk
#如果当前目录下只有这 3 个 mk 文件，则可用下面的语法
include *.mk
```

3.6.2 高级语法

1. 嵌套 Makefile

在实际项目中源文件大多按照其功能存放在不同的目录下，Makefile 也可以根据实际情况存放在各自的目录中，这样可以让 Makefile 更加简洁。例如在子目录 subdir 下有一个 Makefile，如果在主目录下的 Makefile 中依赖 subdir/Makefile，则代码如下：

```
objxxx:
#跳转到子目录并执行 make
cd subdir && make
#也可以这样写
objxxx:
make  -C subdir
```

2. 模式规则

通常在 C 项目中包含多个源文件，这意味着需要生成多个 obj 文件。例如当前项目有

3 个文件，即 1. c、2. c、3. c，则代码如下：

```
target.bin:1.o 2.o 3.o
    gcc 1.o 2.o 3.o  - o target.bin
1.o:1.c
    gcc  - c 1.c  - o 1.o
2.o:2.c
    gcc  - c 2.c  - o 2.o
3.o:3.c
    gcc  - c 3.c  - o 3.o
```

当项目中有成百上千个源文件时，开发者很难一个个列出目标和依赖。使用静态模式更容易定义“多目标规则”，其语法示例如下：

```
< target >:< target - pattern >:< depend - pattern >
```

target 可以省略，pattern 中必须包含字符“%”。针对上述案例，使用模式规则，代码如下：

```
%.o: %.c
    gcc $< -o $@

target.bin:1.o 2.o 3.o
    gcc 1.o 2.o 3.o  - o target.bin
```

target-pattern 中的%. o 代表目标是以. o 结尾的文件集合，depend-pattern 中的%. c 表示取 target 中的%部分，然后追加后缀. c。

3. 函数

Makefile 支持少量函数，方便开发者快速处理一些任务，例如字符串替换、取当前路径、执行 Shell 指令等，详情见表 3-12。函数调用语法示例，代码如下：

```
$ (function arg1, arg2, ...)
```

function 是函数名字，arg1、arg2 是参数名，多个参数以逗号隔开，函数名和参数之间用空格分隔。函数调用以“$”开头，用小括号将函数名和参数包起来。

表 3-12 Makefile 常见函数

变 量	说 明
$ (subst from, to, text)	函数名：subst 功能：字符串替换。将字符串 text 中的 from 替换为 to 返回值：替换后的字符串 示例：$ (subst aa, bb, aabbcc) 示例结果：bbbbcc

续表

变　量	说　明
$(strip <string>)	函数名：strip 功能：去掉空格。将字符串 string 中的空格去掉 返回值：去掉空格后的字符串 示例：$(strip a b c) 示例结果：abc
$(filter < pattern…>, <text>)	函数名：filter 功能：过滤。将字符串 text 中不符合 pattern 的内容过滤掉 返回值：过滤后的字符串 示例：$(filter %.c, 1.c 2.c 3.h) 示例结果：1.c 2.c
$(dir <names…>)	函数名：dir 功能：取目录。从文件名序列<names>中取出目录部分。目录部分是指最后一个反斜杠"/"之前的部分。如果没有反斜杠，则返回"./" 返回值：目录序列 示例：$(dir src/demo.c example.c) 示例结果：src/ ./
$(notdir <names…>)	函数名：notdir 功能：取文件名。从文件名序列<names>中取出非目录部分。非目录部分是指最后一个反斜杠"/"之后的部分 返回值：文件名序列 示例：$(notdir src/demo.c example.c) 示例结果：demo.c example.c
$(basename <names…>)	函数名：basename 功能：取前缀。从文件名序列<names>中取出文件名的前缀 返回值：文件名前缀序列 示例：$(basename src/demo.c example.c) 示例结果：src/demo example
$(addsuffix < suffix >, <names…>)	函数名：addsuffix 功能：增加后缀。给<names>中的文件添加指定的后缀 返回值：修改后的文件名序列 示例：$(addsuffix .c, src/demo example) 示例结果：src/demo.c example.c
$(addprefix < prefix >, <names…>)	函数名：addprefix 功能：增加前缀。给<names>中的文件添加指定的前缀 返回值：修改后的文件名序列 示例：$(addprefix src/, demo.c example.c) 示例结果：src/demo.c src/example.c
$(shell shell-commands)	函数名：shell 功能：执行 Shell 指令，参数就是 Shell 命令 返回值：Shell 命令的返回值 示例：$(shell cat 1.c) 示例结果：1.c 文件中的内容

3.6.3　实战案例：简单计算器

1. 案例描述

制作一个简单计算器：定义 4 个函数 add_int()、add_float()、sub_int()、sub_float()，将 4 个函数分别定义在不同的文件中，最后在 cal.c 文件中通过 main()函数调用这 4 个函数。按照功能将文件分开存储，并定义对应的 Makefile 文件，最终的目录结构如图 3-23 所示。

```
|sample-make
|----add
     |----add_int
          |----add_int.c
          |----add_int.h
     |----add_float
          |----add_float.c
          |----add_float.h
     |----Makefile
|----sub
     |----sub_int
          |----sub_int.c
          |----sub_int.h
     |----sub_float
          |----sub_float.c
          |----sub_float.h
     |----Makefile
|----cal
     |----cal.c
     |----cal.h
     |----Makefile
|----Makefile
```

图 3-23　目录结构

注意：在本案例中只有简单的数学运算和输出语句，因此使用 GCC 编译，并直接在 PC 运行编译生成的可执行文件。

2. 操作流程

1) C 源码

编辑 4 个源代码文件，分别实现 int 加减法、float 加减法，代码如下：

```
//第 3 章/add/add_int/add_int.c
int add_int(int a, int b){
    return a + b;
}


//第 3 章/add/add_float/add_float.c
float add_float(float a, float b){
    return a + b;
}


//第 3 章/sub/sub_int/sub_int.c
int sub_int(int a, int b){
    return a - b;
}


//第 3 章/sub/sub_float/sub_float.c
float sub_float(float a, float b){
    return a - b;
}


//第 3 章/cal/cal.c
int main(){
```

```
    printf("test int add %d + %d = %d\n", 3, 2, add_int(3,2));
    printf("test float add %f + %f = %f\n", 3.5, 2.5, add_float(3.5,2.5));
    printf("test int sub %d + %d = %d\n", 3, 2, sub_int(3,2));
    printf("test float sub %f + %f = %f\n", 3.5, 2.5, sub_float(3.5,2.5));

    return 0;
}
```

2）顶层 Makefile

顶层目录的主要工作是将所有的 o 文件链接生成 bin 文件（Windows 系统下生成 exe 文件）。设置将所有编译结果输出到 out 目录下，最终生成的目标文件为 cal.bin。将当前目录及输出目录导出，以供子目录下的 Makefile 使用。具体的代码如下：

```
#第3章/Makefile
#获取当前工作目录
SAMPLETOPDIR = $(CURDIR)
#导出变量,以供其他 Makefile 使用
export SAMPLETOPDIR

#目标文件
TARGET = $(OUT)/cal.bin

#输出目录
OUT = out
export OUT

#伪目标
.PHONY: $(TARGET) clean

#第1个目标,将所有的.o文件编译生成最终的.bin文件
$(TARGET): $(OUT)
	$(CC) $(wildcard out/obj/*.o) -o $(TARGET)

#其他目标,out依赖其他目标,需要进入子目录执行Makefile
$(OUT):
	cd add && make -w
	cd sub && make -w
	cd cal && make -w

#清除 out 中的内容
clean:
	rm -rf out
```

3）子目录 Makefile

所有的子目录功能都一样，将子目录下的 c 文件编译生成 o 文件。变量 LOCAL_SRCS 为该目录下的所有 c 文件集合，变量 LOCAL_INC 为该目录下的头文件目录集合，变量 OBJECTS 为所有目标 o 文件集合。以 add 子目录为例，代码如下：

```
#第 3 章/add/Makefile
#源文件路径
LOCAL_SRCS += \
	$(SAMPLETOPDIR)/add/add_int/add_int.c \
	$(SAMPLETOPDIR)/add/add_float/add_float.c

#头文件路径
LOCAL_INC += \
	-I $(SAMPLETOPDIR)/add/add_int \
	-I $(SAMPLETOPDIR)/add/add_float
CFLAGS += $(LOCAL_INC)

#目标文件,这里使用模式替换操作,取文件名操作,增加前缀操作
#最终得到 OBJECTS += ./out/obj/*.o
OBJECTS += $(addprefix $(SAMPLETOPDIR)/$(OUT)/obj/, $(notdir $(LOCAL_SRCS:.c=.o)))
#目标输出目录
OBJOUT = $(SAMPLETOPDIR)/$(OUT)/obj

#设置 c 文件的搜索目录
vpath %.c $(sort $(dir $(LOCAL_SRCS)))

#此文件的第 1 个目标
all: $(OBJECTS)

#模式规则,目标为所有 o 文件,依赖为对应的 c 文件.使用 gcc 生成.o 文件
$(OBJOUT)/%.o: %.c $(SAMPLETOPDIR)/$(OUT)/obj
	gcc $(CFLAGS) -c $< -o $@

#创建目录 out/obj
$(SAMPLETOPDIR)/$(OUT)/obj:
	mkdir -p $@
```

3. 运行结果

在项目的根目录下执行 make 指令进行编译，由于 TARGET 目标依赖 OUT，因此 Makefile 会跳转到 OUT 目标，接着执行 OUT 下的命令切换到子目录执行 make。最终的运行结果如图 3-24 所示。

```
weijiedeMacBook-Pro:make-sample weijie$ make
cd add && make -w
make[1]: Entering directory `/Users/weijie/data/code/liteos/make-sample/add'
mkdir -p /Users/weijie/data/code/liteos/make-sample/out/obj
gcc -c /Users/weijie/data/code/liteos/make-sample/add/add_int/add_int.c -o /Users/weijie/data/code/liteos/make-
sample/out/obj/add_int.o
gcc -c /Users/weijie/data/code/liteos/make-sample/add/add_float/add_float.c -o /Users/weijie/data/code/liteos/m
ake-sample/out/obj/add_float.o
make[1]: Leaving directory `/Users/weijie/data/code/liteos/make-sample/add'
cd sub && make -w                                           进入sub目录，并编译
make[1]: Entering directory `/Users/weijie/data/code/liteos/make-sample/sub'
gcc -c /Users/weijie/data/code/liteos/make-sample/sub/sub_int/sub_int.c -o /Users/weijie/data/code/liteos/make-
sample/out/obj/sub_int.o
gcc -c /Users/weijie/data/code/liteos/make-sample/sub/sub_float/sub_float.c -o /Users/weijie/data/code/liteos/m
ake-sample/out/obj/sub_float.o
make[1]: Leaving directory `/Users/weijie/data/code/liteos/make-sample/sub'
cd cal && make -w
make[1]: Entering directory `/Users/weijie/data/code/liteos/make-sample/cal'
gcc -c -I /Users/weijie/data/code/liteos/make-sample/cal -I /Users/weijie/data/code/liteos/make-sample/sub/sub_
int -I /Users/weijie/data/code/liteos/make-sample/sub/sub_float -I /Users/weijie/data/code/liteos/make-sample/a
dd/add_int -I /Users/weijie/data/code/liteos/make-sample/add/add_float cal.c -o /Users/weijie/data/code/liteos/
make-sample/out/obj/cal.o
make[1]: Leaving directory `/Users/weijie/data/code/liteos/make-sample/cal'
cc out/obj/add_float.o out/obj/add_int.o out/obj/cal.o out/obj/sub_float.o out/obj/sub_int.o -o out/cal.bin
weijiedeMacBook-Pro:make-sample weijie$ ./out/cal.bin        执行bin文件，测试编译结果
test int   add 3 + 2 = 5
test float add 3.500000 + 2.500000 = 6.000000
test int   sub 3 + 2 = 1
test float sub 3.500000 + 2.500000 = 1.000000
```

图 3-24　编译及运行结果

3.7　本章小结

本章从启动代码开始逐步认识 LiteOS，任务、中断、内存是操作系统的基础模块，多数项目需要用到这 3 个基础模块。借助异常管理功能可以迅速定位错误信息，一个合格的开发者应该习惯用 Backtrace 信息定位错误。3.6 节介绍了 Makefile 工具，可帮助开发者更好地理解大型项目的代码结构。

第 4 章

IPC 机制

任务的用户空间是互相独立的，一般情况不能相互访问，唯一例外的是共享内存区域。另外，系统空间是属于"公共场所"，各任务均可访问。任务也可以访问外设，例如 GPIO、文件等。

IPC(Inter Process Communication)即进程间通信，由于 LiteOS 的任务即进程(LiteOS 进程和线程是一样的)，因此这里的 IPC 就是任务间通信。多任务运行时往往互相牵制、依赖，此时就需要进行数据交换，以达到最终目的。IPC 接口可以让程序员协调不同的任务，使之能在一个操作系统里同时运行，并相互传递、交换信息。

本章讲解 LiteOS 提供的 4 种 IPC 机制：信号量、互斥锁、消息队列、事件。

4.1 信号量

信号量(Semaphore)是一种实现任务间通信的机制，可以实现任务间同步或共享资源的互斥访问。开发者可以通过 menuconfig 进入配置菜单，选择 Kernel→Enable Sem→(20) Max Semphore Number 设置系统允许的最大信号量的个数。

4.1.1 信号量概念

17min

信号量本质上是一个计数器，用来对可用资源的个数进行计数，计数值表示可用的共享资源的个数。计数值有两种情况：0 表示当前没有资源可用；正值表示当前有资源可用。

以互斥为目的的信号量，初始计数值不为 0，表示可用的共享资源的个数。当需要使用共享资源时，先获取信号量(计数值减 1)，然后使用一个共享资源，使用完毕后释放信号量(计数值加 1)。这样在共享资源被取完(信号量计数减至 0)时，其他需要获取信号量的任务将被阻塞，从而保证了共享资源的互斥访问。当共享资源数为 1 时，建议使用二值信号量，一种类似于互斥锁的机制。

以同步为目的的信号量，初始计数值为 0。当任务获取信号量时会发生阻塞，直到另一个任务释放信号，当前任务才得以进入 Ready 或 Running 态，从而达到任务间的同步。

4.1.2 信号量运行机制

在多任务系统中，信号量是一种非常灵活的同步方式，可以运用在多种场合中，实现锁、同步、资源计数等功能，也能方便地用于任务与任务、中断与任务的同步中。信号量常用于协助一组相互竞争的任务访问共享资源。

LiteOS与信号量相关的核心头文件是Kernel/base/include/los_sem_pri.h，这里定义了一个结构体LosSemCB，部分代码如下：

```
/* 信号量结构体. */
typedef struct {
    UINT8 semStat;                      /* 标记信号量是否已经使用 LOS_USED or LOS_UNUSED */
    UINT8 semType;                      /* 信号量类型 */
    UINT16 semCount;                    /* 信号量计数 */
    UINT32 semId;                       /* 信号量索引号 */
    LOS_DL_LIST semList;                /* 挂接等待该信号量的任务 */
} LosSemCB;

/* 信号量类型 */
enum {
    OS_SEM_COUNTING,                    /* 最大信号量的个数 LOS_SEM_COUNT_MAX */
    OS_SEM_BINARY,                      /* 二值信号量 OS_SEM_BINARY_COUNT_MAX */
};
```

信号量的使用包括以下几个操作。

（1）信号量初始化，为系统允许的 n 个信号量配置内存（n 值在menuconfig中配置），将其状态初始化为未使用，并将信号量加入未使用队列。这一步在LiteOS内核启动过程中完成。

（2）用户创建信号量，从未使用队列中获取一个信号量，并设置初始值。

（3）任务申请信号量，如果该信号量计数器的值大于0，则直接减1，返回成功。否则任务阻塞，等待其他任务释放该信号量，等待的超时时间可设定。当任务被一个信号量阻塞时，将该任务挂到信号量等待任务队列的队尾。

（4）任务释放信号量，如果没有任务等待该信号量，则直接将该信号量的计数器加1返回。否则唤醒该信号量，以便等待任务队列上的第1个任务。

（5）用户删除信号量，将正在使用的信号量设置为未使用状态，并挂载到未使用链表。

信号量允许多个任务在同一时刻访问共享资源，但会限制同一时刻访问该共享资源的最大任务数目。当访问资源的任务数量达到该资源允许的最大数量时，会阻塞其他试图获取该资源的任务，直到有任务释放该信号量，如图4-1所示。

注意：不能在中断期间或者任务被锁定期间申请信号量，也不能在系统任务中申请信号量。

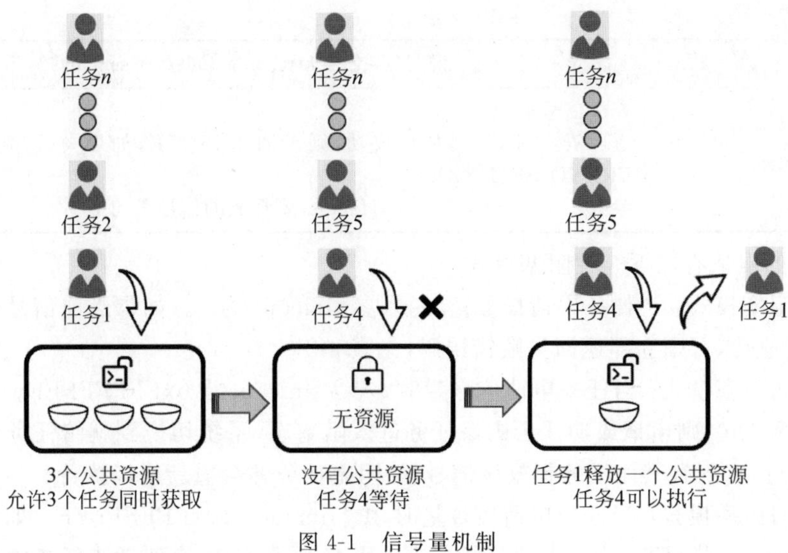

图 4-1 信号量机制

4.1.3 信号量 API

LiteOS 信号量模块为用户提供了信号量的创建、删除、申请、释放等接口，详情见表 4-1。

表 4-1 信号量 API

函数	说明（头文件 kernel/include/los_sem.h）
LOS_SemCreate	创建信号量 返回值：UINT32，如果成功，则返回 LOS_OK，如果失败，则返回 LOS_ERRNO_SEM_XXX 参数 1：[IN] UINT16 count，信号量计数器的初始值 参数 2：[OUT] UINT32 * semHandle，初始化的信号量句柄
LOS_BinarySemCreate	创建二值信号量 返回值：UINT32，如果成功，则返回 LOS_OK，如果失败，则返回 LOS_ERRNO_SEM_XXX 参数 1：[IN] UINT16 count，信号量计数器的初始值，只能是 0 或 1 参数 2：[OUT] UINT32 * semHandle，初始化的信号量句柄
LOS_SemDelete	删除信号量 返回值：UINT32，如果成功，则返回 LOS_OK，如果失败，则返回 LOS_ERRNO_SEM_XXX 参数：[IN] UINT32 * semHandle，要删除的信号量句柄
LOS_SemPend	申请信号量 返回值：UINT32，如果成功，则返回 LOS_OK，如果失败，则返回 LOS_ERRNO_SEM_XXX 参数 1：[IN] UINT32 semHandle，要申请的信号量句柄 参数 2：[IN] UINT32 timeout，超时时间，单位为 Tick

续表

函　　数	说明(头文件 kernel/include/los_sem.h)
LOS_SemPost	释放信号量 返回值：UINT32，如果成功，则返回 LOS_OK，如果失败，则返回 LOS_ERRNO_SEM_XXX 参数：[IN] UINT32 semHandle，要释放的信号量句柄

信号量的申请有以下3种阻塞模式。

(1) 无阻塞模式：当任务申请信号量时，入参 timeout 为0。如果当前信号量计数值不为0，则申请成功，否则立即返回失败错误码，见表4-2。

(2) 永久阻塞模式：当任务申请信号量时，入参 timeout 为 0xFFFFFFFF。如果当前信号量计数值不为0，则申请成功。否则该任务进入阻塞态，系统切换到就绪任务中优先级最高者继续执行，直到有其他任务释放该信号量，阻塞任务才会重新得以执行。

(3) 定时阻塞模式：当任务申请信号量时，0＜timeout＜0xFFFFFFFF。如果当前信号量计数值不为0，则申请成功。否则该任务进入阻塞态，系统切换到就绪任务中优先级最高者继续执行。任务进入阻塞态后，如果在超时前有其他任务释放该信号量，则该任务可成功获取信号量并继续执行；如果超时前未获取信号量，则返回超时错误码。

表 4-2　信号量错误码

错　误　码	十六进制	说　　明
LOS_ERRNO_SEM_NO_MEMORY	0x02000700	初始化信号量时内存不足。需要增大 OS_SYS_MEM_SIZE，或者减少系统支持的最大信号量的个数
LOS_ERRNO_SEM_INVALID	0x02000701	信号量 ID 不正确
LOS_ERRNO_SEM_ALL_BUSY	0x02000703	系统无法创建新的信号量，需要删除无用信号量，或者增大系统支持的最大信号量的个数
LOS_ERRNO_SEM_UNAVAILABLE	0x02000704	无阻塞模式下无法获取信号量，尝试使用阻塞模式
LOS_ERRNO_SEM_PEND_INTERR	0x02000705	中断期间非法调用 LOS_SemPend()
LOS_ERRNO_SEM_PEND_IN_LOCK	0x02000706	任务锁定期间非法调用 LOS_SemPend()
LOS_ERRNO_SEM_TIMEOUT	0x02000707	申请信号量超时，合理调整 timeout
LOS_ERRNO_SEM_OVERFLOW	0x02000708	信号量计数值已经达到最大值，无法释放
LOS_ERRNO_SEM_PENDED	0x02000709	删除信号量时，还有任务在等待该信号量
LOS_ERRNO_SEM_PEND_IN_SYSTEM_TASK	0x0200070a	在系统任务中获取信号量

18min

4.1.4 实战案例：消费者和生产者

1. 案例描述

生产者和消费者是一个典型的任务同步案例，例如在大文件复制过程中，只有生产者从源地址读取到数据，消费者才能将数据写入目的地址。

本案例模拟一个简单的数据复制过程（暂不考虑数据，只模拟过程），任务 1 用于读取数据，任务 2 和任务 3 用于写入数据。将任务 1 的周期设置为 1000Tick，优先级为 10；将任务 2 和任务 3 的周期均设置为 2000Tick，优先级均为 9。

2. 操作流程

1）创建源文件

在 mydemos 目录下创建文件夹 sem，在 sem 目录下创建源文件 sem.c 和头文件 sem.h，最终的目录结构如图 4-2 所示。

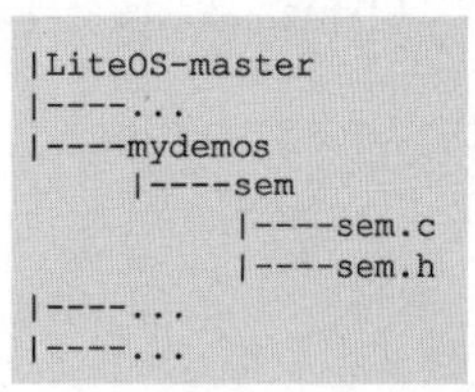

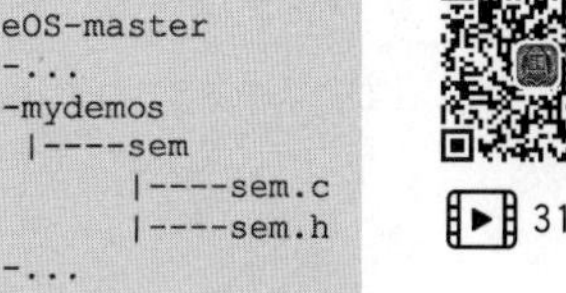

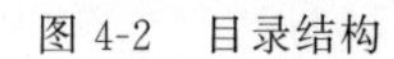

图 4-2 目录结构

2）编辑源代码

（1）创建一个生产者，每 1000Tick 释放一个信号量，代码如下：

```
//第 4 章/mydemos/sem/sem.c
UINT32 producer_entry(VOID) {
    UINT32 ret;

    LOS_TaskDelay(5000);
    while (1) {
        printf("producer begin post sem\n");
        //释放信号量
        ret = LOS_SemPost(sem);
        if(ret != LOS_OK){
            printf("producer post sem error\n");
            return -1;
        }
        LOS_TaskDelay(1000);
    }
    return 0;
}
```

（2）创建两个消费者，每 2000Tick 申请一个信号量，代码如下：

```
//第 4 章/mydemos/sem/sem.c
UINT32 customer1_entry(VOID) {
    UINT32 ret;

    while (1) {
        printf("customer1 try get sem... ");
        //申请信号量,无限等待
        ret = LOS_SemPend(sem, 0xffff);
        if (ret != LOS_OK) {
            printf("customer1 get sem error\n");
            return -1;
        }
        printf("customer1 get sem success\n");
```

```
        LOS_TaskDelay(2000);
    }
    return 0;
}

UINT32 customer2_entry(VOID) {
    UINT32 ret;

    while (1) {
        printf("customer2 try get sem... ");
        //申请信号量,无限等待
        ret = LOS_SemPend(sem, 0xffff);
        if (ret != LOS_OK) {
            printf("customer2 get sem error\n");
            return - 1;
        }
        printf("customer2 get sem success\n");
        LOS_TaskDelay(2000);
    }
    return 0;
}
```

（3）创建初始值为 0 的信号量，按照各自的优先级分别创建生产者任务和消费者任务，代码如下：

```
//第 4 章/mydemos/sem/sem.c
UINT32 my_task(UINT32 tid, char * name, UINT16 pri, \
        UINT32 stack_size, TSK_ENTRY_FUNC func) {
    UINT32 ret;
    TSK_INIT_PARAM_S param;

    //锁住任务调度,防止高优先级任务调度
    LOS_TaskLock();
    //任务名字
    param.pcName = name;
    //任务入口地址
    param.pfnTaskEntry = func;
    //任务优先级
    param.usTaskPrio = pri;
    //任务栈
    param.uwStackSize = stack_size;
    //调用系统函数,创建任务.成功后任务处于就绪状态
    ret = LOS_TaskCreate(&tid, &param);
    //创建任务失败
    if (ret != LOS_OK) {
        printf("create task failed, errno = %x\n", ret);
    }
    //解锁任务调度
```

```
    LOS_TaskUnlock();
    return ret;
}

UINT32 demo_sem(){
    UINT32 ret;

    //创建信号量,初始状态没有资源
    ret = LOS_SemCreate(0, &sem);
    if(ret != LOS_OK){ printf("create create sem failed\n"); return 0; }

    //创建消费者任务
    ret = my_task(&tid_c1, "customer1", 9, 0x800, customer1_entry);
    if(ret != LOS_OK){ printf("create customer1 failed\n"); return -1; }
    ret = my_task(&tid_c2, "customer2", 9, 0x800, customer2_entry);
    if(ret != LOS_OK){ printf("create customer2 failed\n"); return -1; }

    //创建生产者任务
    ret = my_task(&tid_c1, "prodecer", 10, 0x800, producer_entry);
    if(ret != LOS_OK){ printf("create producer failed\n"); return -1; }

    return ret;
}
```

(4) 在源文件 targets/STM32L431_BearPi/Src/user_task.c 中调用函数 demo_sem(),具体参考 3.2.4 节。

3) 修改 Makefile

将文件 sem.c 和 sem.h 的相对路径添加到文件 targets/STM32L431_BearPi/Makefile 中,具体参考 3.2.4 节。

3. 运行结果

编译无误后运行效果如图 4-3 所示,消费者任务首先被调度,但是由于没有信号量,两个消费者只能等待。当生产者成功释放信号量之后,消费者就可以恢复到就绪态并被调度。

```
app init!
customer1 try get sem...customer2 try get sem...
producer begin post sem
customer1 get sem success
producer begin post sem
customer2 get sem success
producer begin post sem
customer1 try get sem...customer1 get sem success
producer begin post sem
customer2 try get sem...customer2 get sem success
producer begin post sem
producer begin post sem
customer1 try get sem...customer1 get sem success
producer begin post sem
customer2 try get sem...customer2 get sem success
```

图 4-3 运行结果

4.2 互斥锁

互斥锁(Mutex)是一种实现任务间通信的机制,可以实现临界资源的互斥访问。开发者可以通过 menuconfig 进入配置菜单,选择 Kernel→Enable Sem→(20) Max Mutex Number 设置系统允许的最大互斥锁的个数。

17min

4.2.1 互斥锁概念

互斥锁本质上是一种特殊的二值信号量，因此有时又称为互斥型信号量，常用于对临界资源进行独占式访问。

互斥锁在任一时刻只有两种状态，即开锁状态和闭锁状态。当任务得到互斥锁时，互斥锁处于闭锁状态。当任务释放互斥锁后，锁处于开锁状态。当一个任务持有互斥锁时，其他任务无法获取互斥锁。

临界资源：一次只允许被一个进程访问的共享资源，很多硬件设备都是临界资源，例如打印机。

4.2.2 互斥锁运行机制

在多任务环境下会出现多个任务访问同一共享资源的场景，有些共享资源只能独占式地访问。例如一个全局变量 global_var，当任务 1 对其进行加 1 操作时，应该禁止任务 2 访问此变量，此时需要互斥锁来解决访问冲突问题。

LiteOS 与互斥锁相关的核心头文件是 Kernel/base/include/los_mux_pri. h，这里定义了一个结构体 LosMuxCB，部分代码如下：

```
//第 4 章/kernel/base/include/los_mux_pri.h
typedef struct {
    LOS_DL_LIST muxList;                    /* 互斥锁链表 */
    LosTaskCB * owner;                      /* 当前持有互斥锁的任务 TCB */
    UINT16 muxCount;                        /* 互斥锁被持有的次数 */
    UINT8 muxStat;                          /* 互斥锁状态 LOS_UNUSED, LOS_USED */
    UINT32 muxId;                           /* 互斥锁句柄 */
} LosMuxCB;
```

LiteOS 内核启动时，根据 menuconfig 中互斥量的相关配置创建一个“未使用互斥量链表”，链表中的节点都标记为 LOS_UNUSED。

创建互斥锁时，从未使用链表中申请一个节点，并初始化持有者、持有次数等信息，将状态标记为 LOS_USED。如果未使用链表为空，则代表当前没有可用空间创造互斥量，返回错误码。

申请互斥锁时，如果持有次数为 0，或者持有者是当前任务，则持有次数加 1，并将持有者设置为当前任务，释放互斥锁时，如果当前任务不持有锁，则释放失败。如果当前任务持有锁，则持有数量减 1，如果此时持有数量不为 0，则该任务继续持有锁。互斥锁释放之后，如果该任务不再持有锁，则获取因该互斥锁阻塞的任务，并更新互斥锁的持有者等信息。

删除互斥锁时，如果锁的持有数量不为 0，则失败。

用互斥锁处理临界资源的访问时，如果有任务访问该资源，则互斥锁为闭锁状态。此时如果其他任务尝试访问该临界资源就会被阻塞，直到互斥锁被释放，该任务才能访问之前被加锁的临界资源，同时互斥锁会再次上锁，如图 4-4 所示。

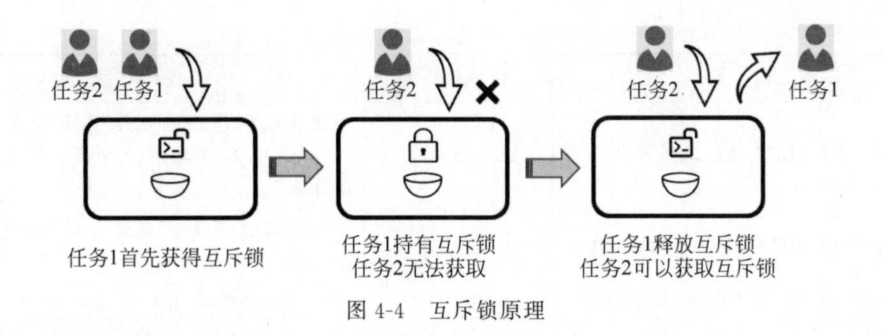

图 4-4 互斥锁原理

4.2.3 互斥锁 API

LiteOS 互斥锁模块为用户提供了互斥锁的创建、删除、申请、释放等功能接口，见表 4-3。

表 4-3 互斥锁 API

函数	说明(头文件 kernel/include/los_mux.h)
LOS_MuxCreate	创建互斥锁 返回值：UINT32，如果成功，则返回 LOS_OK，如果失败，则返回 LOS_ERRNO_MUX_XXX 参数：[OUT] UINT32 * muxHandle，初始化的互斥锁句柄
LOS_MuxDelete	删除互斥锁 返回值：UINT32，如果成功，则返回 LOS_OK，如果失败，则返回 LOS_ERRNO_MUX_XXX 参数：[IN] UINT32 muxHandle，要删除的互斥锁句柄
LOS_MuxPend	申请互斥锁 返回值：UINT32，如果成功，则返回 LOS_OK，如果失败，则返回 LOS_ERRNO_MUX_XXX 参数 1：[IN] UINT32 muxHandle，要申请的互斥锁句柄 参数 2：[IN] UINT32 timeout，超时时间，单位为 Tick
LOS_MuxPost	释放互斥锁 返回值：UINT32，如果成功，则返回 LOS_OK，如果失败，则返回 LOS_ERRNO_MUX_XXX 参数：[IN] UINT32 muxHandle，要释放的互斥锁句柄

申请互斥锁时有 3 种阻塞模式：无阻塞模式、永久阻塞模式、定时阻塞模式，详情参考 4.1.3 节。使用互斥锁 API 时可能发生错误，错误码见表 4-4。

表 4-4 互斥锁错误码

错误码	十六进制	说明
LOS_ERRNO_MUX_NO_MEMORY	0x02001d00	初始化互斥锁时内存不足，需要增大 OS_SYS_MEM_SIZE，或者减少系统支持的最大互斥锁的个数
LOS_ERRNO_MUX_INVALID	0x02001d01	互斥锁 ID 不正确

续表

错　误　码	十六进制	说　　明
LOS_ERRNO_MUX_ALL_BUSY	0x02001d03	系统无法创建新的互斥锁，需要删除无用互斥锁，或者增大系统支持的最大互斥锁的个数
LOS_ERRNO_MUX_UNAVAILABLE	0x02001d04	无阻塞模式下无法获取互斥锁，尝试使用阻塞模式
LOS_ERRNO_MUX_PEND_INTERR	0x02001d05	中断期间非法调用 LOS_MuxPend()
LOS_ERRNO_MUX_PEND_IN_LOCK	0x02001d06	锁任务调度时，不允许以阻塞模式申请锁
LOS_ERRNO_MUX_TIMEOUT	0x02001d07	申请互斥锁超时，合理调整 timeout
LOS_ERRNO_MUX_PENDED	0x02001d09	删除互斥锁时，还有任务在使用该互斥锁
LOS_ ERRNO _ MUX _ PEND _ IN _ SYSTEM_TASK	0x02001d0c	在系统任务中获取互斥锁

21min

4.2.4 实战案例：生产者和消费者

1. 案例描述

为案例 4.1.4 添加数据操作过程，定义全局数组 buf[100]，生产者周期性地向 buf 写入数据，两个消费者周期性地读取 buf。在本案例中 buf 属于临界区，访问时需要互斥锁协调。

2. 操作流程

1）创建源文件

在 mydemos 目录下创建文件夹 mux，在 mux 目录下创建源文件 mux.c 和头文件 mux.h，最终的目录结构如图 4-5 所示。

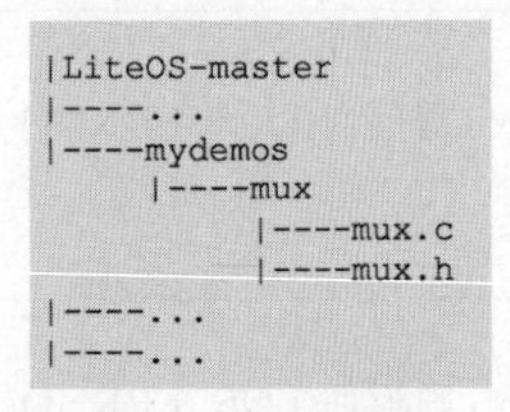

图 4-5　目录结构

2）编辑源代码

（1）修改生产者代码，获取互斥锁之后操作 buf，之后释放锁并释放信号量，代码如下：

```
//第 4 章/mydemos/mux/mux.c
//生产者任务,给 buf 赋值 0～99
UINT32 producer_entry(VOID) {
    UINT32 ret;

    printf("producer is running...\n");
    LOS_TaskDelay(5000);
    while (1) {
        //加锁,修改 buf
        LOS_MuxPend(mux, LOS_WAIT_FOREVER);
        if(write_pos < 100){
            buf[write_pos] = write_pos;
            write_pos ++;
        } else {
            LOS_MuxPost(mux);
```

```
            LOS_SemPost(sem);
            return 0;
        }
        //解锁
        LOS_MuxPost(mux);
        //释放信号量,其他任务可以操作 buf
        ret = LOS_SemPost(sem);
        if(ret != LOS_OK){ printf("producer post sem error\n"); return -1; }
        LOS_TaskDelay(1000);
    }
    return 0;
}
```

(2) 修改消费者代码,获取信号量之后继续获取互斥锁,读取数据之后释放锁,代码如下:

```
//第 4 章/mydemos/mux/mux.c
UINT32 customer1_entry(VOID) {
    UINT32 ret;

    printf("customer1 is running...\n");
    while (1) {
        //申请信号量,无限等待
        ret = LOS_SemPend(sem, LOS_WAIT_FOREVER);
        if(ret != LOS_OK) {
            printf("customer1 get sem error\n");
            return -1;
        }
        //申请互斥锁,读取 buf
        LOS_MuxPend(mux, LOS_WAIT_FOREVER);
        //超过缓冲区大小,证明读取完毕,退出
        if(read_pos >= 100){
            LOS_MuxPost(mux);
            return 0;
        }
        printf("customer1 read buf[%d] = %d\n", read_pos, buf[read_pos++]);
        //释放锁
        LOS_MuxPost(mux);
        //延时
        LOS_TaskDelay(2000);
    }
    return 0;
}

UINT32 customer2_entry(VOID) {
    UINT32 ret;

    printf("customer2 is running...\n");
```

```
    while (1) {
        //申请信号量,无限等待
        ret = LOS_SemPend(sem, LOS_WAIT_FOREVER);
        if(ret != LOS_OK) {
            printf("customer1 get sem error\n"); return - 1;
        }
        //申请互斥锁,读取 buf
        LOS_MuxPend(mux, LOS_WAIT_FOREVER);
        //超过缓冲区大小,证明读取完毕,退出
        if(read_pos >= 100){
            LOS_MuxPost(mux);
            return 0;
        }
        printf("customer2 read buf[%d] = %d\n", read_pos, buf[read_pos++]);
        //释放锁
        LOS_MuxPost(mux);
        //延时
        LOS_TaskDelay(2000);
    }
    return 0;
}
```

(3) 创建互斥锁及初始值为 0 的信号量，按照各自的优先级分别创建生产者任务和消费者任务。参考 4.1.4 节的内容，部分代码如下：

```
//第 4 章/mydemos/mux/mux.c
UINT32 my_task(UINT32 tid, char * name, UINT16 pri, UINT32 stack_size, TSK_ENTRY_FUNC func) {
    //参考 4.1.4 节
    ...
}

UINT32 demo_sem(){
    UINT32 ret;

    //创建互斥锁
    ret = LOS_MuxCreate(&mux);
    if(ret != LOS_OK){
        printf("create create mux failed\n");
        return - 1;
    }

//创建信号量、生产者任务、消费者任务,参考 4.1.4 节
    ...
}
```

(4) 在源文件 targets/STM32L431_BearPi/Src/user_task.c 中调用函数 demo_mux()，具体参考 3.2.4 节。

3) 修改 Makefile

将文件 mux.c 和 mux.h 的相对路径添加到文件 targets/STM32L431_BearPi/

Makefile 中,具体参考 3.2.4 节。

3. 运行结果

编译无误后运行代码,结果如图 4-6 所示。消费者任务首先被调度,但是由于没有信号量,两个消费者只能等待。当生产者修改 buf 之后成功释放信号量,消费者就可以恢复到就绪态并被调度。

```
app init!
customer1 is running...
customer2 is running...
producer is running...
customer1 read buf[0]=0
customer2 read buf[1]=1
customer1 read buf[2]=2
customer2 read buf[3]=3
customer1 read buf[4]=4
customer2 read buf[5]=5
customer1 read buf[6]=6
customer2 read buf[7]=7
customer1 read buf[8]=8
```

图 4-6　运行结果

4. 死锁

使用互斥锁时必须严格控制代码逻辑,否则容易发生死锁现象。例如,任务 1 拥有资源 1 并等待资源 2,任务 2 拥有资源 2 并等待资源 1,此时两个任务都持有对方需要的资源却等待对方拥有的资源,这样就陷入了死锁。另外,在信号量中也可能发生死锁问题。

修改消费者 1 的任务代码,先获取互斥锁再申请信号量,代码如下:

```
//第 4 章/mydemos/mux/mux.c
UINT32 customer1_entry(VOID) {
    UINT32 ret;

    printf("customer1 is running...\n");
    while (1) {
        //申请互斥锁,读取 buf
        LOS_MuxPend(mux, LOS_WAIT_FOREVER);
        //申请信号量,无限等待
        ret = LOS_SemPend(sem, LOS_WAIT_FOREVER);
        if(ret != LOS_OK) {
            printf("customer1 get sem error\n");
            return -1;
        }
        //超过缓冲区大小,证明读取完毕,退出
        if(read_pos >= 100){
            LOS_MuxPost(mux);
            return 0;
        }
        printf("customer1 read buf[%d] = %d\n", read_pos, buf[read_pos++]);
        //释放锁
        LOS_MuxPost(mux);
        //延时
        LOS_TaskDelay(2000);
    }
    return 0;
}
```

```
app init!
customer1 is running...
customer2 is running...
producer is running...
```

图 4-7　死锁现象

编译运行结果如图 4-7 所示,两个任务并没有输出 buf 信息。由于消费者 1 的优先级高,首先获得互斥锁并持续等待信号量,而生产者在获取互斥锁时发生永久阻塞,导致无法释放信号量,因而最终导致死锁现象。

4.3 队列

队列(Queue)又称消息队列,是一种实现任务间通信的机制,常用来传输长度不固定的消息。开发者可以通过 menuconfig 进入配置菜单,选择 Kernel→Enable Queue→(20)Max Queue Number 设置系统允许的最大队列的个数。

16min

4.3.1 队列运行机制

消息在队列中以先进先出方式排队,允许将消息放入队列中,但不立刻读取,以此实现任务间异步通信。一个任务能从多个队列中读取或写入消息,多个任务也可在同一个队列中读写消息。每读出一条消息,该节点设置为空。

LiteOS 与队列相关的核心头文件是 Kernel/base/include/los_queue_pri.h,这里定义了一个结构体 LosQueueCB,部分代码如下:

```
//第 4 章/kernel/base/include/los_queue_pri.h
typedef enum {
    OS_QUEUE_READ = 0,
    OS_QUEUE_WRITE = 1,
    OS_QUEUE_N_RW = 2
} QueueReadWrite;

typedef struct {
    UINT8 *queueHandle;                    /* 队列句柄 */
    UINT8 queueState;                      /* 队列状态:OS_QUEUE_UNUSED OS_QUEUE_INUSED */
    UINT8 queueMemType;                    /* 内存类型,系统分配或用户分配 */
    UINT16 queueLen;                       /* 队列长度,即节点个数 */
    UINT16 queueSize;                      /* 每个节点大小 */
    UINT32 queueId;                        /* 队列 ID */
    UINT16 queueHead;                      /* 头节点位置,数组下标 */
    UINT16 queueTail;                      /* 尾节点位置,数组下标 */
    UINT16 readWriteableCnt[OS_QUEUE_N_RW];
                                           /* 0 号元素:可读消息数; 1 号元素:可写消息数 */
    LOS_DL_LIST readWriteList[OS_QUEUE_N_RW];
                                           /* 0 号元素:读消息列表; 1 号元素:写消息列表 */
    LOS_DL_LIST memList;
                                  /* CMSIS - RTOS 中的 MailBox 模块使用的内存块链表 */
} LosQueueCB;
```

创建队列时内存种类可以选择 OS_QUEUE_ALLOC_DYNAMIC(系统分配)或者 OS_QUEUE_ALLOC_STATIC(用户分配),如果成功,则返回队列 ID。每个队列有两种状态,即 OS_QUEUE_UNUSED(未使用)或 OS_QUEUE_INUSED(使用中)。在队列控制块中 Head 和 Tail 用来表示当前队列中消息的存储状况,Head 表示队列中被占用节点的起始位置,Tai 表示被占用节点的结束位置,也是空闲消息节点的起始位置。当队列刚创建时,Head 和 Tail 均指向队列的起始位置。

写队列时,如果 readWriteableCnt[1]为 0,则表示队列已满,所以不能写入。写队列支持两种写入方式:尾节点写入、头节点写入。尾节点写入时,根据 Tail 找到起始空闲消息节点作为数据写入对象,如果 Tail 已经指向队列的尾部,则采用回卷方式。头节点写入时,将 Head 的前一个节点作为数据写入对象。如果 Head 指向队列的起始位置,则采用回卷方式。

读队列时,如果 readWriteableCnt[0]为 0,则表示队列无消息可读,任务会挂起。如果队列可以读取消息,则根据 Head 找到头节点进行读取。如果 Head 已经指向队列的尾部,则采用回卷方式。读写队列过程如图 4-8 所示。

删除队列时,根据队列 ID 找到指定队列,将队列状态置为未使用,并将队列控制块置为初始状态。如果创建队列时选择系统分配内存方式,则还会释放队列占用的内存。

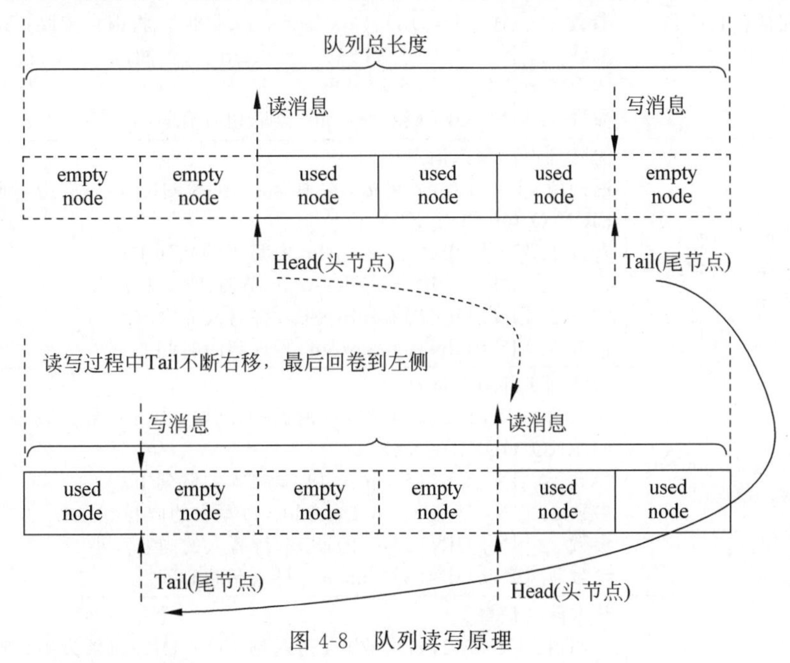

图 4-8 队列读写原理

4.3.2 队列 API

LiteOS 队列模块为用户提供了队列的创建、删除、读、写等功能接口,见表 4-5。

表 4-5 队列 API

函 数	说明(头文件 kernel/include/los_queue.h,错误码也可参考此头文件)
LOS_QueueCreate	创建队列 返回值:UINT32,如果成功,则返回 LOS_OK,如果失败,则返回 LOS_ERRNO_QUEUE_XXX 参数 1:[IN] const CHAR * queueName,队列名称,暂不使用该参数 参数 2:[IN] UINT16 len,队列长度,范围为[1,0xffff] 参数 3:[OUT] UINT32 * queueId,成功创建后返回队列 ID 参数 4:[IN] UINT32 flags,标志位,暂时不使用该参数 参数 5:[IN] UINT16 maxMsgSize,节点大小,范围为[1,0xffff-4]

续表

函　　数	说明(头文件 kernel/include/los_queue.h,错误码也可参考此头文件)
LOS_QueueDelete	删除队列 返回值：UINT32,如果成功,则返回 LOS_OK,如果失败,则返回 LOS_ERRNO_QUEUE_XXX 参数：[IN] UINT32 queueId,要删除的队列 ID
将数据保存到队列 LOS_QueueReadCopy 将数据首地址保存到队列 LOS_QueueRead	读取队列消息 返回值：UINT32,如果成功,则返回 LOS_OK,如果失败,则返回 LOS_ERRNO_QUEUE_XXX 参数 1：[IN] UINT32 queueId,要读取的队列 ID 参数 2：[OUT] VOID * bufferAddr,缓冲区,将内存读取到这里 参数 3：[IN/OUT] UINT32 * bufferSize,缓冲区大小。输入一个大小,读取完成之后,返回实际大小 参数 4：[IN] UINT32 timeout,读取超时时间
从队列读取数据 LOS_QueueWriteCopy 从队列读取数据的首地址 LOS_QueueWrite	向队列尾部写入消息 返回值：UINT32,如果成功,则返回 LOS_OK,如果失败,则返回 LOS_ERRNO_QUEUE_XXX 参数 1：[IN] UINT32 queueId,要写入的队列 ID 参数 2：[IN] VOID * bufferAddr,待写入的内容 参数 3：[IN] UINT32 bufferSize,待写入的内容大小 参数 4：[IN] UINT32 timeout,写入超时时间
LOS_QueueWriteHeadCopy LOS_QueueWriteHead	向队列头部写入消息 返回值：UINT32,如果成功,则返回 LOS_OK,如果失败,则返回 LOS_ERRNO_QUEUE_XXX 参数 1：[IN] UINT32 queueId,要写入的队列 ID 参数 2：[IN] VOID * bufferAddr,待写入的内容 参数 3：[IN] UINT32 bufferSize,待写入的内容大小 参数 4：[IN] UINT32 timeout,写入超时时间
LOS_QueueInfoGet	获取队列信息 返回值：UINT32,如果成功,则返回 LOS_OK,如果失败,则返回 LOS_ERRNO_QUEUE_XXX 参数 1：[IN] UINT32 queueId,要写入的队列 ID 参数 2：[OUT] QUEUE_INFO_S * queueInfo,将队列信息输出到此

创建队列时需要的内存空间可以由系统或者用户分配,该选项在 menuconfig 菜单中的 Kernel→Enable Queue→[*]Enable Queue Static Allocation。

读写队列时函数 LOS_QueueReadCopy()、LOS_QueueWriteCopy()、LOS_QueueWriteHeadCopy()是一组接口,函数 LOS_QueueRead()、LOS_QueueWrite()、LOS_QueueWriteHead()是一组接口,两组接口需要配套使用。

LOS_QueueWrite()、LOS_QueueWriteHead()、LOS_QueueRead()这组接口实际操作的是数据地址,即将缓冲区的首地址保存到队列中,因此在读取消息时必须保证缓冲区没有被修改过。

注意：读写队列的操作不可以在软件定时器的回调函数中执行。

4.3.3 实战案例：通信案例

16min

1. 案例描述

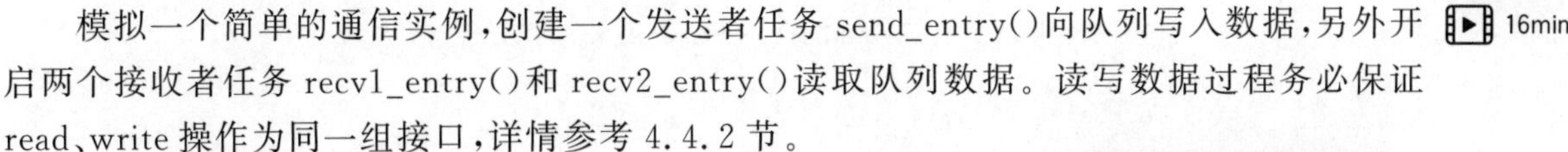

模拟一个简单的通信实例，创建一个发送者任务 send_entry()向队列写入数据，另外开启两个接收者任务 recv1_entry()和 recv2_entry()读取队列数据。读写数据过程务必保证 read、write 操作为同一组接口，详情参考 4.4.2 节。

2. 操作流程

1）创建源文件

在 mydemos 目录下创建文件夹 queue，在 queue 目录下创建源文件 queue.c 和头文件 queue.h，最终的目录结构如图 4-9 所示。

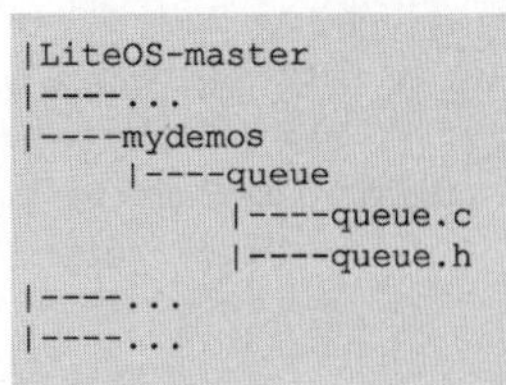

图 4-9 目录结构

2）编辑源代码

(1) 创建发送者任务，周期性地向队列写入数据，将周期设置为 1000Tick。写入队列使用接口 LOS_QueueWriteCopy()，代码如下：

```
//第 4 章/mydemos/queue/queue.c
UINT32 send_entry(VOID){
    UINT8 i = 0;
    UINT8 sbuf[10] = "hello";

    //执行 5 次
    while(i<5){
        sbuf[6] = i++ + '0';
        //将数据写入队列
        LOS_QueueWriteCopy(queue, sbuf, 10, 0xffff);
        printf("write buf %s\n", sbuf);
        LOS_TaskDelay(1000);
    }

    return 0;
}
```

(2) 创建两个接收者任务，周期性地读取队列，将两个任务周期分别设置为 2500Tick、3000Tick。读取队列使用接口 LOS_QueueReadCopy()，代码如下：

```
//第 4 章/mydemos/queue/queue.c
UINT32 recv1_entry(VOID){
    UINT32 ret;
    UINT32 rsize = 10;
    UINT8 rbuf[10] = {0};
    while(1)
```

```
    {
        //读取数据
        ret = LOS_QueueReadCopy(queue, rbuf, &rsize, 100);
        if(ret == LOS_OK){
            printf("recv1 task get %d Bytes, content is %s\n", rsize, rbuf);
        }
        else {
            printf("recv1_task read err, errno is %x\n", ret);
        }
        LOS_TaskDelay(2500);
    }
    return 0;
}
UINT32 recv2_entry(VOID){
    //和 recv1_entry 类似,此处省略
    ...
}
```

(3) 采用系统分配内存的方式创建队列，并初始化各个任务模块，代码如下：

```
//第 4 章/mydemos/queue/queue.c
//此函数参考 4.1.4 节,内容完全一样
UINT32 my_task(...) {

}

UINT32 demo_queue(){
    UINT32 ret;

    //创建队列,长度为 5,节点大小为 10 字节
    ret = LOS_QueueCreate("QUEUE", 5, &queue, 0, 10);
    if(ret != LOS_OK){ printf("create create queue failed\n"); return -1; }

    //创建发送任务
    ret = my_task(&tid_s, "sender", 9, 0x800, send_entry);
    if(ret != LOS_OK){ printf("create sender failed\n"); return -1; }
    //创建接收任务
    ret = my_task(&tid_r, "recver1", 9, 0x800, recv1_entry);
    if(ret != LOS_OK){ printf("create recver1 failed\n"); return -1; }
    ret = my_task(&tid_r, "recver2", 9, 0x800, recv2_entry);
    if(ret != LOS_OK){ printf("create recver2 failed\n"); return -1; }

    return ret;
}
```

(4) 在源文件 targets/STM32L431_BearPi/Src/user_task.c 中调用函数 demo_queue()，具体参考 3.2.4 节。

3）修改 Makefile

将文件 queue.c 和 queue.h 的相对路径添加到文件 targets/STM32L431_BearPi/Makefile 中，具体参考 3.2.4 节。

3. 运行结果

编译无误后，运行结果如图 4-10 所示。两个接收者任务优先级高，因此会在发送者任务之前运行。由于此时队列没有数据，所以读取时会发生错误，而对应的错误码则是读取超时。当发送者任务成功写入队列后，接收者任务开始正常接收数据，5 个数据包后，发送者任务停止，接收者任务继续，从而产生超时错误。

```
app init!
Use LOS_QueueReadCopy/LOS_QueueWriteCopy interface
recv1_task read err, errno is 2000607
recv1_task read err, errno is 2000607
recv2_task read err, errno is 2000607
write buf hello 0
recv1_task get data, content is: hello 0
write buf hello 1
recv2_task get data, content is: hello 1
write buf hello 2
recv1_task get data, content is: hello 2
write buf hello 3
write buf hello 4
recv2_task get data, content is: hello 3
recv1_task get data, content is: hello 4
recv2_task read err, errno is 2000607
recv1_task read err, errno is 2000607
recv2_task read err, errno is 2000607
recv1_task read err, errno is 2000607
```

图 4-10 Copy 类接口结果

4. 使用非 Copy 类接口

16min

1）初始化队列

使用接口 LOS_QueueWrite()写入队列时，实际写入的仅仅是一个缓冲区的首地址，因此初始化队列时节点的大小只需 4 字节（STM32 是 32 位 MCU，地址为 4 字节）。修改函数 demo_queue()，将一个节点大小初始化为 4 字节、将长度初始化为 5，代码如下：

```
//第 4 章/mydemos/queue/queue.c
UINT32 demo_queue(){
    UINT32 ret;

    //创建队列,长度为 5,节点大小为 4 字节
    //不使用 copy 类型的读写,此时队列存储的是一个地址,4 字节足够
    ret = LOS_QueueCreate("QUEUE", 5, &queue, 0, 4);
    if(ret != LOS_OK){
        printf("create create queue failed\n");
        return - 1;
    }
    printf("Use LOS_QueueReadCopy/LOS_QueueWriteCopy interface\n");

    //其他代码不用修改
    …
}
```

2）发送者任务

LOS_QueueWrite 类接口必须保证读写队列期间缓冲区不变，因此这里使用一个全局变量做缓冲区，修改函数 send_entry()，代码如下：

```
//第 4 章 mydemos/queue/queue.c
UINT8 temp_buf[50];
```

```
    UINT32 send_entry(VOID){
    UINT8 i = 0;
    UINT8 sbuf[10] = "hello ";

    LOS_TaskDelay(5000);
    //执行 5 次
    while(i < 5){
        sbuf[6] = i + '0';
        //将 sbuf 复制到 temp_buf
        memcpy(temp_buf + i * 10, sbuf, 10);
        //将数据写入队列,此时写入的其实是缓冲区的首地址
        LOS_QueueWrite(queue, temp_buf + i * 10, 4, 0xffff);
        printf("write buf %s\n", sbuf);
        i++;
        LOS_TaskDelay(1000);
    }

    return 0;
}
```

3）接收者任务

接收者必须使用函数 LOS_QueueRead()，从队列中读取的是一个 4 字节地址，代码如下：

```
//第 4 章/mydemos/queue/queue.c
UINT32 recv1_entry(VOID){
    UINT32 ret;
    UINT32 raddr;

    while(1){
        //读取数据,此时读到的是一个地址,注意第 2 个参数
        ret = LOS_QueueRead(queue, &raddr, 4, 100);
        if(ret == LOS_OK){
            printf("recv1_task get data, content is: %s\n", (UINT8 *)raddr);
        }
        else {
            printf("recv1_task read err, errno is %x\n", ret);
        }
        LOS_TaskDelay(2500);
    }
    return 0;
}

UINT32 recv2_entry(VOID){
    //和 recv1_entry 类似
    ...
}
```

4）运行结果

编译无误后，运行结果如图 4-11 所示。

```
app init!
Use LOS_QueueRead/LOS_QueueWrite interface
recv1_task read err, errno is 2000607
recv1_task read err, errno is 2000607
recv2_task read err, errno is 2000607
write buf hello 0
recv1_task get 10 bytes, content is hello 0
write buf hello 1
recv2_task get 10 bytes, content is hello 1
write buf hello 2
recv1_task get 10 bytes, content is hello 2
write buf hello 3
write buf hello 4
recv2_task get 10 bytes, content is hello 3
recv1_task get 10 bytes, content is hello 4
recv2_task read err, errno is 2000607
recv1_task read err, errno is 2000607
recv2_task read err, errno is 2000607
recv1_task read err, errno is 2000607
```

图 4-11　非 Copy 类接口结果

4.4　事件

事件(Event)也是 LiteOS 的一种任务间通信机制，常用来实现任务的同步。LiteOS-master 分支默认已经开启事件功能，不需要配置。

4.4.1　事件运行机制

10min

事件的本质就是一个标记位 bit，因此只能用于任务同步，不能传递数据。多任务环境下，任务往往需要等待某些条件，一个等待就是一个同步。LiteOS 事件管理模块支持一对多、多对多同步模型，即一个任务等待多个事件，或者多个任务等待多个事件。

LiteOS 与事件相关的核心头文件是 Kernel/include/los_event.h，这里定义了一个结构体 EVENT_CB_S，部分代码如下：

```
//第 4 章/kernel/include/los_event.h
typedef struct tagEvent {
    UINT32 uwEventID;                       /* 事件 ID,每位即一个事件,第 25 位不可用 */
    LOS_DL_LIST stEventList;                /* 读取事件的任务链表 */
} EVENT_CB_S, *PEVENT_CB_S;
```

uwEventID 用来标识事件类型，每位表示一种事件类型(0 表示该事件未发生，1 表示该事件已经发生)，其中第 25 位是系统保留位，因此只有 31 种事件类型。

使用函数 LOS_EventRead()读事件时，根据传入的参数 eventMask 和 mode 判断要读取的事件。如果将参数 mode 设置为 LOS_WAITMODE_CLR，则读取成功后会自动清除已读取到的事件类型，反之则需调用函数 LOS_EventClear()显式清除。

LiteOS 提供了以下 3 种读事件的模式：

(1) LOS_WAITMODE_OR 表示逻辑或，基于接口的入参 eventMask，只要其中一种事件发生就可以读取成功，否则该任务将阻塞或者返回错误码。

（2）LOS_WAITMODE_AN 表示逻辑与，基于接口的入参 eventMask，只有这些事件都已经发生才能读取成功，否则该任务将阻塞或者返回错误码。

（3）LOS_WAITMODE_CLR 是一种附加读取模式，需要和以上两种模式结合使用，例如 LOS_WAITMODE_OR | LOS_WAITMODE_CLR 或者 LOS_WAITMODE_AND | LOS_WAITMODE_CLR。当事件读取成功后，会自动清除事件控制块中对应的事件类型位。

使用函数 LOS_EventWrite()写事件时，对指定事件控制块写入指定的事件类型，可一次性写多个事件类型。写会触发任务调度，如图 4-12 所示。

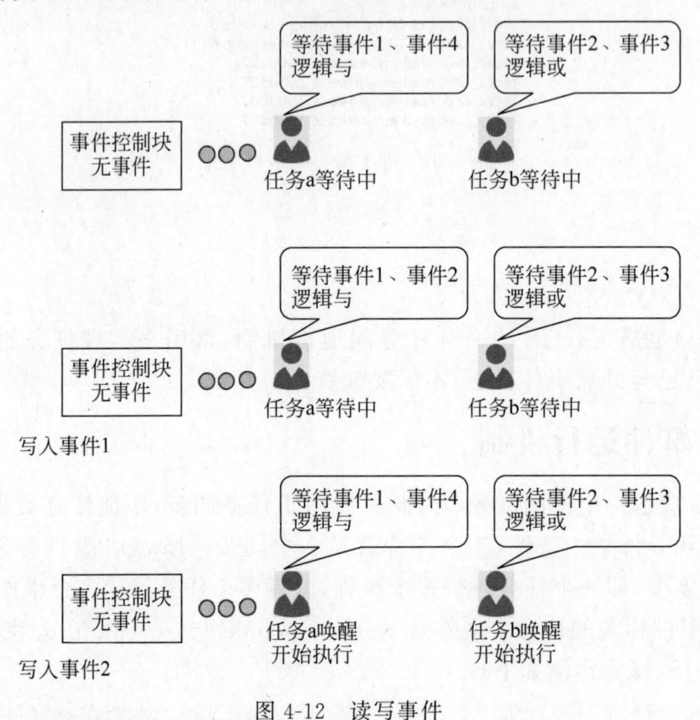

图 4-12　读写事件

4.4.2　事件 API

LiteOS 事件模块为用户提供了事件的初始化、销毁、读、写、清除等功能接口，见表 4-6。

表 4-6　事件 API

函　　数	说明（头文件 kernel/include/los_event.h，错误码也可参考此头文件）
LOS_EventInit	初始化一个事件控制块 返回值：UINT32，如果成功，则返回 LOS_OK，如果失败，则返回 LOS_ERRNO_EVENT_XXX 参数：[IN/OUT] PEVENT_CB_S eventCB，事件控制块句柄。每个事件的操作都会影响控制块，因此这个参数既是输入也是输出

续表

函　　数	说明(头文件 kernel/include/los_event.h,错误码也可参考此头文件)
LOS_EventDestroy	销毁事件控制块 返回值：UINT32,如果成功,则返回 LOS_OK,如果失败,则返回 LOS_ERRNO_EVENT_XXX 参数：[IN] PEVENT_CB_S eventCB,要销毁的事件控制块句柄
LOS_EventRead	读取事件 返回值：UINT32,如果读取的事件发生,则返回事件码；返回 0 表示要读取的事件没发生；如果失败,则返回错误码 LOS_ERRNO_EVENT_XXX 参数 1：[IN/OUT] PEVENT_CB_S eventCB,要读取的事件控制块句柄 参数 2：[IN] UINT32 eventMask,用户期待读取的事件掩码 参数 3：[IN] UINT32 mode,读取模式,OR/AND/CLR 参数 4：[IN] UINT32 timeout,读取事件超时时间
LOS_EventWrite	写入事件 返回值：UINT32,如果成功,则返回 LOS_OK,如果失败,则返回 LOS_ERRNO_EVENT_XXX 参数 1：[IN/OUT] PEVENT_CB_S eventCB,要读取的事件控制块句柄 参数 2：[IN] UINT32 eventMask,用户要写入的事件掩码
LOS_EventClear	清除事件 返回值：UINT32,如果成功,则返回 LOS_OK,如果失败,则返回 LOS_ERRNO_EVENT_XXX 参数 1：[IN/OUT] PEVENT_CB_S eventCB,要清除的事件控制块句柄 参数 2：[IN] UINT32 eventMask,用户要清除的事件掩码

函数 LOS_EventClear()的入参 eventMask 其实是要清除的事件的反码,例如要清除事件 0x01,传入的参数应该是～0x01。另外,在中断里可以对事件进行写操作,但是不能读事件。

4.4.3　实战案例：智能窗帘

22min

1. 案例描述

设计一个简易智能窗帘控制系统,工作日每天 7 点自动拉开,周六和周日 10 点自动拉开,每晚 8 点自动关闭。分析此系统,按日期划分有两个时间：工作日和非工作日；按时间划分有 3 个时间,分别对应 3 个时间点。

2. 操作流程

1）创建源文件

在 mydemos 目录下创建文件夹 event,在 event 目录下创建源文件 event.c 和头文件 event.h,最终的目录结构如图 4-13 所示。

```
|LiteOS-master
|----...
|----mydemos
     |----event
          |----event
          |----event.h
|----...
|----...
```

图 4-13　目录结构

2）编辑源代码

(1) 为了操作简单,这里人为地随机生成事件。在 task_event()任务中,利用随机数产生一些事件,并将事件写入事件控制块,代码如下：

```
//第 4 章/mydemos/event/event.c
UINT32 task_event(VOID){
    UINT32 i;

    while (1){
        //随机种子,保证每次产生的随机数不一样
        srand(time(NULL));
        //产生[0,4]的随机数
        i = rand() % 5;
        printf("event %s happen\n", log[i]);
        //将事件写入事件控制块
        LOS_EventWrite(&event, evt_array[i]);
        LOS_TaskDelay(10000);
    }
    return 0;
}
```

(2) 函数 task_sunblind()反复读取事件,并根据读取结果执行相应的操作,代码如下:

```
//第 4 章/mydemos/event/event.c
UINT32 task_sunblind(VOID)
{
    UINT32 ret;
    while (1){
        //读取事件并清除,使用逻辑与
        ret = LOS_EventRead(&event, EVT_WORK|EVT_EARLY, \
                        LOS_WAITMODE_AND|LOS_WAITMODE_CLR, 0);
        if(ret == (EVT_WORK | EVT_EARLY)){
            printf("open sunblind at 7:00.am\n");
        }
        //读取事件并清除,使用逻辑或
        ret = LOS_EventRead(&event, EVT_REST|EVT_LATER, \
                        LOS_WAITMODE_OR|LOS_WAITMODE_CLR, 0);
        if(ret == EVT_REST || ret == EVT_LATER){
            printf("open sunblind at 10:00.am\n");
        }
        //读取事件并清除,使用逻辑或
        ret = LOS_EventRead(&event, EVT_NIGHT, \
                        LOS_WAITMODE_OR|LOS_WAITMODE_CLR, 0);
        if(ret == EVT_NIGHT){
            printf("colse sunblind at 8:00.pm\n");
        }
        LOS_TaskDelay(5);
    }
    return 0;
}
```

(3) 初始化事件控制块及任务,代码如下:

```
//第 4 章/mydemos/event/event.c
//此函数参考 4.1.4 节,内容完全一样
UINT32 my_task(...) {

}

UINT32 demo_event(){
    UINT32 ret;

    //初始化事件控制块
    ret = LOS_EventInit(&event);
    if(ret != LOS_OK){ printf("init event failed\n"); return -1; }

    //创建任务
    ret = my_task(&tid_day, "task-sunblind", 9, 0x800, task_sunblind);
    if(ret != LOS_OK){ printf("create task_sunblind failed\n"); return -1; }
    ret = my_task(&tid_day, "task-day", 10, 0x800, task_event);
    if(ret != LOS_OK){ printf("create task_event failed\n"); return -1; }

    return ret;
}
```

(4) 在源文件 targets/STM32L431_BearPi/Src/user_task.c 中调用函数 demo_event(),具体参考 3.2.4 节。

3) 修改 Makefile

将文件 event.c 和 event.h 的相对路径添加到文件 targets/STM32L431_BearPi/Makefile 中,具体参考 3.2.4 节。

3. 运行结果

编译无误后,运行结果如图 4-14 所示。只要发生 EVT_NIGHT 事件,窗帘就会关闭;EVT_WORK 和 EVT_EARLY 同时发生,窗帘上午 7 点打开;EVT_REST、EVT_LATER 只要发生一个,窗帘就上午 10 点打开。

```
app init!
event EVT_NIGHT happen
colse sunblind at 8:00.pm
event EVT_WORK happen
event EVT_LATER happen
open sunblind at 10:00.am
event EVT_EARLY happen
open sunblind at 7:00.am
event EVT_WORK happen
event EVT_EARLY happen
open sunblind at 7:00.am
event EVT_EARLY happen
event EVT_NIGHT happen
colse sunblind at 8:00.pm
```

图 4-14 事件运行结果

4.5 本章小结

本章介绍了 LiteOS 的 4 种 IPC 方式,每种通信方式在使用前都可通过 menuconfig 菜单进行相关配置,其本质是修改了 LiteOS-master/.config 文件。例如通过 menuconfig 菜单设置最大信号量的个数之后,最终反映到.config 文件中的 LOSCFG_BASE_IPC_SEM_LIMIT。每种 IPC 模式都有各自的适用场景,例如队列适用发送消息的场景,互斥锁适用访问共享资源场景,事件适用简单通知场景。在实际开发中,往往各种 IPC 方式配合使用。

第5章 其他组件

5.1 时间模块

时间模块是MCU的基础，也是操作系统正常运转的必备条件。通常情况下，操作系统以Tick为基本时间单位。开发者可以通过menuconfig进入配置菜单，选择Kernel→Base Config→Task→(1000)Tick Value Per Second设置每秒的Tick数。

9min

5.1.1 时间转换

系统以MCU的工作时钟为基础，提供一套时钟管理单元。操作系统以Tick为基本时间单位，也称"时钟滴答"，而用户以秒、毫秒为时间单位，用户需要了解Tick与秒、毫秒之间的转换关系。

系统的最小时间单位是Cycle，主时钟频率就是每秒的Cycle数。在targets/目标板/Src/system_stm32l4xx.c文件中定义了全局变量SystemCoreClock，此变量代表系统时钟。

1. 时间转换API

LiteOS时间管理单元提供了若干转换函数，可将Tick和普通时间相互转换，见表5-1。

表5-1 时间管理API

函数	说明(头文件kernel/include/los_tick.h，错误码也参考此文件)
LOS_Tick2MS	将Tick转换为毫秒 返回值：UINT32，转换结果 参数：[IN] UINT32，待转换的Tick
LOS_MS2Tick	延时微秒，可被高优先级任务打断 返回值：无 参数：[IN] UINT32，延时的微秒数
LOS_Udelay	延时毫秒，可被高优先级任务打断 返回值：无 参数：[IN] UINT32 usecs，延时的毫秒数

续表

函　数	说明(头文件 kernel/include/los_tick.h,错误码也参考此文件)
LOS_Mdelay	将毫秒转换为 Tick 返回值：UINT32,转换结果 参数：[IN] UINT32 msecs,待转换的毫秒数
LOS_TickCountGet	获取从系统启动开始到目前的 Tick 数 返回值：UINT64,返回的 Tick 数 参数：无
LOS_GetCpuCycle	获取从系统启动开始到目前的 Cycle 数 返回值：无 参数 1：[OUT] UINT32 * puwCntHi,Cycle 的高 32 位 参数 2：[OUT] UINT32 * puwCntLo,Cycle 的低 32 位
LOS_CurrNanosec	获取从系统启动开始到目前的纳秒数 返回值：UINT64,64 位结果 参数 1：无

开发者在使用时间管理函数之前务必配置每秒 Tick 数,若不配置,则默认每秒 1000Tick。

注意：针对 STM32 系列的芯片,开发者需使用介于 2019.10～2021.10 版本的交叉编译器,否则时间单元会出错。

---

2. 实战案例

1）案例测试

配置好系统时钟 OS_SYS_CLOCK 和每秒的 Tick 数,对毫秒和 Tick 进行相互转换,并获取系统时钟。在 mydemos 文件夹下创建源文件 time/time.c、头文件 time/time.h,代码如下：

```
//第 5 章/mydemos/time/time.c
UINT32 demo_time(VOID)
{
    //获取系统时钟
    printf("bus clk is %d\n", get_bus_clk() );
    //获取每秒的 Tick
    printf("1 second have %d tick\n", LOSCFG_BASE_CORE_TICK_PER_SECOND);
    //毫秒转 Tick
    printf("1000 ms is %d tick\n", LOS_MS2Tick(1000));
    //Tick 转毫秒
    printf("1000 tick is ms %d\n", LOS_Tick2MS(1000));
    //获取每个 Tick 的 Cycle
    printf("1 tick have %d cycle", LOS_CyclePerTickGet());

    return 0;
```

```
}


//第 5 章/mydemos/time/time.h
#ifndef __TIME_H
#define __TIME_H

#include "sys_init.h"
#include "los_tick.h"
#include "hisoc/clock.h"
#include "menuconfig.h"

UINT32 demo_time(VOID);

#endif
```

参考 3.2.4 节修改 Makefile，将源文件路径添加到 LOCAL_SRCS，将头文件路径添加到 LOCAL_INCLUDE。在源文件 user_task.c 中调用 demo_time()函数，运行结果如图 5-1 所示。

```
bus clk is 80000000
1 second have 1000 tick
1000 ms is 1000 tick
1000 tick is ms 1000
1 tick have 80000 cycle
```

图 5-1　运行结果

2）结果分析

这里使用默认配置每秒 1000Tick，因此得到的转换结果为 1000ms==1000Tick。系统时钟为 80MHz，因此 1Tick==1ms==80000Cycle。

17min

5.1.2 软件定时器

在开发过程中通常会使用定时器执行周期性任务，而 MCU 的定时器数量有限，因此 LiteOS 提供了软件定时器功能。

软件定时器是基于 Tick 中断并由软件模拟的定时功能，当经过指定的 Tick 之后，会触发用户设置的回调函数。

1. 运行机制

系统使用队列维护软件定时器，在定时器队列中，时间短的定时器总是排在时间长的定时器的前面，这样可使时间短的定时器优先触发。在头文件 Kernel/base/include/los_swtmr_pri.h 中定义了软件定时器的核心结构体 LosSwtmrCB，代码如下：

```
//第 5 章/kernel/base/include/los_swtmr_pri.h
typedef struct {
    SortLinkList sortList;
    UINT8 state;                        /* 定时器状态 */
    UINT8 mode;                         /* 定时模式,单次、周期性 */
    UINT8 overrun;                      /* 周期性定时器的执行次数 */
    UINT16 timerId;                     /* 定时器 ID */
    UINT32 interval;                    /* 周期性定时器的周期 (unit: tick) */
    UINT32 expiry;                      /* 单次定时器的触发时间 (unit: tick) */
```

```
#ifdef LOSCFG_KERNEL_SMP
    UINT32 cpuid;                           /* 在多核模式下,与定时器相关的 CPU */
#endif
    UINTPTR arg;                            /* 定时器回调函数的参数 */
    SWTMR_PROC_FUNC handler;                /* 定时器回调函数 */
} LosSwtmrCB;
```

软件定时器以 Tick 为基本单位,系统需要一个队列和一个任务资源来维护软件定时器。定时器在创建时被加入一个计时的全局链表,当 Tick 中断发生时,扫描该链表中是否有超时的定时器,若有定时器超时,则执行该定时器对应的回调函数。

LiteOS 定时器有以下 3 种模式:

(1) 单次触发模式 1,只触发一次,之后便自动删除。

(2) 单次触发模式 2,只触发一次,但是不会自动删除。

(3) 周期触发模式,周期性触发,直到用户手动关闭为止。

注意:软件定时器的任务优先级为 0,并且不可以修改。由于软件定时器使用了队列和任务等资源,因此不使用的定时器要及时删除。

---

2. 软件定时 API

LiteOS 软件定时器模块为用户提供了定时器的创建、删除、启动、停止等功能,见表 5-2。

表 5-2 软件定时器 API

函　　数	说明(头文件 kernel/include/los_swtmr.h,错误码也参考此文件)
LOS_SwtmrCreate	创建一个软件定时器 返回值:UINT32,如果成功,则返回 LOS_OK,如果失败,则返回错误码 参数 1:[IN] UINT32 interval,定时器超时时间 参数 2:[IN] UINT8 mode,定时器模式 参数 3:[IN] SWTMR_PROC_FUNC handler,定时器超时回调函数 参数 4:[OUT] UINT16 *swtmrId,定时器 ID 参数 5:[IN] UINTPTR arg,超时回调函数的参数
LOS_SwtmrDelete	删除一个软件定时器 返回值:UINT32,如果成功,则返回 LOS_OK,如果失败,则返回错误码 参数:[IN] UINT16 swtmrId,指定要删除的定时器 ID
LOS_SwtmrStart	启动定时器 返回值:UINT32,如果成功,则返回 LOS_OK,如果失败,则返回错误码 参数:[IN] UINT16 swtmrId,指定要启动的定时器 ID
LOS_SwtmrStop	停止定时器 返回值:UINT32,如果成功,则返回 LOS_OK,如果失败,则返回错误码 参数:[IN] UINT16 swtmrId,指定要停止的定时器 ID

续表

函　　数	说明（头文件 kernel/include/los_swtmr.h，错误码也参考此文件）
LOS_SwtmrTimeGet	获取定时器剩余要超时的 Tick 数 返回值：UINT32，如果成功，则返回 LOS_OK，如果失败，则返回错误码 参数 1：[IN] UINT16 swtmrId，指定要启动的定时器 ID 参数 2：[OUT] UINT32 * tick，剩余的 Tick 返回这里

定时器超时回调函数只能传递一个整型参数，并且没有返回值。为了避免定时器响应不及时，不建议在回调函数中执行复杂操作，或者可能导致任务阻塞的操作。

3. 实战案例

1）案例测试

创建两个软件定时器，定时器 1 为单次执行，定时器 2 为周期性执行。在 mydemos 文件夹下创造源文件 swt/swt.c、头文件 swt/swt.h，代码如下：

```
//第 5 章/mydemos/swt/swt.c
#include "swt.h"

UINT16 swt1_id;
UINT16 swt2_id;
UINT16 swt2_cnt = 0;

//定时器 1 回调函数
void timer1_callback(UINT32 arg){
    UINT32 tk;

    printf("timer1 timeout\n");
    //获取 timer2 的剩余超时
    LOS_SwtmrTimeGet(swt2_id, &tk);
    printf("timer2 still need %d tick overflow\n", tk);
}

//定时器 2 回调函数
void timer2_callback(UINT32 arg){
    swt2_cnt++;
    printf("timer2 timeout\n");
    //获取自系统启动经过的 tick，注意这里是 64 位整数，需要使用 %lld
    printf("system has pass %lld tick\n", LOS_TickCountGet());
    if(swt2_cnt == arg){
        printf("timer2 run %d times, stop timer2\n", swt2_cnt);
        LOS_SwtmrStop(swt2_id);
    }
}

UINT32 demo_swt(VOID){
    //单次定时，超时之后会自动删除
    LOS_SwtmrCreate(1000, LOS_SWTMR_MODE_ONCE, \
```

```
                    (SWTMR_PROC_FUNC)timer1_callback, &swt1_id, 1);
    //周期定时,除非用户手动停止并删除,否则持续执行
    LOS_SwtmrCreate(3000, LOS_SWTMR_MODE_PERIOD, \
                    (SWTMR_PROC_FUNC)timer2_callback, &swt2_id, 3);
    //启动定时器
    LOS_SwtmrStart(swt1_id);
    LOS_SwtmrStart(swt2_id);
    return 0;
}
```

参考 3.2.4 节修改 Makefile,将源文件添加到变量 LOCAL_SRCS,将头文件路径添加到变量 LOCAL_INCLUDE。在源文件 user_task.c 中调用函数 demo_swt(),运行结果如图 5-2 所示。

```
timer1 timeout
timer2 still need 1999 tick overflow
timer2 timeout
system has pass 3003 tick
timer2 timeout
system has pass 6003 tick
timer2 timeout
system has pass 9003 tick
timer2 run 3 times, stop timer2
```

图 5-2　运行结果

2) 结果分析

定时器 1 设置的超时为 1000,定时器 2 设置的超时为 3000。从结果看到当定时器 1 超时之后,定时器 2 还需要 1999 个 tick 才能超时,可见软件定时器在时间上误差很小。由于创建定时器 2 时为回调函数传入了整型数据 3,因此可在其回调函数中通过判断入参停止该定时器。

13min

5.2　原子操作和位操作

5.2.1　计算机中的原子

1. 基本概念

原子即不可分割的最小单位,计算机中的原子操作是指某些指令在执行过程中不被打断,保证数据的可靠性。系统在修改内存数据时,要经过"读取→修改→写入"3 个步骤,在多任务系统中此过程可能被打断,因此需要原子操作保证数据的可靠性。

2. 运行机制

由于在芯片中寄存器的速度要快于内存的速度,因此如非必要编译器会选择从寄存器读取数据。从寄存器中读取的数据有可能不是最新的数据,即可能为脏数据。

1) 从 C 到汇编

一句 C 代码往往会被编译为多句汇编代码,例如一个简单的赋值语句对应的汇编代码如下:

```
//第 5 章/代码片段 1
//c 代码
int a,b;
a = 1;
b = a;
```

```
//第5章/汇编代码,变量b的内容每次从寄存器获得
第1行    .word     20000450     ;变量a的地址
第2行    .word     20000454     ;变量b的地址
第3行    mov r0,   #20000450    ;变量a的地址→r0
第4行    ldr r0,   [r0, #0]     ;变量a的内容→r0
第5行    mov r1,   r0           ;r0→r1,即a→r1
第6行    mov r2,   #20000454    ;变量b的地址→r2
第7行    str r1,   [r2, #0]     ; r1→变量b,即变量a→变量b
```

在上述代码片段1中，如果汇编的第4行到第5行之间发生中断并修改变量a的值，则地址20000450中的内容被修改，而第5行r1获取的仍然是地址20000450的旧值。

2）volatile关键字

LiteOS中定义的Atomic类型为volatile int，即在整数前增加了volatile关键字。被volatile修饰的变量意在告诉编译器此变量容易被修改，读取时应该从内存中重新加载，因此上述C代码对应的汇编代码如下：

```
//第5章/代码片段2,变量b的内容每次从内存地址获取
第1行    .word     20000450     ;变量a的地址
第2行    .word     20000454     ;变量b的地址
第3行    mov r0,   #20000450    ;变量a的地址→r0
第4行    ldr r0,   [r0, #0]     ;变量a的内容→r0
第5行    mov r2,   #20000454    ;变量b的地址→r2
第6行    str r0,   [r2, #0]     ;变量a→变量b
```

在上述代码片段2中，变量b每次都从地址20000450读取变量a的值，因此得到的值永远是最新的数据。

3）LDREX、STREX指令

在C代码中，加法操作a=a+1要经历3个过程：从内存取变量a，将变量a加1，将变量a存储到内存。如果在执行加法操作过程中有中断程序修改变量a的值，则结果就是未知的。ARMv6架构中引入了LDREX（读取内存）、STREX（将数据保存到内存）指令，这两条指令在操作内存时会设置内存独占标记，由此保证了内存操作的原子性。

注意： ARMv6之前的架构中没有LDREX、STREX指令，因此只能通过开关中断实现加减法的原子操作。

3. 原子操作API

LiteOS原子操作目前仅支持整型数据，开发者可以对整型数据进行读、写、加、减等操作，见表5-3。

表 5-3 原子操作 API

函数	说明(头文件 kernel/include/los_atomic.h)
LOS_AtomicRead	读取一个变量的内容,其本质就是读取被 volatile 修饰的变量,这意味着每次读取都要从内存获取,而非从寄存器获取 返回值:INT32,读到的数据 参数 1:[IN] const Atomic * v,要读取的变量的地址
LOS_AtomicSet	设置一个变量 返回值:INT32,设置的结果 参数 1:[IN] Atomic * v,变量的地址 参数 2:[IN] INT32 setVal,要设置的值
LOS_AtomicAdd	对变量做加法,保证原子操作。通过 LDREX、STREX 指令实现 返回值:INT32,加法的结果 参数 1:[IN] Atomic * v,变量的地址 参数 2:[IN] INT32 setVal,要增加的值
LOS_AtomicSub	对变量做减法,保证原子操作。通过 LDREX、STREX 指令实现 返回值:INT32,减法的结果 参数 1:[IN] Atomic * v,变量的地址 参数 2:[IN] INT32 setVal,要减去的值
LOS_AtomicInc	对变量加 1,保证原子操作。通过 LDREX、STREX 指令实现 返回值:无 参数 1:[IN] Atomic * v,变量的地址
LOS_AtomicDec	对变量减 1,保证原子操作。通过 LDREX、STREX 指令实现 返回值:无 参数 1:[IN] Atomic * v,变量的地址

此外,LiteOS 还支持对 64 位整数进行原子操作,其 API 为 LOS_Atomic64Read()、LOS_Atomic64Set()、LOS_Atomic64Add()、LOS_Atomic64Sub()等。

注意:Cortex-M0、Cortex-M1 属于 ARMv6-M 架构,Cortex-M3、Cortex-M4 属于 ARMv7-M 架构,这两种架构不支持 LDREX 指令,因此可使用开关中断实现变量加减法的原子操作。

4. 实战案例:从汇编看原子操作

1)案例测试

(1)创建两个任务,任务 1 操作普通变量,任务 2 操作 Atomic 类型变量,通过汇编文件查看两个任务的不同之处。在 mydemos 文件夹下创建源文件 atomic/atomic.c、头文件 atomic/atomic.h,代码如下:

```
//第 5 章/mydemos/atomic/atomic.c
#include "atomic.h"
```

```
//普通变量
int count_normal = 1;
//Atomic 类型变量,其实就是 volatile int
Atomic count_atomic = 1;
//任务 id
UINT32 tid1;
UINT32 tid2;

UINT32 normal_int(VOID) {
    //变量每次都是 1,编译器会进行优化操作,从寄存器读取变量值
    while(count_normal) {
        ;
    }
    return LOS_OK;
}

UINT32 atomic_int(VOID) {
    //变量被 volatile 修饰,每次读取时都会从内存获取
    while(count_atomic) {
        ;
    }
    return LOS_OK;
}

UINT32 my_task(UINT32 tid, char * name, UINT16 pri, UINT32 stack_size, TSK_ENTRY_FUNC func) {
    //参考 4.1.4 节
    ...
}

UINT32 demo_atomic() {
    UINT32 ret;
    //创建任务
    ret = my_task(&tid1, "read mem", 9, 0x800, normal_int);
    if(ret != LOS_OK) {printf("create normal task failed\n");return - 1;}
    ret = my_task(&tid2, "write mem", 9, 0x800, atomic_int);
    if(ret != LOS_OK) {printf("create atomic task failed\n");return - 1;}
    return ret;
}
```

(2) 参考 3.2.4 节修改 Makefile,将源文件添加到 LOCAL_SRCS,将头文件路径添加到 LOCAL_INCLUDE。在源文件 user_task.c 中调用 demo_atomic()函数,编译之后打开文件 out/目标板/Huawei_LiteOS.asm,部分代码如下:

```
; 第 5 章/ Huawei_LiteOS.asm
0800b1a0 <normal_int>:
800b1a0:    b480        push    {r7}
800b1a2:    4b04        ldr     r3, [pc, #16] ; (800b1b4 <normal_int + 0x14>)
```

```
800b1a4:    6818        ldr         r0, [r3, #0]
800b1a6:    af00        add         r7, sp, #0
800b1a8:    2800        cmp         r0, #0
800b1aa:    d1fd        bne.n       800b1a8 <normal_int + 0x8>
800b1ac:    46bd        mov         sp, r7
800b1ae:    f85d 7b04   ldr.w       r7, [sp], #4
800b1b2:    4770        bx          lr
800b1b4:    20000450    .word       0x20000450

0800b1b8 <atomic_int>:
800b1b8:    b480        push        {r7}
800b1ba:    4b04        ldr         r3, [pc, #16] ; (800b1cc <atomic_int + 0x14>)
800b1bc:    af00        add         r7, sp, #0
800b1be:    6818        ldr         r0, [r3, #0]
800b1c0:    2800        cmp         r0, #0
800b1c2:    d1fc        bne.n       800b1be <atomic_int + 0x6>
800b1c4:    46bd        mov         sp, r7
800b1c6:    f85d 7b04   ldr.w       r7, [sp], #4
800b1ca:    4770        bx          lr
800b1cc:    2000044c    .word       0x2000044c
```

2) 结果分析

从 Huawei_LiteOS. asm 汇编代码看到，函数 normal_int()中首先将变量加载到寄存器 r0，之后 while 循环使用 cmp 指令对比 r0 和 0，如果非 0，则跳转到地址 800b1a8，接着重复调用 cmp 指令比较 r0 和 0。函数 Atomic_int()中首先将变量加载到寄存器 r0，之后 while 循环使用 cmp 指令对比 r0 和 0，如果非 0，则跳转到地址 800b1be，接着重新将变量的值加载到寄存器 r0，然后调用 cmp 指令比较 r0 和 0。得出结论，使用 volatile 修饰的变量，每次读取时都会从内存中将数据提取到寄存器，然后读取寄存器的值，这样保证读到的变量值不是脏数据。

5.2.2 位操作

11min

位操作就是对二进制数中的某一位进行操作，C 语言中使用符号“&”“|”“～”对数据进行位操作，它们分别代表按位与、按位或、按位取反。LiteOS 提供了几个位操作的 API，见表 5-4，这些 API 的本质仍然是使用了 C 语言中的 3 种位操作符号。

表 5-4 位操作 API

函　　数	说明（头文件 kernel/include/los_bitmap. h）
LOS_BitmapSet	将变量的某一位置 1 返回值：无 参数 1：[IN] UINT32 * bitmap，变量的地址 参数 2：[IN] UINT16 pos，要置 1 的位置

续表

函　数	说明(头文件 kernel/include/los_bitmap.h)
LOS_BitmapClr	将变量的某一位清零 返回值：无 参数 1：[IN] UINT32 * bitmap,变量的地址 参数 2：[IN] UINT16 pos,要清零的位置
LOS_LowBitGet	找到二进制数值为 1 的最低一位并返回位索引 返回值：UINT16,索引值 参数 1：[IN] UINT32 * bitmap,变量值
LOS_HighBitGet	找到二进制数值为 1 的最高一位并返回位索引 返回值：UINT16,索引值 参数 1：[IN] UINT32 * bitmap,变量值

19min

5.3 双向循环链表

链表是一种常见的非顺序存储结构,它是操作系统中非常重要的一种数据结构。链表可分为单向链表、双向链表,又可分为循环链表、非循环链表,操作系统中常见的是双向循环链表。

5.3.1 工作原理

链表由若干节点连接而成,每个节点的内部都有一个指针指向下一个节点,由此形成一个链式存储结构。双向链表的节点中不仅包含指向下一个节点的指针,还包含指向上一个节点的指针,通常将这两个指针称为"后继"和"前驱"。双向循环链表将链表的头部和尾部连接在一起,如图 5-3 所示。

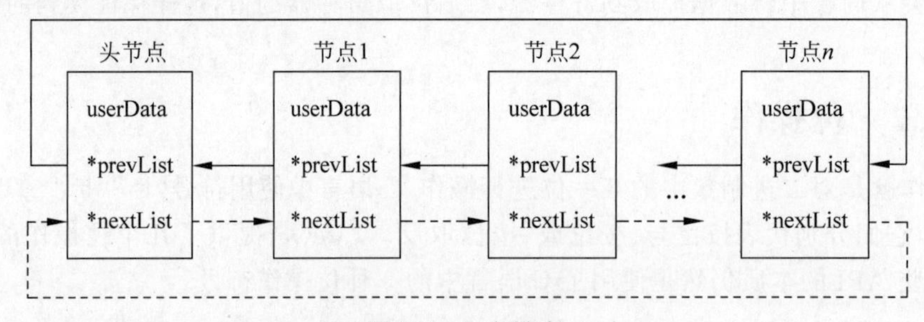

图 5-3　双向链表

LiteOS 双向链表结构定义在头文件 kernel/include/los_list.h 中,通过一系列宏定义向外提供了各种链表操作接口。开发者只要引用该头文件即可完成初始化链表、增加节点、删除节点、遍历链表等操作。其数据结构的代码如下:

```
//第 5 章/kernel/include/los_list.h
//链表结构
```

```
typedef struct LOS_DL_LIST {
    struct LOS_DL_LIST * pstPrev;                   //前驱
    struct LOS_DL_LIST * pstNext;                   //后继
} LOS_DL_LIST;
```

1. 初始化链表

链表在使用前必须初始化头指针，此时链表中没有任何有用的数据节点，因此只需将头指针的前驱和后继都指向自己，代码如下：

```
//第 5 章/kernel/include/los_list.h
VOID LOS_ListInit(LOS_DL_LIST* list) {
    list->pstNext = list;
    list->pstPrev = list;
}
```

开发者在使用时，只需先引入头文件 los_list.h，然后调用函数 LOS_ListInit()，这里需要传入的参数是一个指针。

2. 增加节点

向链表增加节点就会打断原来结构中的两条存储链，进而构造 4 条新的存储链，如图 5-4 所示。

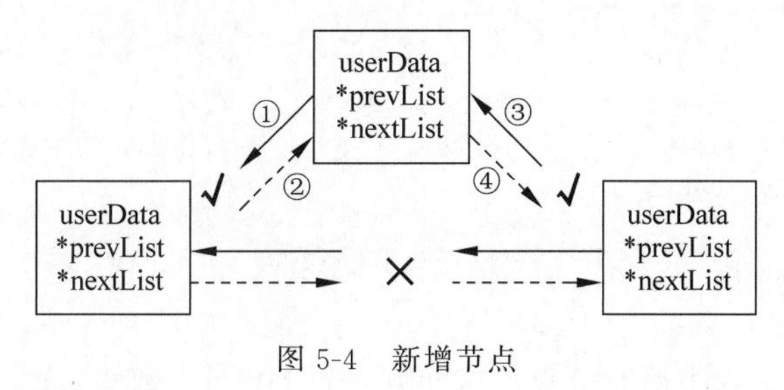

图 5-4 新增节点

使用函数 LOS_ListAdd(LOS_DL_LIST * list, LOS_DL_LIST * node)向链表 list 中添加新节点，其代码如下：

```
//第 5 章/kernel/include/los_list.h
//参数 list 为链表头，参数 node 为新增节点
VOID LOS_ListAdd(LOS_DL_LIST* list, LOS_DL_LIST* node) {
    node->pstNext = list->pstNext;                  //对应图 5-4 中的第④条链
    node->pstPrev = list;                           //对应图 5-4 中的第①条链
    list->pstNext->pstPrev = node;                  //对应图 5-4 中的第③条链
    list->pstNext = node;                           //对应图 5-4 中的第②条链
}
```

从上述代码分析可知，函数 LOS_ListAdd()是在链表的头部插入节点。在 los_list.h 文件中还提供了向尾部插入节点的函数 LOS_ListTailInsert()，代码如下：

```
//第 5 章/kernel/include/los_list.h
LOS_ListTailInsert(LOS_DL_LIST * list, LOS_DL_LIST * node) {
    LOS_ListAdd(list->pstPrev, node);
}
```

3. 删除节点

删除一个节点需要将其两侧的连接都打断，将该节点的前驱和后继直接连接起来，如图 5-5 所示。

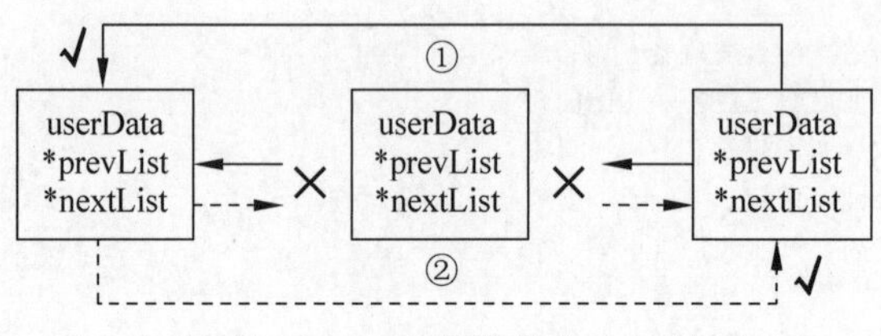

图 5-5　删除节点

函数 LOS_ListDelete(LOS_DL_LIST * node)可删除指定节点，只要将参数设为要删除的节点即可，代码如下：

```
//第 5 章/kernel/include/los_list.h
VOID LOS_ListDelete(LOS_DL_LIST * node) {
    node->pstNext->pstPrev = node->pstPrev;      //对应图 5-5 中的第①条链
    node->pstPrev->pstNext = node->pstNext;      //对应图 5-5 中的第②条链
    node->pstNext = NULL;                        //将删除的节点去除与链表的关联
    node->pstPrev = NULL;
}
```

4. 遍历链表

遍历链表就是对链表中所有节点逐次访问，链表不同于数组，无法使用下标直接访问。由于链表相邻节点之间是关联的，因此只要找到链表中任何一个节点就可完成链表的遍历。

LOS_DL_LIST 结构中并不包含数据域，而开发者使用的链表结构则必定包含数据域，代码如下：

```
typedef struct USER_DATA{
    uint8_t mem1;
    uint8_t mem2;
    LOS_DL_LIST m_list;
}USER_DATA;
```

假设一个链表中有若干 USER_DATA 节点 data_1，data_2，…，data_n，则可通过其成员变量 m_list 完成链表的遍历。如果给出头节点 head，则利用 for 循环可找到每个节点的 m_list 成员，代码如下：

```
for(item = head->pstNext;          //第1个m_list
    item != head;                  //结束条件
    item = item->next)             //下一个m_list
```

上述 for 循环只是找到了 USER_DATA 的 m_list 成员,而实际需要的则是 USER_DATA 这个节点本身,los_list.h 提供了一种通过结构体成员找到整个结构体的方法,代码如下:

```
//第5章/kernel/include/los_list.h
#define LOS_DL_LIST_ENTRY(item, type, member) \
    ((type *)(VOID *)((CHAR *)(item) - LOS_OFF_SET_OF(type, member)))
//LOS_OFF_SET_OF(type, member)展开为((type *)0)->member
//(type *)0 将 0 地址强制转换为结构体地址,取其成员变量自然就可得到成员的偏移地址
```

LOS_DL_LIST_ENTRY 的原理是通过某个成员的偏移地址找到整个结构体的地址,其中 item 是成员地址,type 是结构体类型,member 是成员名字。假设链表头是 head,则返回节点 data_1 的代码如下:

```
//通过成员变量返回结构体首地址
LOS_DL_LIST_ENTRY(head->pstNext,             //第1个m_list
                  USER_DATA,                 //结构体类型
                  m_list)                    //成员变量的名字
```

los_list.h 提供了遍历链表的宏定义,其原理就是利用 LOS_DL_LIST_ENTRY 和 for 循环找到链表中的每个用户结构,代码如下:

```
//第5章/kernel/include/los_list.h
//item,遍历到的每个用户结构
//list,链表头
//用户结构体类型
//member,用户结构中的 LOS_DL_LIST 类型成员名称
#define LOS_DL_LIST_FOR_EACH_ENTRY(item, list, type, member) \
    for(item = LOS_DL_LIST_ENTRY((list)->pstNext, type, member); \
        &(item)->member != (list); \
        item = LOS_DL_LIST_ENTRY((item)->member.pstNext, type, member))
```

如果要遍历 USER_DATA 链表中的每个节点,则代码如下:

```
LOS_DL_LIST_FOR_EACH_ENTRY(item, &data_head, USER_DATA, m_list)
```

注意:los_list.h 文件中的链表操作与平台和系统无关,也就是说开发者可将此头文件复制到其他 C 或 C++项目中使用。

5.3.2 实战案例:学生管理系统

1. 案例描述

模拟一个简单的学生管理系统,可实现信息的增、删、改、查。本案例旨在练习链表操

作，因此不涉及文件存储和用户交互，所有信息都在内存中。

2. 操作流程

1）数据结构

在头文件 mydemos/list/list.h 中定义负责管理信息的结构类型，在结构体中存储两门功课的成绩和学生姓名，代码如下：

```
//第5章 mydemos/list/list.h
#ifndef __MYLIST_H
#define __MYLIST_H

#include "sys_init.h"
#include "los_list.h"

typedef struct STU_DATA{
    LOS_DL_LIST s_list;
    uint8_t chinese;
    uint8_t math;
    uint8_t *name;
}STU_DATA;

VOID demo_list(VOID);

#endif
```

2）初始化数据

在源文件 mydemos/list/list.c 中定义全局链表头 stu_head，并初始化链表，代码如下：

```
//第5章 mydemos/list/list.c
LOS_DL_LIST stu_head;

static VOID stu_init(){
    printf("init stu list\n");
    LOS_ListInit(&stu_head);
}
VOID demo_list(VOID){
    stu_init();
}
```

3）插入数据

向链表中插入 5 个学生节点，每次都从尾部插入，代码如下：

```
//第5章 mydemos/list/list.c
static VOID stu_insert(uint8_t *name, uint8_t ch, uint8_t math){
    STU_DATA *tmp;

    printf("inser %s chinese %d math %d ...", name, ch, math);
    //申请内存
```

```
    tmp = (STU_DATA * )malloc(sizeof(STU_DATA));
    if(tmp == NULL){
        printf("failed\n");
        return;
    }
    tmp->chinese = ch;
    tmp->math = math;
    //申请内存
    tmp->name = (uint8_t * )malloc(sizeof(name));
    if(tmp->name == NULL){
        printf("failed\n");
        return;
    }
    //复制内容
    memcpy(tmp->name, name, sizeof(name));
    //插入节点
    LOS_ListHeadInsert(&stu_head, &(tmp->s_list));
    printf("ok\n");
}

VOID demo_list(VOID){
    stu_init();
    stu_insert("David", 80, 92);
    stu_insert("Mars", 82, 94);
    stu_insert("Alex", 84, 96);
    stu_insert("Tom", 86, 97);
    stu_insert("Jerry", 88, 98);
}
```

4）查找数据

查找过程应该遍历整个链表，因为满足条件的数据未必只有一条，代码如下：

```
//第 5 章 mydemos/list/list.c
static VOID stu_query_by_name(uint8_t * name){
    STU_DATA * tmp;

    printf("query %s ...\n", name);
    //遍历链表
    LOS_DL_LIST_FOR_EACH_ENTRY(tmp, &stu_head, STU_DATA, s_list){
        //比较每个节点的 name 与入参是否相等
        if(strcmp(name, tmp->name) == 0){
            printf("Chinese %d, Maths %d\n", tmp->chinese, tmp->math);
        }
    }
    printf("query %s over\n", name);
}

VOID demo_list(VOID){
    ...
    stu_query_by_name("Tom");
}
```

5) 修改数据

修改分为两个过程,首先要找到满足条件的成员结构,然后修改结构中的其他数据,代码如下:

```
//第5章 mydemos/list/list.c
static VOID stu_modify_math(uint8_t * name, uint8_t math){
    STU_DATA * tmp;

    printf("modify %s math score...\n", name);
    //遍历链表
    LOS_DL_LIST_FOR_EACH_ENTRY(tmp, &stu_head, STU_DATA, s_list){
        //比较每个节点的 name 与入参是否相等
        if(strcmp(name, tmp->name) == 0){
            //更改数据
            tmp->math = math;
        }
    }
    //重新查询,验证是否修改
    stu_query_by_name(name);
}
VOID demo_list(VOID){
    ...
    stu_modify_math("Tom", 90);
}
```

6) 删除数据

删除某个成员信息,如果在创建成员时使用函数 malloc()分配内存,则删除成员后需要使用函数 free()释放内存,代码如下:

```
//第5章 mydemos/list/list.c
static VOID stu_delete_by_name(uint8_t * name){
    STU_DATA * tmp, * node;

    printf("delete %s ...\n", name);
    //遍历链表
    LOS_DL_LIST_FOR_EACH_ENTRY(tmp, &stu_head, STU_DATA, s_list){
        //比较每个节点的 name 与入参是否相等
        if(strcmp(name, tmp->name) == 0){
            //找到当前节点的前驱
            node = LOS_DL_LIST_ENTRY(tmp->s_list.pstPrev, STU_DATA, s_list);
            //删除节点
            LOS_ListDelete(&(tmp->s_list));
            //释放内存
            free(tmp->name);
            free(tmp);
            //由于当前节点被删除,因此 tmp 要重新赋值
            //这样 tmp->s_list.pstNext 才有效,for 循环才可继续执行
```

```
            tmp = node;
        }
    }
    stu_query_by_name(name);
}

VOID demo_list(VOID){
    ...
    stu_delete_by_name("Jerry");
}
```

3. 编译运行

将文件 list.c 和 list.h 的相对路径添加到文件 targets/STM32L431_BearPi/Makefile 中,具体参考 3.2.4 节。编译无误后运行结果如图 5-6 所示。

```
init stu list
inser David Chinese 80 Maths 92 ...ok
inser Mars Chinese 82 Maths 94 ...ok
inser Alex Chinese 84 Maths 96 ...ok
inser Tom Chinese 86 Maths 97 ...ok
inser Jerry Chinese 88 Maths 98 ...ok
query Tom ...
Chinese 86, Maths 97
query Tom over
modify Tom Maths score...
query Tom ...
Chinese 86, Maths 90
query Tom over
delete Jerry ...
query Jerry ...
query Jerry over
```

图 5-6 运行结果

5.4 程序员利器 Git

一个成熟的项目必定要经过各种版本的迭代,代码的版本控制曾是一个令无数程序员头疼的问题,GitHub 平台成功解决了代码的版本控制问题。此外,很多大型项目由专人维护,开发者可以在项目的 GitHub 仓库中找到一些问题的解决方案。

5.4.1 Git 工具

GitHub 是一个基于 Git 的分布式版本控制系统,Git 最初是由 Linux 开发者 Linus Torvalds 开发的。尽管 2013 年国内解除了对 GitHub 的封锁,但由于要访问境外服务器,GitHub 访问速度依然较慢,笔者推荐初学者使用国内代码托管平台 Gitee。

Gitee 与 GitHub 都基于 Git 工具,因此代码托管的首要任务是安装 Git。

1. 安装 Git

Windows 平台下可在 Git 官网(https://git-scm.com/download/win)下载 Git 工具,下载后双击安装文件即可安装。Linux/macOS 平台下使用命令安装 Git,命令如下:

```
#Ubuntu 系统安装 Git
sudo apt install git
#macOS 系统安装 Git
brew install git
```

图 5-7　打开 Git 命令行

2. 基础配置

无论将代码托管到 GitHub 还是 Gitee，都需要在对应官网注册账号，并在自己的计算机中配置用户名和邮箱。尽管在 Windows 系统下可使用图形界面操作 Git，笔者还是推荐使用命令行操作。在 Windows 系统中安装好 Git 工具之后，右击即可打开 Git 命令行，如图 5-7 所示。

打开命令行，配置注册过的用户名和邮箱地址，命令如下：

```
git config - global user.name "weijie"
git config - global user.email "xxx.com"
```

5.4.2 代码管理

Git 版本控制以仓库为基本单元，通常一个项目即一个仓库。用户在代码管理平台创建远程仓库，在 PC 端创建本地仓库，之后就可将本地项目代码上传到远程仓库。

1. 创建远程仓库

(1) 登录 Gitee 平台，进入个人主页后单击右上角的"＋"创建一个仓库，如图 5-8 所示。

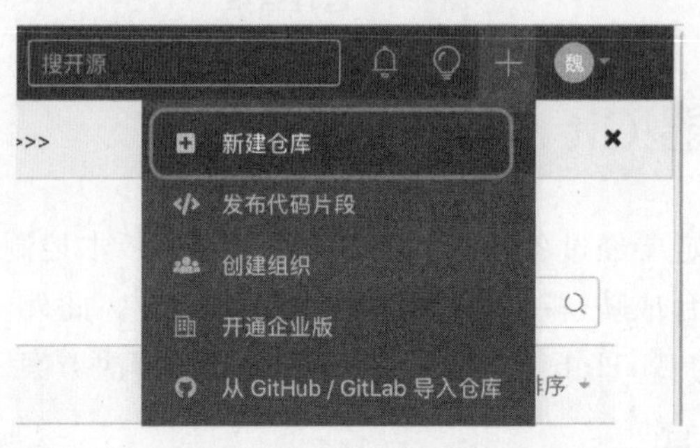

图 5-8　创建仓库

(2) 输入仓库信息后，单击"初始化 readme 文件"按钮，如图 5-9 所示。

2. 创建本地仓库

(1) 进入 Test 项目根目录下，打开 Git 命令行，为该项目初始化一个本地仓库，命令如下：

```
#初始化 Git 环境
git init
#添加远程仓库地址
```

图 5-9　初始化 readme 文件

```
#HTTPS 地址参考图 5-9
#wj-test 是为远程仓库起的别名,用户可自己设置
git remote add wj-test https://gitee.com/wei-jie/test.git
```

(2) 将远程仓库同步到本地,命令如下:

```
git pull wj-test master
```

(3) Windows 环境下,每次拉取远程仓库都需要输入用户和密码,开发者可在 Git 命令行中做简单配置,只需输入一次用户名和密码。配置命令如下:

```
git config -global credential.helper store
```

3. 同步代码

(1) 将文件添加到仓库,命令如下:

```
#add 就是添加
#点表示当前目录下的所有文件
#用户也可添加指定文件,例如"git add 1.c src/2.c"
git add .
```

(2) 提交本次修改,命令如下:

```
#-m 后的参数是为本次提交设置一个标记,通常以
#时间戳为标记
git commit -m "202212101900"
```

(3) 将本地仓库同步到远程,命令如下:

```
#将本地仓库上传到远程
git push wj-test master
```

(4) 登录 Gitee 平台,进入 Test 仓库查看结果,如图 5-10 所示。

图 5-10　代码提交结果

注意:初始化仓库只需一次,以后每次提交代码都从指令 git add 开始。如果提交代码时使用 SSH 协议,则需要为计算机配置 SSH 证书,其他操作和 HTTPS 协议相同。

5.5 本章小结

本章介绍了 LiteOS 时间管理、原子操作、位操作。时间管理模块严重依赖编译器,若在开发过程中时间转换失败,则可检查编译器版本是否满足要求。原子操作依赖处理器架构,不同的架构实现原子操作的方式不同。Git 工具不仅可以对代码进行远程托管,还可进行团队协作,开发者应该熟练掌握 Git 工具的基本操作。

第 6 章

标 准 接 口

LiteOS 自带一套 LOS_XXX 接口，所有 API 和错误码均以 LOS 开头，开发者可基于 LOS_XXX 接口实现 LiteOS 的所有功能。每种操作系统均有自己的一套 API，为统一上层应用接口，屏蔽底层差异，物联网操作系统需支持某种被所有系统都认可的“标准接口”。

13min

本章介绍 LiteOS 支持的两种标准接口 POSIX 和 CMSIS。

6.1 POSIX 接口

6.1.1 POSIX 概述

POSIX(Portable Operating System Interface of UNIX)即可移植操作系统接口，它是 IEEE 为在各种 UNIX 操作系统运行软件而定义的一系列 API 的总称。POSIX 的目标是提供一套基于 UNIX 的可移植操作系统标准。也就是说，在一个操作系统上使用 POSIX 标准编写的代码，可以在另外一个兼容 POSIX 标准的系统上运行。

针对同一个功能，不同的内核提供的系统调用是不一样的。例如创造任务，LiteOS 系统使用函数 LOS_TaskCreate()，而 μC/OS 系统使用函数 OSTaskCreate()。如果开发者需要使用多任务处理数据，则使用 POSIX 接口提供的函数 pthread_create()即可实现多线程，这样开发的多任务程序可同时在多种系统上运行。

LiteOS 的 POSIX 接口主要支持的功能有任务管理、时间管理、信号量、消息队列，而且支持这些模块中的部分接口，具体可参考说明文档 doc/LiteOS_Standard_Library.md。

6.1.2 实战案例：POSIX 任务接口

1. POSIX 任务 API

POSIX 任务相关 API 在源文件 lib/huawei_libc/pthread/pthread.c 中实现，其实现过程基于 LiteOS 任务模块。例如创建任务函数 pthread_create()，其原理是设置任务优先级、栈大小、入口函数等信息，之后调用函数 LOS_TaskCreate()创建任务。

使用 POSIX 任务接口需要在项目源代码中包含头文件 pthread.h，下面演示基于 POSIX 接口的任务案例。

注意：LiteOS 中 POSIX 接口的实现源码都在 lib/ huawei_libc 目录下。

2. 操作流程

1）创建源文件

使用 POSIX 接口创建两个任务，每个任务都获取自己的优先级。在 LiteOS 源码根目录下创建文件夹 mydemos/posix，在 posix 文件夹下创建源文件 posix. c、头文件 posix. h。

2）编辑源代码

（1）在任务入口地址中使用 POSIX 接口函数 pthread_getschedparam()获取自己的优先级，代码如下：

```
//第 6 章/mydemos/posix/posix.c
//线程 id
pthread_t thread1_id;
pthread_t thread2_id;
//线程参数
struct sched_param param;
int policy;

//线程 1 入口
UINT32 thread1_entry(VOID) {
    //获取线程属性
    pthread_getschedparam(thread1_id, &policy, &param);
    //打印线程优先级
    printf("thread1 priority is %d\n", param.sched_priority);
    while (1) {
        printf("thread1 running\n");
        //休眠 1s,即延时
        sleep(1);
    }
    return 0;
}
//线程 2 入口
UINT32 thread2_entry(VOID) {
    pthread_getschedparam(thread2_id, &policy, &param);
    printf("thread2 priority is %d\n", param.sched_priority);
    while (1) {
        printf("thread2 running\n");
        sleep(1);
    }
    return 0;
}
```

（2）使用 POSIX 接口函数 pthread_create()创建两个任务，将优先级分别设置为 9 和 10，代码如下：

```
//第 6 章/mydemos/posix/posix.c
void demo_posix_thread() {
    int err;
    pthread_attr_t attr;

    //任务栈大小
    attr.stacksize = 0x800;
    //任务优先级
    attr.schedparam.sched_priority = 10;
    //创建任务,参数依次为任务 id、任务的参数、任务入口、入口函数的参数
    err = pthread_create(&thread1_id, &attr, thread1_entry, "new thread");
    if(err != 0) {
        printf("create new thread1 failed\n");
        return 0;
    }
    attr.schedparam.sched_priority = 9;
    err = pthread_create(&thread2_id, &attr, thread2_entry, "new thread");
    if(err != 0) {
        printf("create new thread2 failed\n");
        return 0;
    }
}
```

(3) 在头文件中引入 pthread.h,代码如下:

```
//第 6 章/mydemos/posix/posix.h
#ifndef __POSIX_H
#define __POSIX_H

#include "pthread.h"
#include "sys_init.h"

#endif
```

(4) 在文件 targets/STM32L431_BearPi/Src/user_task.c 中调用函数 demo_posix_thread(),具体参考 3.2.4 节。

3) 修改 Makefile

将文件 posix.c 和 posix.h 的相对路径添加到文件 targets/STM32L431_BearPi/Makefile 中,具体参考 3.2.4 节。

3. 运行结果

编译无误后,运行结果如图 6-1 所示。在创建任务时,使用 pthread_attr_t 类参数设置任务优先级,任务入口处通过函数 pthread_getschedparam()得到任务属性,对比两者的优先级相同。

```
app init!
thread1 priority is 10
thread1 running
thread2 priority is 9
thread2 running
```

图 6-1 运行结果

6.2 CMSIS 接口

6.2.1 CMSIS 概述

CMSIS(Cortex Microcontroller Software Interface Standard)是针对 Cortex 系列微控制器制定的软件接口标准，此标准由 ARM 公司、芯片制造商、软件供应商共同制定，旨在降低软件开发成本。CMSIS 接口规定了处理器与外设接口，统一了内核访问寄存器的方法。

CMSIS 接口最初只设定了设备的驱动库，随着软件的不断更新迭代，CMSIS 已经开始涉及其他功能组件，见表 6-1。

表 6-1 CMSIS 说明

组 件	说 明
CMSIS-CORE	提供微处理器与外设接口，支持 Cortex-M+、SC000、SC300 等处理器
CMSIS-DSP	包含以定点和单精度浮点实现的多种函数的 DSP 库
CMSIS-SVD	描述芯片内核、外设、寄存器的 XML 纯文本文件
CMSIS-RTOS API	实时操作系统标准接口，提供线程管理、线程同步、时间管理等功能

LiteOS 的 CMSIS-RTOS 接口主要支持的功能有内核操作、任务管理、定时器管理、内存管理、互斥量、信号量、消息队列，而且支持这些模块中的部分接口，具体可参考说明文档 doc/LiteOS_Standard_Library.md。

6.2.2 实战案例：CMSIS 任务接口

1. CMSIS 任务 API

使用 CMSIS 接口之前要进入 menuconfig 菜单，选择 Compat→[ ]Enable Cmsis→(2) Cmsis Api Version，其中数字 2 代表使用 CMSIS 2.0 接口。

CMSIS 任务相关 API 定义在源文件 compat/cmsis/2.0/cmsis_liteos2.c 中，其实现过程仍然基于 LiteOS 任务模块。例如创建任务函数 osThreadNew()，其原理是在 osThreadAttr_t 结构中设置任务优先级、栈大小、入口函数等信息，之后调用函数 LOS_TaskCreate()创建任务。

使用 CMSIS 任务接口需要在源代码中包含头文件 cmsis_os.h，下面演示基于 CMSIS 2.0 接口的任务案例。

2. 操作流程

1) 创建源文件

进入 mennuconfig 菜单选择 CMSIS 2.0 接口，利用 CMSIS 2.0 接口实现案例 3.2.4。在 LiteOS 源码根目录下创建文件夹 mydemos/cmsis，在 cmsis 文件夹下创建源文件 cmsis.c、头文件 cmsis.h。

2）编辑源代码

（1）在任务入口地址中使用 CMSIS 2.0 接口函数 osThreadSuspend()挂起任务，使用函数 osThreadResume()恢复任务，代码如下：

```
//第 6 章/mydemos/cmsis/cmsis.c
//线程 id
UINT32 thread1_id;
UINT32 thread2_id;
//线程计数器
UINT32 secs1, secs2;

UINT32 thread1_entry(VOID) {
    while(1) {
        //计数器加 1
        secs1++;
        printf("thread1 demo\n");
        if(secs1 % 3 == 0) {
            printf("========== \n");
            //恢复线程 2
            osThreadResume(thread2_id);
            //挂起线程 1
            osThreadSuspend(thread1_id);
        }
        //延时 1000Tick,即 1s
        osDelay(1000);
    }
    return 0;
}

UINT32 thread2_entry(VOID) {
    osThreadSuspend(thread2_id);
    while(1) {
        secs2++;
        printf("thread2 demo\n");
        if(secs2 % 3 == 0) {
            printf("========== \n");
            osThreadResume(thread1_id);
            osThreadSuspend(thread2_id);
        }
        osDelay(1000);
    }
    return 0;
}
```

（2）使用 CMSIS 2.0 接口函数 osThreadNew()创建两个任务，将任务参数传入 osThreadAttr_t 结构，代码如下：

```
//第 6 章/mydemos/cmsis/cmsis.c
void demo_cmsis_thread() {
```

```
    //线程名
    attr.name = "thread1";
    //线程优先级,范围[osPriorityLow3,osPriorityHigh]
    attr.priority = 20;
    //线程栈大小
    attr.stack_size = 0x800;
    //创建线程
    thread1_id = osThreadNew((osThreadFunc_t)thread1_entry, NULL, &attr);
    if(thread1_id == NULL) {
        printf("create thread1 failed\n");
        return;
    }

    attr.name = "thread2";
    attr.priority = 20;
    thread2_id = osThreadNew((osThreadFunc_t)thread2_entry, NULL, &attr);
    if(thread1_id == NULL) {
        printf("create thread2 failed\n");
        return;
    }
}
```

(3) 在头文件中引入 cmsis_os. h，代码如下：

```
//第 6 章/mydemos/cmsis/cmsis.h
#ifndef __CMSIS_H
#define __CMSIS_H

#include "cmsis_os.h"

#endif
```

(4) 在文件 targets/STM32L431_BearPi/Src/user_task. c 中调用函数 demo_cmsis_thread()，具体参考 3.2.4 节。

3) 修改 Makefile

将文件 cmsis. c 和 cmsis. h 的相对路径添加到文件 targets/STM32L431_BearPi/Makefile 中，具体参考 3.2.4 节。

```
app init!
thread1 demo
thread1 demo
thread1 demo
==========
thread2 demo
thread2 demo
thread2 demo
==========
```

图 6-2 运行结果

3. 运行结果

编译无误后，运行结果如图 6-2 所示，两个任务仍然如 3.2.4 节所描述那样交替运行。

6.3 本章小结

本章介绍了两种标准接口 CMSIS 和 POSIX，标准接口更有利于上层应用开发。LiteOS 标准接口并不完善，使用过程务必参考官方说明。在开发底层驱动时，务必使用 LiteOS 自有接口，否则可能造成未知错误。

内核进阶篇

第7章 传感器框架

随着物联网的应用领域越来越广泛，各种智能设备搭载的传感器类型也不尽相同，这使传感器管理和维护变得十分复杂。例如，在智能穿戴设备上有陀螺仪、智能家居终端有温度计、智能医疗终端有血压计。通常操作系统按照功能对设备进行统一管理，例如通过传感框架管理传感器、通过GUI框架管理图形界面。

框架就是一套规范，通过一系列接口屏蔽底层差异，实现"硬件"无关性。用户按照一定的约束条件操作设备，例如打开设备、关闭设备、读取数据、写入数据等。框架可以提高产品开发效率，降低开发难度。

本章介绍LiteOS传感器框架。

7.1 传感器框架结构

17min

7.1.1 框架概述

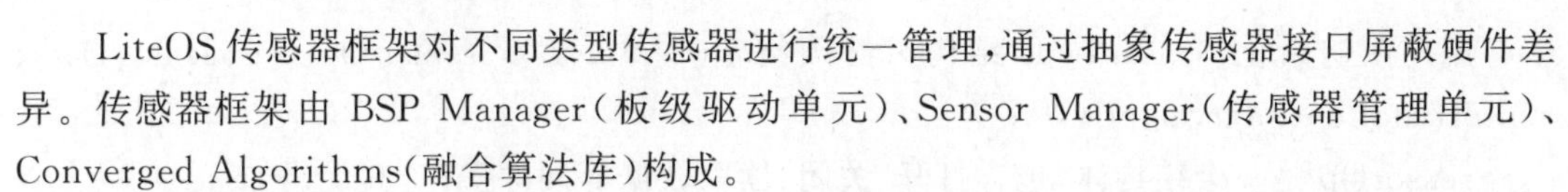

LiteOS传感器框架对不同类型传感器进行统一管理，通过抽象传感器接口屏蔽硬件差异。传感器框架由BSP Manager（板级驱动单元）、Sensor Manager（传感器管理单元）、Converged Algorithms（融合算法库）构成。

（1）BSP Manager：板级驱动接口，负责电源管理、传感器驱动管理、传感器交互管理，如打开/关闭传感器、读/写传感数据等。

（2）Sensor Manager：统一的设备管理，例如配置传感器参数、设置采样周期。

（3）Converged Algorithms：融合算法库，依据实际业务模型，在终端进行算法融合，例如计步算法、心率算法、温度波动算法等。

传感器框架是LiteOS的一个可裁剪组件，在默认情况下并未使能。开发者可以通过make menuconfig进入配置菜单，选择Components→Sensorhub→[*]Enable Sensorhub打开传感器组件功能。

7.1.2 运行原理

LiteOS传感器框架代码在components/sensorhub目录下，其核心功能由两个结构体

SensorType、SensorItem 实现。

1. SensorType 结构

SensorType 结构定义在头文件 components/sensorhub/include/app/sensor_manager.h 中，该结构体主要负责框架与底层硬件的交互，实现传感器管理，代码如下：

```
//第 7 章/components/sensorhub/include/app/sensor_manager.h
typedef struct {
    struct LOS_DL_LIST          list;
    struct LOS_DL_LIST          slist;                //同一传感器的多个应用会挂在该链表下
    struct LOS_DL_LIST          attachedApp;
    struct DeviceType           * attachDevice;
    struct LOS_DL_LIST          slaveList;            //相同的多个 IIC 器件会挂在该链表下
    struct SensorOperation      * sensorOp;           //open、close、ioctl 等操作接口
    OpenParam                   openParam;            //open 操作的参数
    CloseParam                  closeParam;
    VOID                        * sensorData;         //传感器数据指针
    UINT32                      slaveAddr;            //传感器从机地址,针对 IIC
    UINT32                      interval;             //软件定时器间隔,以 tick 为单位
    INT32                       count;
    UINT32                      sensorMuxLock;        //多个传感器应用时需要获取互斥锁
    VOID                        * priv;               //私有指针
     PrivResponse               privResp;
    SensorItem                  commuItem;
    UINT8                       sensorDataLen;        //采样数据长度
    UINT8                       tag;                  //传感器类型标签
    UINT8                       cmd;                  //IO 控制指令
    UINT8                       sensorStat;
} SensorType;
```

用户在初始化 SensorType 结构时必须指定其成员变量 sensorOp、tag、sensorData、sensorDataLen、interval、priv。

sensorOp 是一个结构体，包含打开、关闭、读取数据等硬件操作，其代码如下：

```
//第 7 章/components/sensorhub/include/app/sensor_manager.h
struct SensorOperation {
    INT32 ( * Open)(SensorType * sensor, OpenParam * para);
    INT32 ( * Close)(SensorType * sensor);
    INT32 ( * ReadData)(SensorType * sensor);
    INT32 ( * Init)(SensorType * sensor);
    INT32 ( * IrqHandler)(VOID);
    INT32 ( * IoCtl)(SensorType * sensor, UINT8 type, UINT8 * data);
};
```

只有调用打开传感器函数 Open()之后，传感器才能正常工作；在采样过程中，传感框架会调用函数 ReadData()获取传感器数据；通过函数 IoCtl()实现传感器基础配置。

TAG 是传感器标签，它标志着传感器类型。LiteOS 在传感框架的头文件 protocol.h

中定义了枚举变量 ObjTag,其中包含二十多种常见的传感器类型,见表 7-1。开发者可根据实际情况为传感器 TAG 变量赋值,甚至还可以在 ObjTag 中添加自定义传感器类型。

表 7-1 传感类型

TAG	类　型	TAG	类　型
TAG_ACCEL	加速度传感器	TAG_HALL	霍尔传感器
TAG_GYRO	陀螺仪	TAG_MAG_UNCALIBRATED	未校准的运动加速度陀螺仪
TAG_MAG	运动加速度陀螺仪	TAG_GAME_RV	游戏旋转向量传感器
TAG_ALS	环境光传感器	TAG_GYRO_UNCALIBRATED	未校准的陀螺仪
TAG_PS	光敏传感器	TAG_SIGNIFICANT_MOTION	有效动作传感器
TAG_SCREEN_ROTATE	屏幕旋转传感器	TAG_STEP_DETECTOR	步进检测传感器
TAG_LINEAR_ACCEL	线性加速度传感器	TAG_STEP_COUNTER	步进计数传感器
TAG_GRAVITY	重力加速度传感器	TAG_GEOMAGNETIC_RV	地磁传感器
TAG_ORIENTATION	方向传感器	TAG_HANDPRESS	手握检测传感器
TAG_PRESSURE	压力传感器	TAG_CAP_PROX	接近传感器
TAG_TEMP	温度传感器	TAG_ROTATION_VECTORS	旋转向量传感器
TAG_HUMIDITY	湿度传感器	TAG_AMBIENT_TEMP	环境温度传感器

sensorData 和 sensorDataLen 分别是传感器数据指针及其长度。

Interval 是采样周期,框架根据此数值周期性更新传感列表中的数据。

Priv 是用户私有变量指针,开发者可将此值设置为结构体,由此存放自己的私有数据。

2. SensorItem 结构

SensorItem 结构主要负责上层应用管理,一个传感器可能被多个应用程序使用,框架将每个应用设为一个 SensorItem,多个 SensorItem 之间并不干扰。SensorItem 的核心代码如下:

```
//第 7 章/components/sensorhub/include/app/sensor_manager.h
typedef struct {
    struct LOS_DL_LIST list;
    OpenParam         openParam;        //打开参数
    CloseParam        closeParam;       //关闭参数
    RespFunc          respFunc;         //应答回调函数
    UpdateFunc        updateFunc;       //数据更新回调函数
    UINT32            updateArg;        //数据更新回调函数的参数
    UINT32            updateTime;       //数据更新的时间,也就是采样时间
    UINT32            updateCnt;        //数据更新的次数
    ObjTag            tag;              //传感器标签
    SensorItemState   tate;             //应用的状态
    UINT16            id;               //应用 id
    UINT8             resp;             //是否回复,0 表示不回复
    UINT8             reserverd;        //保留字段
} SensorItem;
```

3. 核心机制

LiteOS传感框架通过消息队列维持上层应用与底层硬件的交互，开发者通过调用函数SensorManagerInit()来初始化传感器框架，此函数会创建全局队列 g_sensorManagerQueue、全局信号量 g_sensorManagerSem，并且初始化一个任务传感器管理任务 SmTask。

传感框架利用消息队列传输一个邮箱数据 SmMail，由此实现传感器的控制，任务SmTask 通过检测邮箱数据中的 event 实现传感器操作。SmMail 的结构代码如下：

```
//第 7 章/components/sensorhub/include/app/sensor_manager.h
typedef struct {
    SmEvent event;
    union {
        MailSample          sample;
        MailItemInit        itemInit;
        MailItemEnable      itemEnable;
        MailItemDisable     itemDisable;
        MailConfig          config;
        MailCalibrate       calibrat;
        MailSelftest        selftest;
    };
} SmMail;
```

当开发者调用函数 SensorItemInit()初始化一个传感应用时，SmMail. event 被置为SM_EVENT_ITEM_INIT，同时 SmMail 被写入消息队列；任务 SmTask 检测到队列中的SM_EVENT_ITEM_INIT 后，将该应用插入链表 sensorType→slist。

当开发者调用函数 SensorItemEnable()使能传感应用时，SmMail. event 被置为 SM_EVENT_ITEM_ENABLE；任务 SmTask 检测到 SM_EVENT_ITEM_ENABLE 后，调用函数 ItemEnable()使能链表 sensorTyp→slist 中的一个传感应用。

开发者可使用软件定时器周期性地调用函数 SensorSample()，由此实现传感数据采样。框架在函数 SensorSample()的内部将 SmMail. event 置为 SM_EVENT_SENSOR_SAMPLE；任务 SmTask 检测到 SM_EVENT_SENSOR_SAMPLE 后，调用 sensorOp 中的函数 ReadData()读入传感器数据。

在初始化传感器之前，开发者需调用函数 SensorRegister()将传感器注册到框架，实际上是将传感器结构 SensorType 添加到全局数组 g_sensorScbTable 中。

传感框架为用户提供了传感器的注册、配置、采样等 API，见表 7-2。

表 7-2 传感框架 API

函数	说明(头文件 components/sensorhub/include/app/sensor_manager.h)
SensorRegister	注册一个传感器 返回值：UINT32，如果成功，则返回 LOS_OK，如果失败，则返回 LOS_NOK 参数：[IN] SensorType * sensor，传感器结构，该结构被添加到全局数组 g_sensorScbTable

续表

函数	说明(头文件 components/sensorhub/include/app/sensor_manager.h)
SensorManagerInit	初始化传感框架,申请一个全局消息队列、一个全局信号量,创建一个任务 返回值:UINT32,如果成功,则返回 LOS_OK,如果失败,则返回 LOS_NOK 参数:无
SensorTableGet	获取系统的传感器列表 返回值:SensorScbTable *,返回全局数组 g_sensorScbTable 参数:无
SensorConfigNotify	配置传感器参数 返回值:UINT32,如果成功,则返回 LOS_OK,如果失败,则返回 LOS_NOK 参数 1:[IN] PktParameterReq * pkt,参数数据包 参数 2:[IN] UINT8 resp,是否应答
SensorSample	采样传感器数据 返回值:UINT32,如果成功,则返回 LOS_OK,如果失败,则返回 LOS_NOK 参数:[IN] SensorType * sensor,需要采样的传感器结构
SensorItemInit	初始化一个传感器应用 返回值:UINT32,如果成功,则返回 LOS_OK,如果失败,则返回 LOS_NOK 参数 1:[IN] SensorItem * item,传感器条目 参数 2:[IN] RespFunc respFunc,响应回调函数 参数 3:[IN] ObjTag tag,传感器类型标签 参数 4:[IN] UpdateFunc updateFunc,数据更新回调函数 参数 5:[IN] UINT32 upArg,数据更新回调函数的参数
SensorItemEnable	使能一个传感器应用 返回值:UINT32,如果成功,则返回 LOS_OK,如果失败,则返回 LOS_NOK 参数 1:[IN] SensorItem * item,待使能的应用 item 参数 2:[IN] OpenParam * param,打开传感器时的参数 参数 3:[IN] UINT16 id,传感器 id 参数 4:[IN] UINT8 resp,是否应答
SensorItemDisable	初始化一个传感器应用 返回值:UINT32,如果成功,则返回 LOS_OK,如果失败,则返回 LOS_NOK 参数 1:[IN] SensorItem * item,待使能的应用 item 参数 2:[IN] OpenParam * param,打开传感器时的参数 参数 3:[IN] UINT16 id,传感器 id 参数 4:[IN] UINT8 resp,是否应答

7.1.3 开发流程

当开发者使能传感组件之后,可通过以下步骤进行传感器开发:

(1) 创建传感器裸机驱动代码,并测试通过。

(2) 调用函数 SensorManagerInit()初始化传感框架,此函数会初始化传感框架需要的队列、信号量、任务。

(3) 初始化 SensorType 结构,为其设置 sensorOp、tag、sensorData、sensorDataLen、

interval、priv 等成员。sensorOp 中的 open()、close()、ReadData() 等成员都与板级驱动相关。

(4) 调用函数 SensorRegister()，注册 SensorType 结构。

(5) 如果需要，则可以调用函数 SensorConfigNotify()为传感器配置参数。

(6) 调用函数 SensorItemInit()初始化一个传感器应用，此函数需要设置数据更新回调函数。

(7) 通过函数 SensorItemEnable()使能传感器应用，传感器驱动会根据 Open()方法中的时间间隔设置软件定时器，在定时回调中使用函数 SensorSample()采样传感器数据。

(8) 调用函数 SensorItemDisable()关闭传感器应用。

7.2 实战案例：基于 DHT11 的温湿度采集

当使用 LiteOS 传感框架管理传感器时，首先要熟悉相应的传感器，并且能够完成其板级驱动代码。

本节以 DHT11 温湿度传感器为例，详细描述如何在 LiteOS 中使用传感器框架。

22min

7.2.1 板级驱动

1. DHT11 概述

DHT11 是一款基于单总线的数字温湿度传感器，其内部有专用的数字采集模块和温湿度传感模块，该产品有极高的可靠性和卓越的稳定性。该产品为 4 针单排引脚封装，如图 7-1 所示。DHT11 在家居、医疗、汽车、自动控制等领域应用广泛。

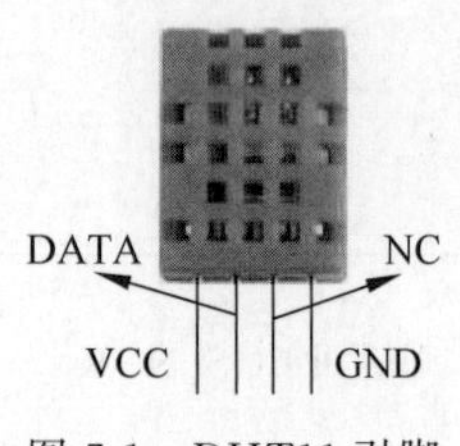

图 7-1 DHT11 引脚

DHT11 供电电压为 3～5.5V，可在 VCC 引脚与电源之间加 100nF 滤波电容。传输距离在 20m 之内需要在 DATA 引脚增加 5kΩ 上拉电阻，20m 之外可根据实际情况配置上拉电阻。

2. 时序

DHT11 采用单总线方式传输数据，一次完整的数据包含 40 位：8 位湿度整数部分、8 位湿度小数部分、8 位温度整数部分、8 位温度小数部分、8 位校验和，其传输过程为 MSB 高位优先。

1) 起始信号

总线空闲状态为高电平，MCU 将总线拉低大于 18ms 之后延时 20～40μs，将总线切换为输入状态，等待从机应答。从机应答信号为 80μs 低电平加 80μs 高电平，之后便开始传输数据。起始信号如图 7-2 所示。

2) 数字 0 信号

当 DHT11 输出一位数字 0 信号时，MCU 检测到 50μs 低电平加 26～28μs 高电平，如图 7-3 所示。

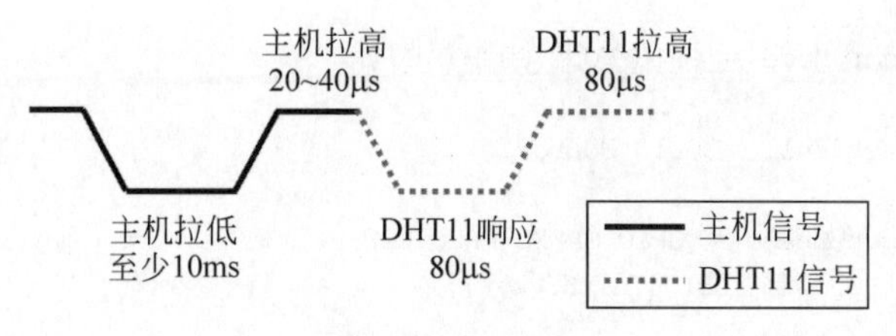

图 7-2 起始信号

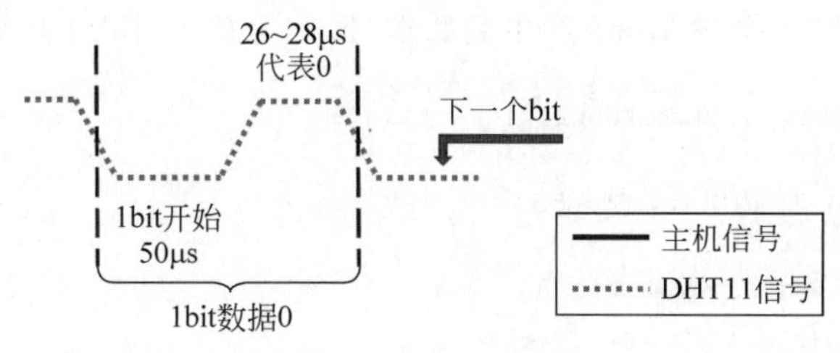

图 7-3 数字 0 信号

3）数字 1 信号

当 DHT11 输出一位数字 1 信号时，MCU 检测到 50μs 低电平加 70μs 高电平，如图 7-4 所示。

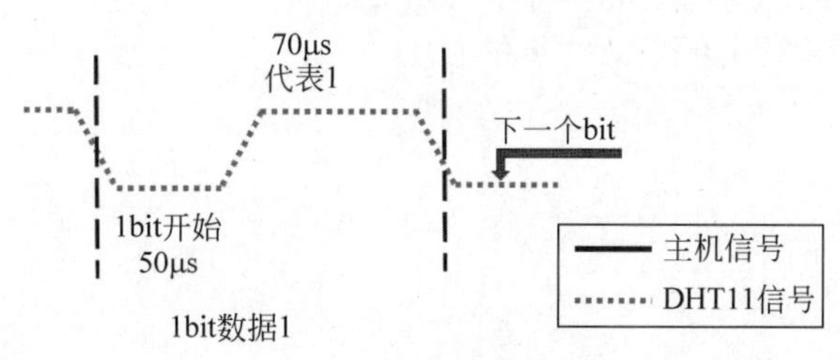

图 7-4 数字 1 信号

3. 测试驱动代码

1）案例描述

本案例将 DHT11 的 DATA 引脚接 PA6 引脚，其上拉电阻使用单片机的内部上拉电阻，省略 VCC 滤波电容。将 DHT11 驱动代码放在 mydemos/sensor/dht11 目录下。

2）详细代码

(1) 将 PA6 引脚初始化为上拉输出模式，代码如下：

```
//第 7 章/mydemos/sensor/dht11/dht11.c
void DHT11_Out(void) {
    GPIO_InitTypeDef GPIO_InitStruct;
    //开启时钟
    __HAL_RCC_GPIOA_CLK_ENABLE();
    //GPIO 端口设置
    GPIO_InitStruct.Pin = GPIO_PIN_6;
    //输出模式
```

```
    GPIO_InitStruct.Mode = GPIO_MODE_OUTPUT_PP;
    //上拉
    GPIO_InitStruct.Pull = GPIO_PULLUP;
    //低速模式
    GPIO_InitStruct.Speed = GPIO_SPEED_FREQ_LOW;
    HAL_GPIO_Init(GPIOA, &GPIO_InitStruct);
}
```

(2) MCU 拉低 PA6 至少 18ms 产生起始信号，并等待 DHT11 应答，代码如下：

```
//第 7 章/mydemos/sensor/dht11/dht11.c
void DHT11_In(void) {
    GPIO_InitTypeDef GPIO_InitStruct;
    //开启时钟
    __HAL_RCC_GPIOA_CLK_ENABLE();
    //GPIO 端口设置
    GPIO_InitStruct.Pin = GPIO_PIN_6;
    //输入模式
    GPIO_InitStruct.Mode = GPIO_MODE_INPUT;
    //上拉
    GPIO_InitStruct.Pull = GPIO_PULLUP;
    GPIO_InitStruct.Speed = GPIO_SPEED_FREQ_LOW;
    HAL_GPIO_Init(GPIOA, &GPIO_InitStruct);
}

void DHT11_Start(void) {
    CHK = 0;
    //输出模式
    DHT11_Out();
    //空闲状态
    HAL_GPIO_WritePin(GPIOA, GPIO_PIN_6, 1);
    //拉低数据线
    HAL_GPIO_WritePin(GPIOA, GPIO_PIN_6, 0);
    //保持大于 18ms 的低电平
    delay10ms(20);
    //拉高
    HAL_GPIO_WritePin(GPIOA, GPIO_PIN_6, 1);

    delayus(10); //等待 20～40μs
    delayus(10);
    delayus(10);
    delayus(10);

    //切换到输入
    DHT11_In();
    if (HAL_GPIO_ReadPin(GPIOA, GPIO_PIN_6) == 1) {
        //从机没有拉低，也就是没响应，错误
        error = 1;
```

```
        return;
    }
    //等待 80μs 低电平
    while (HAL_GPIO_ReadPin(GPIOA, GPIO_PIN_6) == 0);
    //等待 80μs 高电平
    while (HAL_GPIO_ReadPin(GPIOA, GPIO_PIN_6) == 1) ;
}
```

(3) 读取 1 字节数据,代码如下:

```
//第 7 章/mydemos/sensor/dht11/dht11.c
UINT8 DHT11_ReadChar(void) {
    int m = 0;
    int i;
    UINT8 temp = 0;

    if(!error) {
        //读取 1 字节数据
        for(i = 0; i < 8; i++) {
            temp <<= 1;
            //等待 50μs 低电平结束
            while(HAL_GPIO_ReadPin(GPIOA, GPIO_PIN_6) == 0);
            temp += 0;
            delayus(10); //超出 26～28μs
            delayus(10);
            delayus(10);
            //30μs 之后仍然为高电平,那么就是信号 1
            if(HAL_GPIO_ReadPin(GPIOA, GPIO_PIN_6) == 1) {
                temp += 1;
                //等待信号结束
                while(HAL_GPIO_ReadPin(GPIOA, GPIO_PIN_6) == 1);
            }
        }
    }
    return temp;
}
```

(4) 读取一帧数据,即 5 字节,代码如下:

```
//第 7 章/mydemos/sensor/dht11.c
uint8_t DHT11_ReadFrame(void) {
    //湿度的整数部分
    RH = DHT11_ReadChar();
    //湿度的小数部分
    RL = DHT11_ReadChar();
    //温度的整数部分
    TH = DHT11_ReadChar();
    //温度的小数部分
```

```
    TL = DHT11_ReadChar();
    //校验和
    SUM = DHT11_ReadChar();

    //判断校验和,以验证数据是否正确
    if(((RH + TH) & 0x00ff) != SUM)
        return LOS_NOK;
    return LOS_OK;
}
```

（5）创建一个任务 demo（这里起名为 demo_dht11），每隔 3000tick 读取一次温湿度数据。在源文件 targets/STM32L431_BearPi/Src/user_task.c 中调用函数 demo_dht11()，具体参考 3.2.4 节。

```
app init!
DHT11_Task create Success!
enter dht11 task
温度是 20, 湿度是 21%
温度是 20, 湿度是 21%
温度是 20, 湿度是 21%
```

图 7-5 运行结果

3）Makefile

将文件 dht11.c 和 dht11.h 的相对路径添加到文件 targets/STM32L431_BearPi/Makefile 中，具体参考 3.2.4 节。

4）运行结果

编译无误后，运行结果如图 7-5 所示。

7.2.2 基于框架的传感器管理

使用 LiteOS 传感框架的前提是有完善的板级驱动代码，可运行出图 7-5 所示的效果。传感框架主要从两个层次管理传感器：底层负责与板级驱动交互，上层负责与 App 交互。

在 mydemos/sensor/dht11 目录下添加源文件 dht11_driver.c、头文件 dht11_driver.h；在目录 mydemos/sensor/sensor_app 下添加源文件 sensor_app.c、头文件 sensor_app.h。它们分别负责管理板级驱动和上层应用。

1. SensorType 管理板级驱动

如 7.1.2 节所述，SensorType 结构需要设置 sensorOp、tag、sensorData、sensorDataLen、interval、priv 等成员变量，其中 sensorOp 是一个结构体，包含打开、关闭、读取数据等硬件操作。

22min

1）定义私有指针类型

在头文件 dht11_driver.h 中定义私有结构，其成员变量包含定时器参数 ID、Timerout，以及传感器的数据结构，代码如下：

```
//第 7 章/mydemos/sensor/dht11/dht11_driver.h
#define SENSOR_DATA_LEN 2                    //数据长度为 2
#define DEFAULT_INTERVAL 1000                //默认采样周期为 5000tick
#define INVALID_TIMER_ID 0xFFFF              //无效 timerID

typedef struct {
```

```
    UINT16 DHT11TimerId;
    UINT32 DHT11Interval;
    UINT8 DHT11Data[2];
} DHT11Priv;
```

2）初始化私有指针

初始化一个全局私有指针变量，例如将定时器 ID 设为 0xFFFF，将 Timerout 设为 0，将传感数据设为 0，代码如下：

```
//第 7 章/mydemos/sensor/dht11/dht11_driver.c
//私有指针，存放软件定时器 id、定时间隔、传感数据
//初始化所有数据无效
STATIC DHT11Priv g_DHT11Priv = {
    .DHT11TimerId = INVALID_TIMER_ID,
    .DHT11Interval = 0,
    .DHT11Data[0] = 0,
    .DHT11Data[1] = 0,
};
```

3）定义 sensorOp 函数

sensorOp 需要完成 4 个操作：Init()、Open()、Close()、ReadData()。

（1）针对 DHT11 这类简单传感器，其本身无须任何初始化配置，因此在 Init()操作中输出一个提示语句即可，代码如下：

```
//第 7 章/mydemos/sensor/dht11/dht11_driver.c
//初始化传感器
STATIC INT32 DHT11Init(SensorType * sensor) {
    (VOID)(sensor);
    printf("DHT11 init.\n");

    return LOS_OK;
}
```

（2）Open()操作主要为传感器创建并启动一个软件定时器，在定时器回调函数中采样传感数据，代码如下：

```
//第 7 章/mydemos/sensor/dht11/dht11_driver.c
//定时器回调，周期性采集数据
STATIC VOID DHT11TimerFunc(VOID const * arg) {
    SensorSample((SensorType * )arg);
}

//打开传感器，主要工作为创建一个定时器
STATIC INT32 DHT11Open(SensorType * sensor, OpenParam * para) {
    UINT32 ret;
    (VOID)(para);
```

```
    DHT11Priv * dht11 = (DHT11Priv * )sensor -> priv;

    //已经打开,返回
    if((sensor -> sensorStat == SENSOR_STAT_OPEN) &&
        (sensor -> interval == dht11 -> DHT11Interval)) {
        return LOS_OK;
    }
    //没打开,判断定时器 id 是否无效
    if(dht11 -> DHT11TimerId != INVALID_TIMER_ID) {
        //删除定时器
        ret = LOS_SwtmrDelete(dht11 -> DHT11TimerId);
        dht11 -> DHT11TimerId = INVALID_TIMER_ID;
        if(ret != LOS_OK) {
            printf("Delete software timer failed.\n");
            return LOS_NOK;
        }
    }
    //创建一个定时器,在回调函数里执行采样操作
    ret = LOS_SwtmrCreate(sensor -> interval,
                          LOS_SWTMR_MODE_PERIOD,
                          (SWTMR_PROC_FUNC)DHT11TimerFunc,
                          &dht11 -> DHT11TimerId,
                          (UINT32)sensor);
    if(ret != LOS_OK) {
        printf("Create software timer failed.\n");
        return LOS_NOK;
    }
    //启动定时器
    ret = LOS_SwtmrStart(dht11 -> DHT11TimerId);
    if(ret != LOS_OK) {
        printf("Start software timer failed.\n");
    }
    //保存定时器参数
    dht11 -> DHT11Interval = sensor -> interval;

    printf("DHT11 on.\n");
    return LOS_OK;
}
```

(3) Close()用于关闭传感器，这里关闭软件定时器即可，代码如下：

```
//第 7 章/mydemos/sensor/dht11/dht11_driver.c
//关闭传感器,即关闭定时器
STATIC INT32 DHT11Close(SensorType * sensor) {
    UINT32 ret;

    //已经关闭,返回
    if(sensor -> sensorStat == SENSOR_STAT_CLOSE) {
```

```
        printf("DHT11 has been closed.\n");
        return LOS_OK;
    }
    //获取私有指针
    DHT11Priv * dht11 = (DHT11Priv *)sensor->priv;
    //设置定时参数无效
    dht11->DHT11Interval = 0;
    //关闭定时器
    ret = LOS_SwtmrStop(dht11->DHT11TimerId);
    if(ret != LOS_OK) {
        printf("DHT11 stop software timer failed.\n");
        return LOS_NOK;
    }

    printf("DHT11 off.\n");
    return LOS_OK;
}
```

（4）ReadData()操作用于读取传感器数据，这里需要用到板级驱动代码，代码如下：

```
//第 7 章/mydemos/sensor/dht11/dht11_driver.c
//读取数据,需要用到板级驱动代码
STATIC INT32 DHT11ReadData(SensorType * sensor) {
    //板级驱动里的 readdata()代码
    DHT11_Start();
    DHT11_ReadFrame();
    //得到数据指针
    INT8 * data = (INT8 *)sensor->sensorData;
    //将数据回传给 sensor,TH 和 RH 是 dht11.c 文件中的全局变量
    data[0] = TH;
    data[1] = RH;

    return LOS_OK;
}
```

（5）给 sensorOp 赋值，代码如下：

```
//第 7 章/mydemos/sensor/dht11/dht11_driver.c
//初始化 SensorType 结构中的 sensorOp
STATIC struct SensorOperation g_DHT11Ops = {
    .Init = DHT11Init,
    .Open = DHT11Open,
    .Close = DHT11Close,
    .ReadData = DHT11ReadData,
};
```

4）初始化 SensorType 结构

初始化一个 SensorType 结构，将其 tag 指定为 TAG_TEMP，代码如下：

```
//第 7 章/mydemos/sensor/dht11/dht11_driver.c
//初始化 SensorType 结构
STATIC SensorType g_sensorDHT11 = {
    .sensorOp = &g_DHT11Ops,
    .sensorData = g_DHT11Priv.DHT11Data,
    .sensorDataLen = SENSOR_DATA_LEN,
    .priv = &g_DHT11Priv,
    .tag = TAG_TEMP,
    .cmd = 0,
    .interval = DEFAULT_INTERVAL,
    .slaveAddr = 0,
};
```

5）注册传感器

在框架中注册传感器对应的 SensorType 结构，代码如下：

```
//第 7 章/mydemos/sensor/dht11/dht11_driver.c
VOID DHT11SensorRegister(VOID) {
    SensorRegister(&g_sensorDHT11);
}
```

2. SensorItem 管理 App

SensorItem 与 App 的交互主要是打开、关闭传感器，以及更新传感数据。本节案例创建两个传感器应用，将其 ItemID 分别设置为 1 和 2。

21min

1）初始化传感器

应用层通过全局传感器列表得到指定的传感器指针 SensorType，之后调用函数 SensorItemInit()初始化一个传感器应用 Item，代码如下：

```
//第 7 章/mydemos/sensor/sensor_app/sensor_app.c
#define Item1_SAMPLE_INTERVAL 1000 //LiteOS ticks
#define Item2_SAMPLE_INTERVAL 5000

//定义两个 Item，每个 Item 就是一个应用
STATIC SensorItem g_demoDHT11Item1 = {
    .id = 1, //应用 1
};
STATIC SensorItem g_demoDHT11Item2 = {
    .id = 2, //应用 2
};

//数据更新回调函数
STATIC VOID SensorReport(UINT32 arg, const INT8 * data, UINT32 len) {
    (VOID)(len);
    (VOID)(data);
    printf("Item %u report TH %d, RH %d, len %d \r\n",
            arg, data[0], data[1],len);
```

```
}

//初始化传感器应用,从传感器列表中得到指定传感器
STATIC VOID InitDHT11(VOID) {
    SensorType * sensor = NULL;
    SensorScbTable * scbTable = NULL;

    //获取全局传感器列表
    scbTable = SensorTableGet();
    //得到指定传感器指针
    sensor = scbTable[TAG_TEMP - TAG_BEGIN].sensorInterface;
    if((sensor != NULL) && (sensor -> sensorOp != NULL)) {
        (VOID) sensor -> sensorOp -> Init(sensor);
    }

    //初始化应用 item
    SensorItemInit(&g_demoDHT11Item1, NULL, TAG_TEMP, SensorReport, 1);
    SensorItemInit(&g_demoDHT11Item2, NULL, TAG_TEMP, SensorReport, 2);
}
```

2）打开应用

使用函数 SensorItemEnable()打开指定的传感器应用 Item，代码如下：

```
//第 7 章/mydemos/sensor/sensor_app/sensor_app.c
//打开传感器应用,即使能两个 Item
STATIC VOID OpenDHT11(VOID) {
    OpenParam para;

    para.period = Item1_SAMPLE_INTERVAL;
    SensorItemEnable(&g_demoDHT11Item1, &para, g_demoDHT11Item1.id, 0);
    para.period = Item2_SAMPLE_INTERVAL;
    SensorItemEnable(&g_demoDHT11Item2, &para, g_demoDHT11Item2.id, 0);
}
```

3）关闭应用

使用函数 SensorItemDisable()关闭指定的传感器应用 Item，代码如下：

```
//第 7 章/mydemos/sensor/sensor_app/sensor_app.c
//关闭两个传感器应用
STATIC VOID CloseDHT11(VOID) {
    CloseParam para;
    SensorItemDisable(&g_demoDHT11Item1, &para, g_demoDHT11Item2.id, 0);
    LOS_TaskDelay(10000);
    SensorItemDisable(&g_demoDHT11Item2, &para, g_demoDHT11Item2.id, 0);
}
```

4）创建传感任务

为本次案例创建一个任务，启动传感器，代码如下：

```
//第 7 章/mydemos/sensor/sensor_app/sensor_app.c
//传感任务入口
STATIC VOID sensor_entry(VOID) {
    printf("SensorHub demo task start to run.\n");
    //初始化 SensorManager
    SensorManagerInit();
    LOS_TaskDelay(1000);
    //注册传感器
    DHT11SensorRegister();
    //初始化应用 Item
    InitDHT11();
    //打开 Item
    OpenDHT11();
    LOS_TaskDelay(5000);
    //关闭 Item
    CloseDHT11();
    OpenDHT11();
    LOS_TaskDelay(5000);
    CloseDHT11();
    printf("SensorHub demo task finished.\n");
}

VOID demo_sensorhub(VOID) {
    UINT32 ret;
    TSK_INIT_PARAM_S taskInitParam;

    //参考 3.2.4 节
    taskInitParam.pfnTaskEntry = (TSK_ENTRY_FUNC)sensor_entry;
    ...

}
```

3．修改 Makefile

在源文件 user_task.c 中调用函数 demo_sensorhub()，并且将源文件 dht11.c、dht11_driver.c、sensor_app.c 的相对路径添加到 Makefile 中的源文件路径，将头文件 dht11.h、dht11_driver.h、sensor_app.h 的相对路径添加到 Makefile 中的头文件路径，具体参考 3.2.4 节。

4．编译运行

1）运行结果

确保将 DHT11 正确连接到开发板，编译无误后，运行结果如图 7-6 所示。

```
app init!
SensorHub demo task start to run.
DHT11 init.
DHT11 on.
Item 2 report TH 20, RH 21%, len 2
Item 1 report TH 20, RH 21%, len 2
Item 1 report TH 20, RH 21%, len 2
Item 1 report TH 20, RH 21%, len 2
Item 1 report TH 20, RH 21%, len 2
Item 2 report TH 20, RH 21%, len 2
Item 1 report TH 20, RH 21%, len 2
Item 2 report TH 20, RH 21%, len 2
Item 2 report TH 20, RH 21%, len 2
DHT11 off.
DHT11 on.
Item 2 report TH 20, RH 21%, len 2
Item 1 report TH 20, RH 21%, len 2
Item 1 report TH 20, RH 21%, len 2
Item 1 report TH 20, RH 21%, len 2
Item 1 report TH 20, RH 21%, len 2
Item 2 report TH 20, RH 21%, len 2
Item 1 report TH 20, RH 21%, len 2
Item 2 report TH 20, RH 21%, len 2
Item 2 report TH 20, RH 21%, len 2
DHT11 off.
SensorHub demo task finished.
```

图 7-6　运行结果

2）结果分析

在 sensor_app.c 文件中将两个应用的数据更新周期分别设置为 1000tick 和 5000tick，因此图 7-6 中 Item1 打印出的数据更多。

在函数 CloseDHT11()中 Item2 延迟 10000tick 后关闭，因此在关闭 DHT11 之前，Item2 要多打印两组数据。从图 7-6 结果分析得到，两个 Item 之间彼此独立，传感器在关闭之后也可再次打开，而且第 2 次打开时不需要初始化操作。

7.3 图形配置工具 Kconfig

通常情况下，一个项目有若干配置文件，这些配置文件用来设置某些功能，例如设置 LCD 分辨率、选择 AD 转换精度、使能某些特殊功能等。最简单的配置方法就是通过.h 文件配置，用户可在头文件中设定一些宏定义，编译时根据实际情况修改头文件中的宏。Linux 系统引入了 Kconfig 语言描述配置文件，LiteOS 使用 Python 的第三方开源库 kconfiglib 实现描述文件，其语法也是 Kconfig。

本节介绍 Kconfig 的使用方法。

7.3.1 Kconfig 简介

Kconfig 提供了一个图形化的配置界面，开发者可通过↑和↓两个按键选择配置项，在某些功能界面还可输入自己需要的配置。Kconfig 的作用是配置内核，在内核源码中有许多 Kconfig 文件，内核工具在编译之前读取 Kconfig 文件，并最终生成配置文件.config。在 LiteOS 中，内核工具还会为目标板生成 menuconfig.h 文件。与 Makefile 类似，Kconfig 也有依赖关系，一个文件可以依赖另一个文件。

开发者可直接修改.config 文件来改变自己的配置，然而这并不是一个很好的方式。一方面，这样失去了图形界面的便捷性；另一方面，很多配置相互依赖，开发者很难完全修改正确。

注意：LiteOS 使用 Python 3 下的 kconfiglib，因此使用 Kconfig 之前务必安装好相应的工具，具体参考 1.4.3 节。

7.3.2 基础语法

1. 注释

Kconfig 中使用“#”开头的语句为注释语句。

2. mainmenu

定义配置文件的标题，此语句应放在配置文件的开头，如果在配置文件中有多个 mainmenu，则最后一句有效。例如将配置文件的标题定义为 Kconfig Test，代码如下：

```
#第 7 章/示例代码
mainmenu "Kconfig Test"
```

3. config

菜单入口，大多数配置是由 config 组成的。例如用 CFG_PLATFORM 表示已经选择的开发板为小熊派，代码如下：

```
#第7章/示例代码
#最终在 menuconfig.h 文件中会有一句代码 #define CFG_PLATFORM "STM32L431_BearPi"
config CFG_PLATFORM
    string "STM32L431_BearPi"
```

4. 数据类型

在每个 config 下都需要指定数据类型，Kconfig 支持的数据类型见表 7-3。

表 7-3　Kconfig 支持的数据类型

函　数	说　明
bool	布尔类型，可设置为 y 或者 n
tristate	三态类型，可设置为 y、n、m，其中 m 是模块的意思
string	字符串类型
int	整数类型
hex	十六进制整数

5. menu/endmenu

menu 是普通菜单项的入口，其内部一般由多个 config 组成，结尾必须是 endmenu。例如定义一个配置 TCP 服务器的菜单，代码如下：

```
#第7章/示例代码
menu "Tcp Server Configuration"
#菜单项目，字符串，可输入
config CFG_HOST_IP
        string "IP"
        #default 表示默认值
        default "127.0.0.1"

    #菜单项目，整数，可输入
config CFG_HOST_PORT
        int "PORT"
        default 1883
endmenu
```

6. choice/endchoice

定义一组单选项，在 choice/endchoice 之间的 config 只能有一个被选中，而且这些 config 都是 bool 类型。例如定义一个选择 LCD 尺寸的配置，代码如下：

```
#第7章/示例代码
#单选项目，选择 LCD 尺寸
choice
    #prompt 用来显示一个提示语句
    #单选项首先显示 prompt 提示语句，然后进入选择子菜单
    prompt "select lcd size"
```

```
    #default 表示当前 choice 的默认值
    default CFG_LCD_32

    config CFG_LCD_32
        bool "3.2 寸"
    config CFG_LCD_47
        bool "4.7 寸"
    config CFG_LCD_51
        bool "5.1 寸"
endchoice
```

7. if/endif

定义一个条件块,条件块内的语句依赖 if 后的表达式。例如可根据开发板型号选择支持的 LCD 尺寸,代码如下:

```
#第 7 章/示例代码
#单选项目,选择 LCD 尺寸
choice
    prompt "select size"
    default CFG_LCD_32

    if CFG_TARGET_BOARD1
    #如果已经选择 board1,则显示此选项
    config CFG_LCD_32
        bool "3.2 寸"
    endif

    if CFG_TARGET_BOARD2
    #如果已经选择 board2,则显示此选项
    config CFG_LCD_47
        bool "4.7 寸"
    endif

    #无论选择哪个开发板都显示此选项
    config CFG_LCD_51
        bool "5.1 寸"
endchoice
```

8. depends on

依赖选项,表示当前菜单依赖另外一个选项。例如可使用 depends on 实现上述定义一组单选项功能,代码如下:

```
#第 7 章/示例代码
#单选项目,选择 LCD 尺寸
choice
    prompt "select size"
    default CFG_LCD_32
```

```
    #此选项依赖 CFG_TARGET_BOARD1
    config CFG_LCD_32
        depends on CFG_TARGET_BOARD1
        bool "3.2 寸"

    #此选项依赖 CFG_TARGET_BOARD1
    config CFG_LCD_47
        depends on CFG_TARGET_BOARD2
        bool "4.7 寸"

    #此选项没有依赖
    config CFG_LCD_51
        bool "5.1 寸"
endchoice
```

9. select

反向依赖，当使能某个配置时，其依赖配置也被使能。例如定义一个菜单，当使能 MQTT 协议后，自动使能 WiFi 模块，代码如下：

```
#第 7 章/示例代码
#单选项目，选择传输协议
choice
    prompt "select net type"
    default CFG_MQTT

    #如果使能 MQTT 协议，则使用 WiFi8266 模块
    config CFG_MQTT
        select CFG_WiFi8266
        bool "MQTT Server"
    #如果使能 CoAP 协议，则使用 NBIoT 模块
    config CFG_COAP
        select CFG_NBIOT
        bool "CoAP Server"
endchoice
```

10. source

引入其他配置模块，其本质和 C 语言中的 include 一样。例如在项目中配置 LCD、传感器、网络等模块，通常每个模块有自己的配置文件，因此最外层主配置文件的代码如下：

```
#第 7 章/示例代码
#标题
mainmenu "Kconfig Test"
#普通菜单
menu
...
endmenu
#单选项目，选择目标板
```

```
choice
    ...
endchoice
#普通项目
config ...

#引入 gui 目录下的配置文件
source 'gui/Kconfig'
#引入 sensor 目录下的配置文件
source 'sensor/Kconfig'
#引入 net 目录下的配置文件
source 'net/Kconfig'
```

7.3.3 实战案例：使用 Kconfig 配置项目

1. 案例描述

本节案例将使用 Kconfig 配置项目，项目中具有 GUI 模块、Sensor 模块、Net 模块、Targets 模块。GUI 模块可选择 LCD 尺寸，Net 模块可选择或输入服务器地址，Sensor 模块可使能传感器，Targets 模块可选择开发板，其中 Sensor 模块依赖 Board1，即 Board2 没有 Sensor 选项。项目的目录结构如图 7-7 所示。

```
|sample-kconfig
|----gui
      |----inc
            |----tesh_gui.h
      |----src
            |----test_gui.c
      |----Makefile
      |----Kconfig
|----net
      ... 类似gui目录
|----sensor
      ... 类似gui目录
|----targets
      |----board1
            |----inc
                  |----tesh_gui.h
            |----src
            |----test_gui.c
            |----Makefile
      |----board2
            ... 类似board1目录
|----tools
      |----config.in
      |----Makefile.kconfig
      |----usr_config.py
|----Makefile
```

图 7-7 目录结构

图 7-7 中目录 tools 下的 3 个文件借鉴了 LiteOS-master 源码中 tools/menuconfig 目录下的 3 个文件，其中 config. in 是 Kconfig 配置菜单的入口；Makefile. kconfig 是一段 Makefile 脚本，最终被导入 Makefile 中；usr_config. py 是一段 Python 脚本，其作用是调用 Python 库中的 kconfiglib。另外，案例中的测试代码只有几句 printf，因此本案例可直接在 PC 端运行，使用的编译器为 GCC。

2. 操作流程

1）主菜单

主菜单入口位于文件 tools/config. in 中，利用关键字 mainmenu 设置一个标题，第 1 个子菜单为选择目标开发板，其余子项使用关键字 source 引入，代码如下：

```
#第 7 章/tools/config.in
#标题
mainmenu "Kconfig Test"
#单选项目,选择目标板
choice
    prompt "select target"
```

```
    default CFG_TARGET_BOARD1
    help
    chose board

    config CFG_TARGET_BOARD1
        bool "board1"
    config CFG_TARGET_BOARD2
        bool "board2"
endchoice

#普通项目
config CFG_PLATFORM
    #没有 prompt 提示语句,因此不显示此项目
    string
    default "board1" if CFG_TARGET_BOARD1
    default "board2" if CFG_TARGET_BOARD2

#引入其他文件
source 'gui/Kconfig'
source 'sensor/Kconfig'
source 'net/Kconfig'
```

2）GUI 配置

GUI 配置文件为 gui/Kconfig，通过 source 关键字引入 config. in 中。首先通过一个 bool 类型配置是否使能 GUI 功能，只有使能 GUI 才可看到列出的几种 LCD 尺寸选项，这些选项都被 choice/endchoice 包围。Board1 支持 3.2 英寸和 5.1 英寸 LCD，Board2 支持 4.7 英寸和 5.1 英寸 LCD，代码如下：

```
#第 7 章/gui/Kconfig
menu "gui"
comment "选择要使用的 LCD 尺寸"
#菜单项目,bool 类型,选择是否
config CFG_LCD
bool "Enable LCD"

#单选项目,选择 LCD 尺寸
choice
        prompt "select size"
        #依赖 CFG_LCD
        depends on CFG_LCD
        default CFG_LCD_32
        help
        "choose lcd size. "

        #Board1 支持 3.2 英寸
        if CFG_TARGET_BOARD1
        config CFG_LCD_32
```

```
bool "3.2 英寸"
        endif

        #Board2 支持 4.7 英寸
        if CFG_TARGET_BOARD2
        config CFG_LCD_47
bool "4.7 英寸"
        endif

        #两种开发板都支持 5.1 英寸
        config CFG_LCD_51
bool "5.1 英寸"
endchoice
endmenu
```

3）Net 配置

Net 配置文件为 net/Kconfig，通过 source 关键字引入 config.in 中，该文件主要配置 IP 地址和端口号。首先通过 choice/endchoice 选择服务器种类，每种服务器都有自己默认的 IP 地址。如果开发者选择自定义服务器，则 IP 地址可自己输入，代码如下：

```
#第 7 章/net/Kconfig
menu "network"
comment "config mqtt server"
#单选项目，选择 MQTT Server
choice "配置 MQTT 服务器"
        prompt "MQTT Server"
        default CFG_HOST_HUAWEI
        config CFG_HOST_HUAWEI
bool "huawei iot"
        config CFG_HOST_ALI
bool "Alibaba"
        config CFG_HOST_ONENET
bool "China mobile onenet"
        config CFG_HOST_MODIFY
bool "Users have their own servers"
endchoice

#菜单项目，字符串，可输入
config CFG_HOST_IP
        string "IP"
        default "121.36.42.100" if CFG_HOST_HUAWEI
        default "47.103.184.125" if CFG_HOST_ALI
        default "183.230.40.39" if CFG_HOST_ONENET
        default "127.0.0.1" if CFG_HOST_MODIFY
#菜单项目，整数，可输入
config CFG_HOST_PORT
        int "PORT"
```

```
        default 1883
endmenu
```

4）Sensor 配置

Sensor 配置文件为 sensor/Kconfig，通过 source 关键字引入 config. in 中。只有 Board1 支持传感器，而且可以同时选择多种传感器，因此这个配置使用 menu+config，代码如下：

```
#第 7 章/sensor/Kconfig
menu "sensor"
#依赖 CFG_TARGET_BOARD1
depends on CFG_TARGET_BOARD1
comment "使能需要的传感器"

#菜单项目,bool 类型,选择是否
config CFG_SENSOR_TEMP
        bool "dht11"
        help
This option means this is enable dht11

#菜单项目,bool 类型,选择是否
config CFG_SENSOR_ACC
        bool "mpu6050"
        help
This option means this is enable mpu6050
endmenu
```

5）Makefile

编写 Makefile，将文件 config. in 导入顶层 Makefile 中。本节案例使用的 Makefile 与案例 3.6 中的内容大致一样，文件 gui/Makefile、net/Makefile、sensor/Makefile 可参考 3.6 节。顶层目录下的 Makefile 代码如下：

```
#第 7 章/顶层 Makefile
#获取当前工作目录
SAMPLETOPDIR = $(CURDIR)
#导出变量,以供其他 Makefile 使用
export SAMPLETOPDIR

#目标文件
TARGET = $(OUT)/test.bin

#输出目录
OUT = out
export OUT

#伪目标
```

```
.PHONY:all $(TARGET) clean
all: $(TARGET)

#导入 Kconfig
include tools/Makefile.kconfig

#导入生成的配置文件
include .config
PLATFORM := $(subst $\",,$(CFG_PLATFORM))

#第 1 个目标,将所有的.o 文件编译生成最终的.bin 文件
$(TARGET): $(OUT)
	$(CC) $(wildcard out/obj/*.o) -o $(TARGET)

#其他目标,out 依赖其他目标,需要进入子目录执行 Makefile
$(OUT):
	#切换到其他目录,并执行 make
	cd $(SAMPLETOPDIR)/sensor && make -w
	cd $(SAMPLETOPDIR)/gui && make -w
	cd $(SAMPLETOPDIR)/net && make -w
	cd $(SAMPLETOPDIR)/targets/$(PLATFORM) && make -w

#清除 out 中的内容
clean:
	rm -rf out
```

6）源代码

在源文件 gui/src/test_gui.c、net/src/test_net.c、sensor/src/test_sensor.c 中分别编写一个函数，输出各自的配置信息，在源文件 targets/board1/src/test_board1.c 中调用各模块的输出函数，代码如下：

```
//第 7 章/gui/src/test_gui.c
void print_lcd_info(){
#ifdef CFG_LCD_32
	printf("LCD size is 3.2\n");
#endif
#ifdef CFG_LCD_47
	printf("LCD size is 4.7\n");
#endif
#ifdef CFG_LCD_51
	printf("LCD size is 5.1\n");
#endif
}


//第 7 章/net/src/test_net.c
void print_mqtt_info(){
	printf("MQTT Server IP is %s\n", CFG_HOST_IP);
	printf("MQTT Server Port is %d\n", CFG_HOST_PORT);
```

```
}


//第7章/sensor/src/test_sensor.c
void print_sensor_info(){
#ifdef CFG_SENSOR_TEMP
    printf("Temp Sensor is dht11\n");
#endif
#ifdef CFG_SENSOR_ACC
    printf("Acc Sensor is mpu6050\n");
#endif
}


//第7章/targets/board1/src/test_board1.c
int main(){
    printf("========= Board config =========== \n");
    printf("Select board1\n");
    printf("========= LCD config ============= \n");
    print_lcd_info();
    printf("========= MQTT config ============ \n");
    print_mqtt_info();
#ifdef CFG_TARGET_BOARD1
    printf("========= Sensor config ========== \n");
    print_sensor_info();
#endif
    printf("==================================== \n");
}


//第7章/targets/board2/src/test_board2.c
int main(){
    printf("========= Board config =========== \n");
    printf("Select board2\n");
    printf("========= LCD config ============= \n");
    print_lcd_info();
    printf("========= MQTT config ============ \n");
    print_mqtt_info();
#ifdef CFG_TARGET_BOARD1
    printf("========= Sensor config ========== \n");
    print_sensor_info();
#endif
    printf("==================================== \n");
}
```

3. 运行结果

1）主菜单

在本案例源码根目录下打开终端，执行指令 make menuconfig 之后如图 7-8(a)所示。由于默认选择 Board1，因此主菜单可以看到 3 个子模块。如果选择 Board2，则无法看到 Sensor 配置，如图 7-8(b)所示。

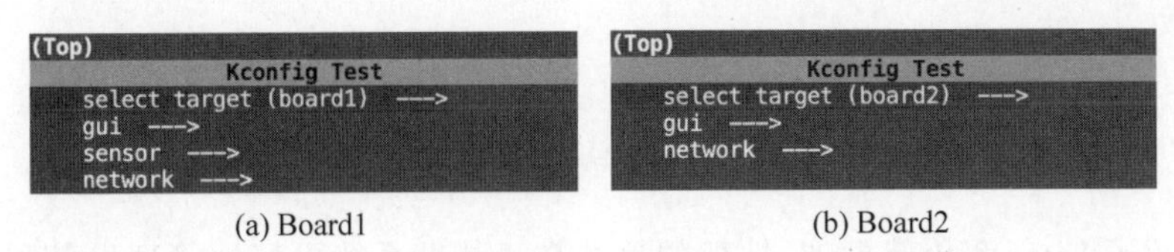

(a) Board1　　(b) Board2

图 7-8　主菜单

2）GUI 配置

选择 Board1 后使能 gui→[*]Enable LCD，可供选择的 LCD 尺寸只有 3.2 英寸和 5.1 英寸两种，如图 7-9(a)所示。返回顶层菜单选择 Board2 之后，LCD 的选项发生变化，如图 7-9(b)所示。

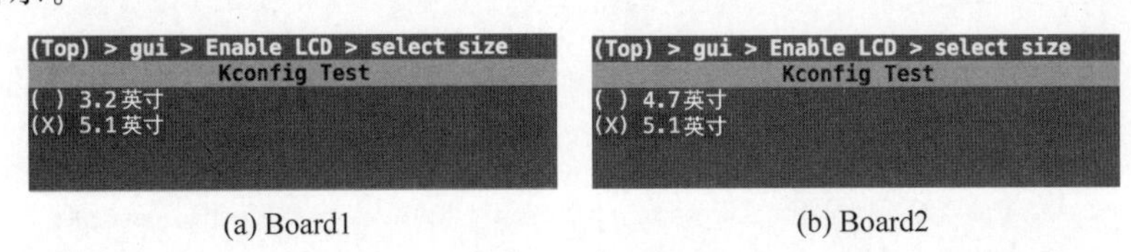

(a) Board1　　(b) Board2

图 7-9　LCD 配置

3）Net 配置

进入 Net 配置后选择 Alibaba，IP 地址自动变为 121.36.42.100，如图 7-10 所示。

按↓键将焦点定位到 IP 配置项，按空格键后会弹出一个输入框，开发者可自己手动输入 IP 地址，如图 7-11 所示。

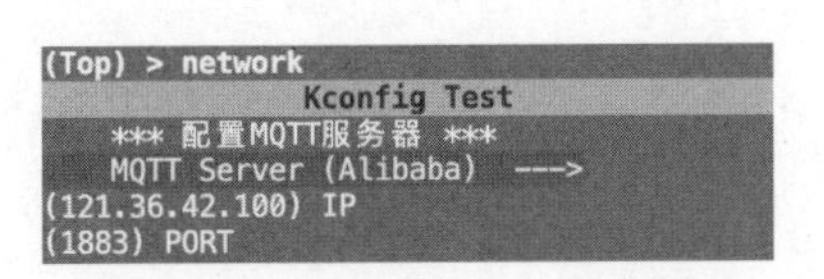

图 7-10　选择 MQTT 服务器

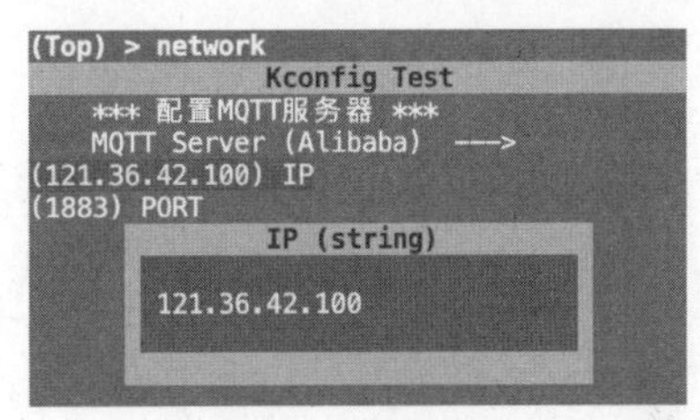

图 7-11　手动输入 IP

4）Sensor 配置

选择 Board1 后可以看到 Sensor 配置项，在 Sensor 配置中可以同时选中多个传感器，如图 7-12 所示。

5）编译代码

在使用 menuconfig 配置之后，执行 make 编译代码并运行，结果如图 7-13 所示。

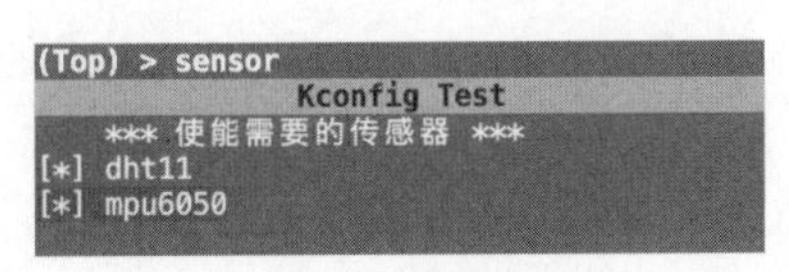

图 7-12　传感器配置

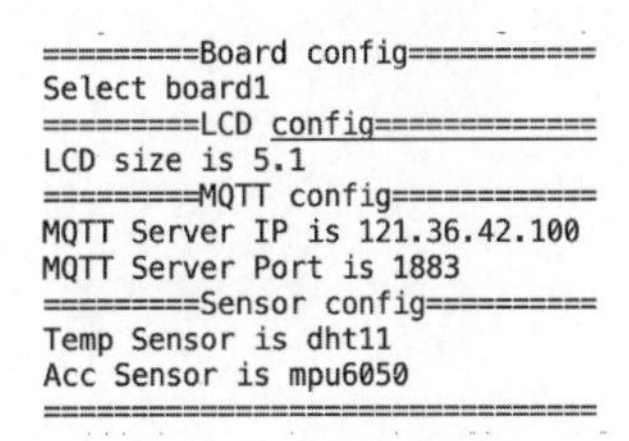

图 7-13　执行结果

7.4 本章小结

本章介绍了LiteOS传感框架，框架的目的在于帮助系统更好地管理设备和资源。传感框架占用了一个队列资源和一个信号量资源，同时还会占用若干软件定时器，因此在使能传感框架之后要注意系统资源量。最后一节介绍了Kconfig基础语法，Kconfig是嵌入式开发的必备工具，在诸如Linux、鸿蒙、Android中都会用到，是一款很实用的图形配置工具。读者应该熟练掌握Kconfig的使用方法，在LiteOS高级开发中需要用户自行修改Kconfig配置。

第 8 章

GUI 框架

随着物联网在各行各业不断延伸，用户对物联网产品的需求也越来越高，在智能家电、智能穿戴等设备上都需要 GUI（图形用户接口）。常规 GUI 对 CPU、RAM、Flash 等要求都较高，而物联网设备的硬件资源有限，因此只适合运行嵌入式 GUI。

常见的嵌入式 GUI 有 LVGL（开源）、AWTK（开源）、miniGUI（开源）、GUIX（开源）、QT for MCU、emWin、touchGFX 等。

LiteOS 基于 LVGL 集成了完整的 GUI 开发框架，目前已在 STM32F769IDISCOVERY 开发板成功移植。

本章介绍如何在 LiteOS 中进行 LVGL 开发。

8.1 LVGL 简介

LVGL（Light and Versatile Graphics Library）是一个面向物联网的开源免费轻量型图形库，提供了创建嵌入式 GUI 所需的一切，具有易于使用的图形元素、漂亮的视觉效果、较低的内存占用、较低的功耗。LVGL 使用 C 语言开发，适用于智能手表、智能音箱等小型设备，其官网为 https://lvgl.io/。

作为面向嵌入式的 GUI 框架，LVGL 有以下几个主要特性：

(1) 支持各种输入设备，如触摸板、鼠标、键盘、编码器。

(2) 支持基于 UTF8 编码的多种语言。

(3) 可同时显示多个 TFT 或单色显示器。

(4) 支持操作系统、GPU。

(5) 使用 C 语言编程，最大限度地兼容 C++。

(6) 绑定到 MicroPython，可使用 MicroPython 编程。

(7) 提供模拟器，开发者可在 PC 端开发 GUI。

LVGL 几乎可以在任何 16 位以上的 MCU 运行，大部分可以驱动 LCD 的控制器可以运行 LVGL。LVGL 对硬件资源的需求极低，见表 8-1。

表 8-1 LVGL 资源需求

资　源	说　明
芯片	16 位、32 位、64 位 MCU 或者 CPU
时钟	建议时钟频率大于 16MHz
Flash/ROM	大于 64KB，建议使用时大于 180KB
静态 RAM	大约 2KB，取决于使用的功能
栈	大于 2KB，建议大于 8KB
堆	大于 4KB，如果使用多个对象，则建议大于 48KB
显示缓冲区	大于水平像素，建议大于 10 倍水平像素
帧缓冲区	在 MCU 或外部显示控制器中提供一个帧缓冲区
编译器	C99 或更高版本

LVGL 支持能够通过并行端口、SPI、RGB 接口或任何其他方式驱动显示器的 MCU，例如以下设备：

(1) 通用 MCU，如 STM32F、STM32H、NXP Kinetis、LPC、iMX、dsPIC33、PIC32、SWM341。

(2) 蓝牙、GSM、WiFi 模块，如 Nordic NRF、Espressif ESP32 和 Raspberry Pi Pico W。

(3) 带有帧缓冲设备(如/dev/fb0)的 Linux。

(4) 具有足够强大的 MCU 和外设以驱动显示器的任何其他设备。

只需一个简单的驱动函数，LVGL 就可以将像素阵列复制到显示器的给定区域，如果开发者可以在显示器上执行此操作，则可以将其与 LVGL 一起使用。多数常见的显示设备满足此要求，例如具有 16 位或 24 位色深的 TFT、带 HDMI 端口的显示器、单色显示器、灰度显示器、LED 矩阵、可以控制像素颜色/状态的任何其他显示器。

18min

8.2 LVGL 运行原理

开发者可在 LVGL 官方仓库(https://github.com/lvgl/lvgl)下载源码，LVGL 本来就是一个文件夹，开发者只需将 lvgl/src 目录下的 C 文件和 H 文件复制到项目中，之后做一些基础配置便可以使用 LVGL。

8.2.1 源码结构

LVGL 支持 Make 和 Cmake 构建工具，同时还提供了 Kconfig 配置文件，开发者可根据实际需求将对应配置文件、源文件、头文件添加到项目中。LVGL 目录结构如表 8-2 所示。

表 8-2 LVGL 目录结构

目录/文件	说　明
src	LVGL 内核源码，如使用 LVGL 框架，则项目必须包含此目录下的所有内容
examples	LVGL 示例程序，在该目录中的示例为 LVGL 基础组件示例程序

续表

目录/文件	说　明
demos	LVGL 示例程序,在该目录中示例为 LVGL 综合示例程序
tests	测试样例
env_support	环境支持目录,例如 RT-Thread、ESP 等环境
scripts	功能脚本目录,例如字体支持
docs	说明文档目录
lvgl. mk	Makefile 脚本,开发者可直接在项目顶层 Makefile 中使用 include 引入该文件
component. mk	ESP 环境下的 Makefile 脚本
lvgl. h	头文件,在源代码直接导入此文件即可使用 LVGL 的全部功能
lv_conf. h	LVGL 配置文件,例如配置分辨率、显示器色系
Kconfig	LVGL 图形化配置文件,此文件和 lv_conf. h 有相同效果

8.2.2 配置文件

使用 GUI 之前要确定显示器的分辨率、显示色系、缓冲区等配置,开发者可通过配置文件修改 LVGL 的相关配置,也可以通过 Kconfig 图形界面进行配置。

1. 配置文件 lv_conf.h

LVGL 根目录下有一个名为 lv_conf. h 的配置头文件。开发者可以修改此头文件设置图形库的基本行为、禁用或使能某些功能、调整编译时内存缓冲区的大小等。LVGL 配置项目繁多,下面列出一些常用的选项,见表 8-3。另外,开发者首先要将此文件开头的#if 0 改为#if 1,以此来使能配置文件。

表 8-3　lv_conf. h 部分配置

选　项	说　明
LV_COLOR_DEPTH	显示器颜色深度,可以为以下几个值。 1: 每个像素一字节 8: RGB232 16: RGB565,默认为 16 32: ARGB8888
LV_USE_BUILTIN_MALLOC	0: 由 MCU 或系统管理内存 1: 由 LVGL 自己管理内存,此时使用 lv_malloc 申请内存,使用 lv_free 释放内存,默认为 1
LV_MEM_SIZE	lv_malloc 可以使用的内存大小,需要根据 MCU 自身的 RAM 调整
LV_TICK_CUSTOM	0: 通过调用函数 lv_tick_inc()实现 LVGL 内部滴答,默认为 0 1: 用户自定义 LVGL 内部滴答
LV_DPI_DEF	dpi 值,即每英寸对应的像素数,一般使用默认值即可
LV_USE_LOG	0: 关闭 LVGL 日志功能,默认为 0 1: 使能日志功能

如果开发者将 lv_conf. h 放置在其他目录下,则应该将 LV_CONF_INCLUDE_

SIMPLE 定义到编译器中,并且手动设置其包含的路径,在 Makefile 中的示例代码如下:

```
LOCAL_INCLUDE += \
    ...
    -I $(LITEOSTOPDIR)/mygui/lvgl/include/
C_DEFS = \
    ...
    -D LV_CONF_INCLUDE_SIMPLE
```

开发者还可以将 lv_conf.h 命名为其他名字,此时应该通过 LV_CONF_PATH 指定其完整路径,在 Makefile 中的示例代码如下:

```
C_DEFS = \
    ...
    -D LV_CONF_PATH=\"/home/liteos/component/mygui/lvgl/my_lvgl_conf.h\"
```

如果定义了 LV_CONF_SKIP,则 LVGL 不会包含配置文件 lv_conf.h,但是开发者仍可通过宏定义传递配置参数,代码如下:

```
C_DEFS = \
    ...
    -D LV_COLOR_DEPTH=32 \
    -D LV_USE_LOG=1
```

2. 图形化配置 Kconfig

LVGL 可以通过 make menuconfig 进行图形化配置。首先通过 source 关键字将 lvgl 目录下的 Kconfig 导入其他配置项的 Kconfig 文件中,然后即可进行图形化配置,如图 8-1 所示。

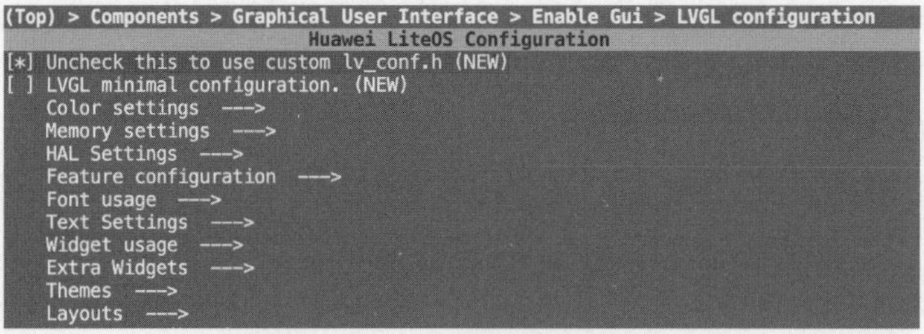

```
(Top) > Components > Graphical User Interface > Enable Gui > LVGL configuration
                          Huawei LiteOS Configuration
[*] Uncheck this to use custom lv_conf.h (NEW)
[ ] LVGL minimal configuration. (NEW)
    Color settings  --->
    Memory settings  --->
    HAL Settings  --->
    Feature configuration  --->
    Font usage  --->
    Text Settings  --->
    Widget usage  --->
    Extra Widgets  --->
    Themes  --->
    Layouts  --->
```

图 8-1　Kconfig 配置 LVGL

Kconfig 可以和 lv_conf.h 一起使用,但是 lv_conf.h 文件中的配置项会覆盖 Kconfig 配置,并且 Makefile 中的-D 相关配置也会覆盖 Kconfig。

8.2.3 显示接口

LVGL 显示接口必须定义两个静态或全局变量 lv_disp_draw_buf_t、lv_disp_drv_t,其中 lv_disp_draw_buf_t 代表内部图形绘制缓冲区(Draw Buffer),lv_disp_drv_t 代表显示驱

动，此变量包含一个显示回调函数，该函数用来和显示器进行交互操作。

1. Draw Buffer

Draw Buffer 是 LVGL 用于呈现屏幕内容的简单数组。渲染就绪后，绘图缓冲区的内容将使用显示驱动程序中设置的函数 flush_cb()发送到显示器。lv_disp_draw_buf_t 通过函数 lv_disp_draw_buf_init()进行初始化，代码如下：

```
//第 8 章/代码片段 - 初始化绘图缓冲区
//水平分辨率
#define MY_DISP_HOR_RES 32
//定义静态缓冲区变量
static lv_disp_draw_buf_t disp_buf;
//全局或静态数组，buf_1 是必选的，buf_2 是可选的
static lv_color_t buf_1[MY_DISP_HOR_RES * 10];
static lv_color_t buf_2[MY_DISP_HOR_RES * 10];
//初始化绘图缓冲区
lv_disp_draw_buf_init(&disp_buf, buf_1, buf_2, MY_DISP_HOR_RES * 10);
```

较大的缓冲区可以提高显示性能，但是超过屏幕大小 1/10 之后，显示性能并不会明显提高，因此，官方推荐至少设置 1/10 屏幕大小的缓冲区。

如果只使用一个缓冲区，则 LVGL 会将屏幕内容绘制到该缓冲区中，并将其发送到显示器。LVGL 需要等待缓冲区的内容发送到显示器，之后才能在其中绘制新内容。

如果使用两个缓冲区，LVGL 则可以将其绘制到一个缓冲区中，而另一缓冲区的内容则发送到后台显示。开发者应该启用 DMA 将数据传输到显示器，以便 MCU 可以继续绘图。这样，显示的渲染和刷新就变成了并行操作。

2. 显示驱动

缓冲区就绪之后，显示驱动需要调用函数 lv_disp_drv_init()为驱动变量 lv_disp_drv_t 分配内存，接着为其设置必要字段，最后调用函数 lv_disp_drv_register()注册显示驱动。

在最简单的情况下，lv_disp_drv_t 设置 4 个字段即可，如表 8-4 所示。

表 8-4 lv_disp_drv_t 字段

选 项	说 明
draw_buf	绘图缓冲区
flush_cb	刷新回调函数，用来将缓冲区内容复制到特定显示区域
hor_res	显示器水平分辨率
ver_res	显示器垂直分辨率

回调函数 flush_cb()的本质就是在显示器上绘制图形，因此开发者只需一个 LCD 描点函数便可以实现 flush_cb()，示例代码如下：

```
//第 8 章/代码片段 - 初始化显示驱动
void put_px(int16_t x, int16_t y, lv_color_t color_p){
    //最初没有 GUI 时的 LCD 描点函数
```

```
    LCD_Draw_ColorPoint(x, y, color_p.full);
}

void my_flush_cb(lv_disp_drv_t * disp_drv, const lv_area_t * area, lv_color_t * color_p){
    int32_t x, y;
    for(y = area->y1; y <= area->y2; y++) {
        for(x = area->x1; x <= area->x2; x++) {
            //描点函数,对应 LCD 的描点
            put_px(x, y, *color_p);
            color_p++;
        }
    }
    lv_disp_flush_ready(disp_drv);
}

void my_lvgl_init(){
    //初始化缓冲区
    lv_disp_draw_buf_init(&disp_buf, buf_1, buf_2, MY_DISP_HOR_RES * 10);
    //初始化,分配空间
    lv_disp_drv_init(&disp_drv);
    disp_drv.draw_buf = &disp_buf;                    /* 绘图缓冲区 */
    disp_drv.flush_cb = my_flush_cb;                  /* 刷新回调函数 */
    disp_drv.hor_res = 240;                           /* 水平分辨率 */
    disp_drv.ver_res = 240;                           /* 垂直分辨率 */

    lv_disp_t *disp;
    disp = lv_disp_drv_register(&disp_drv); /* 注册驱动 */
}
```

8.2.4 输入接口

LVGL 支持输入设备,在注册输入设备之前,务必首先注册至少一个显示设备。输入设备需要定义一个静态/全局变量 lv_indev_drv_t,并使用函数 lv_indev_drv_register()注册,示例代码如下:

```
//第 8 章/代码片段 - 注册输入设备
lv_indev_drv_t indev_drv;
//输入设备初始化
void t_init(){
    lv_indev_drv_init(&indev_drv);
    //选择触摸类型
    indev_drv.type = LV_INDEV_TYPE_POINTER;
    //设置触摸回调函数
    indev_drv.read_cb = my_input_read;
    //注册输入驱动
    lv_indev_t *my_indev = lv_indev_drv_register(&indev_drv);
}
```

其中 type 代表 LVGL 使用的输入设备类型，见表 8-5。read_cb 是回调函数，其作用是获取输入设备的坐标、状态等。

表 8-5 输入设备类型

选 项	说 明
LV_INDEV_TYPE_POINTER	触摸板或鼠标
LV_INDEV_TYPE_KEYPAD	键盘或小键盘
LV_INDEV_TYPE_ENCODER	带左转弯、右转弯的编码器
LV_INDEV_TYPE_BUTTON	外部按钮模拟按下屏幕

1. LV_INDEV_TYPE_POINTER

可以通过鼠标、触摸板等外设单击屏幕上的点的输入设备都是此类别，基于触摸板的输入设备的回调函数的代码如下：

```
//第 8 章/代码片段 - 触摸类输入设备
indev_drv.type = LV_INDEV_TYPE_POINTER;
indev_drv.read_cb = touch_readcb;

...

void touch_readcb (lv_indev_drv_t * drv, lv_indev_data_t * data)
{
    if(touchpad_pressed) {
        //得到触摸板坐标
        data->point.x = touchpad_x;
        data->point.y = touchpad_y;
        //设置触摸状态
        data->state = LV_INDEV_STATE_PRESSED;
    } else {
        data->state = LV_INDEV_STATE_RELEASED;
    }
}
```

2. LV_INDEV_TYPE_KEYPAD

当使用键盘类输入设备时，首先要创建一个对象组 lv_group_t，并将要控制的对象(例如使用键盘控制一个 Button 对象)加入组内，最后将对象组注册给输入设备，示例代码如下：

```
//第 8 章/代码片段 - 键盘类输入设备
void input_init(){
    //输入设备初始化
    lv_indev_drv_init(&indev_drv);
    indev_drv.type = LV_INDEV_TYPE_KEYPAD;
    indev_drv.read_cb = keyboard_readcb;
    //注册输入驱动
```

```
    lv_indev_t * my_indev = lv_indev_drv_register(&indev_drv);

    //创建组
    lv_group_t * g = lv_group_create();
    //将组加入输入设备
    lv_indev_set_group(my_indev, g);
    //创建按钮控件
    lv_obj_t * btn = lv_btn_create(lv_scr_act());
    //将按钮加入组
    lv_group_add_obj(g, btn);
}
//输入回调函数
void keyboard_readcb(lv_indev_drv_t * drv, lv_indev_data_t * data){
    //得到按钮
    data->key = last_key();
    //修改状态
    if(key_pressed())
        data->state = LV_INDEV_STATE_PRESSED;
    else
        data->state = LV_INDEV_STATE_RELEASED;
}
```

3. LV_INDEV_TYPE_ENCODER

使用编码器类输入设备可以执行的操作有按下按钮、长按按钮、左转、右转。如果按下编码器,则简单对象(例如按钮)被单击,复杂对象进入编辑模式(如列表、消息框);如果要退出编辑模式,则长按按钮即可;如果转动编码器,则焦点转移到下一个对象。使用编码器时,应该将控制对象加入组内,示例代码如下:

```
//第8章/代码片段-编码器类输入设备
void input_init(){
    //输入设备初始化
    lv_indev_drv_init(&indev_drv);
    indev_drv.type = LV_INDEV_TYPE_ENCODER;
    indev_drv.read_cb = encoder_readcb;
    //注册输入驱动
    lv_indev_t * my_indev = lv_indev_drv_register(&indev_drv);

    //创建组
    lv_group_t * g = lv_group_create();
    //将组加入输入设备
    lv_indev_set_group(my_indev, g);
    //创建按钮控件
    lv_obj_t * btn = lv_btn_create(lv_scr_act());
    //将按钮加入组
    lv_group_add_obj(g, btn);
}
//输入回调函数
```

```
void encoder_read(lv_indev_drv_t * drv, lv_indev_data_t * data){
    //获取编码器状态
    data->enc_diff = enc_get_new_moves();
    //修改状态
    if(enc_pressed())
        data->state = LV_INDEV_STATE_PRESSED;
    else
        data->state = LV_INDEV_STATE_RELEASED;
}
```

4. LV_INDEV_TYPE_BUTTON

按钮是 MCU 接的外设，给其分配指定的屏幕坐标。如果按下按钮，则模拟按下屏幕坐标。使用函数 lv_indev_set_button_points(my_indev,points_array)将坐标分配给按钮，参数 points_array 是一个数组，而且必须是全局或静态的，其范围不可以超出屏幕。使用按钮作为输入设备，示例代码如下：

```
//第 8 章/代码片段 - 按钮类输入设备

//分配给按钮的坐标数组
const lv_point_t points_array[] = {{12,30},{60,90}};

void input_init(){
    //输入设备初始化
    lv_indev_drv_init(&indev_drv);
    indev_drv.type = LV_INDEV_TYPE_BUTTON;
    indev_drv.read_cb = btn_readcb;
    //注册输入驱动
    lv_indev_t * my_indev = lv_indev_drv_register(&indev_drv);
    //将坐标数组添加给按钮
    lv_indev_set_button_points(my_indev,points_array)
}
void button_readcb(lv_indev_drv_t * drv, lv_indev_data_t * data){
    static uint32_t last_btn = 0;

    //获取按钮 ID
    int btn_pr = my_btn_read();
    if(btn_pr >= 0) {
        //保存按钮 ID
        last_btn = btn_pr;
         //修改状态
        data->state = LV_INDEV_STATE_PRESSED;
    } else {
        data->state = LV_INDEV_STATE_RELEASED;
    }
    data->btn_id = last_btn;
}
```

8.2.5 LVGL 滴答

LVGL 需要一个系统滴答声来知道动画和其他任务的经过时间。开发者需要定期调用函数 lv_tick_inc(tick_period)，并以毫秒为单位提供调用周期。例如，lv_tick_inc(1)表示每毫秒调用一次。应该在优先级高于 lv_task_handler()的例程中调用函数 lv_tick_inc()，以便精确地知道经过的毫秒数。

在操作系统中，开发者可以用线程或任务调用函数 lv_tick_inc()，示例代码如下：

```
//第 8 章/代码片段 - LVGL 滴答
void lv_tick_task(){
    //1000μs 执行一次
    while (1){
        lv_tick_inc(1);
        usleep(1000);
    }
}
void lv_thread(){
    pthread_t id;
    //创建线程
    pthread_create(&id, NULL, (void * )lv_tick_task, NULL);
}
```

8.2.6 LVGL 定时任务

为了处理 LVGL 任务，开发者需要周期性地调用函数 lv_timer_handler()。例如可以在主函数中的 while(1)中调用，或者在定时器中调用，甚至可以在周期性任务中调用。为了保证系统响应，周期应该设置为大约 5ms，示例代码如下：

```
//第 8 章/代码片段 - LVGL 定时任务
void lv_timer_task(){
    //5000μs 执行一次
    while (1){
        lv_timer_handler ();
        usleep(5000);
    }
}
void lv_thread(){
    pthread_t id;
    //创建线程
    pthread_create(&id, NULL, (void * )lv_timer_task, NULL);
}
```

8.2.7 日志

LVGL 有一个内置的 Log 模块，用于通知开发者库中正在发生的事情。要启用日志记录，需要在头文件 lv_conf.h 中将 LV_USE_LOG 值设置为 1，并设置日记级别 LV_LOG_LEVEL。有关 LVGL 日记级别，见表 8-6。

表 8-6　日志级别

选　　项	说　　明	级　　别
LV_LOG_LEVEL_TRACE	大量详细日志	0(最高)
LV_LOG_LEVEL_INFO	记录重要事件	1
LV_LOG_LEVEL_WARN	记录警告事件	2
LV_LOG_LEVEL_ERROR	记录错误事件	3
LV_LOG_LEVEL_USER	仅记录用户信息	4
LV_LOG_LEVEL_NONE	不记录任何内容	5(最低)

如果日志级别高于 LV_LOG_LEVEL，则该日志也会被记录。例如将 LV_LOG_LEVEL 级别设置为 ERROR，则 WARN 级别设置的日志也会被记录。

如果项目代码中支持 printf 功能，则在头文件 lv_conf.h 中使能宏 LV_LOG_PRINTF 即可输出日志。如果不能使用 printf 功能或者开发者需要自定义日志输出功能，则可使用函数 lv_log_register_print_cb()注册日志回调，代码如下：

```
//第 8 章/代码片段 - 重定义日志
void my_log_cb(const char * buf){
    serial_send(buf, strlen(buf));
}

lv_log_register_print_cb(my_log_cb);
```

8.2.8　开发步骤

在使用 GUI 的项目中，开发者可以按照以下步骤使用 LVGL：

(1) 将 LVGL 源码导入项目中，并修改配置。

(2) 调用函数 lv_init()初始化 LVGL。

(3) 初始化板级显示器驱动和输入驱动。

(4) 在 LVGL 中注册显示设备和输入设备。

(5) 以毫秒为单位，周期性地调用 LVGL 滴答函数 lv_tick_inc(x)。

(6) 每隔若干毫秒调用函数 lv_timer_handler()。

8.3　实战案例：移植 LVGL

23min

本节介绍如何在 LiteOS 中使用 LVGL。

1. 案例描述

本案例使用小熊派 STM32L431_BearPi 开发板，此开发板自带 1.3 英寸 TFT(RGB565

色系、240×240 分辨率）显示屏无触摸功能，因此使用按键作为输入设备。

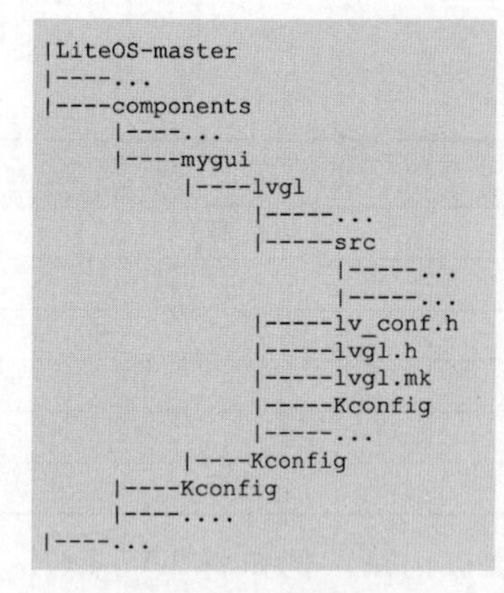

图 8-2 目录结构

26min

LiteOS 源码只支持在 STM32F769IDISCOVERY 开发板使用 GUI 功能，本案例将修改配置文件 components/Kconfig 以支持 LVGL GUI 框架。

本节案例将使用 GUI 框架创建两个 Button 按钮控件，使用外部按键作为输入设备，KEY1 控制 GUI 中的 Button1，KEY2 控制 GUI 中的 Button2。

2. 操作流程

1）修改 Kconfig

（1）从 GitHub 仓库下载 LVGL 官方源码，将源码放到 LiteOS-master/ components/mygui 目录下，目录结构如图 8-2 所示。

（2）在 components/mygui 目录下创建 Kconfig 文件，代码如下：

```
#第 8 章/components/mygui/Kconfig
menu "LVGL configuration"
    #是否使能 LVGL
    config LOSCFG_COMPONENTS_MYGUI
        bool "Enable LVGL Gui"
        default n
        help
        Answer y to enable Graphical User Interface.

    #导入 LVGL 的 Kconfig
    if LOSCFG_COMPONENTS_MYGUI
        source "components/mygui/lvgl/Kconfig"
    endif
endmenu
```

（3）将上述 Kconfig 文件导入 components/Kconfig 中，代码如下：

```
#第 8 章/components/Kconfig
menu "Components"
...
source "components/mygui/Kconfig"
endmenu
```

（4）在终端中执行 make menuconfig 指令使能 LVGL，如图 8-3 所示。

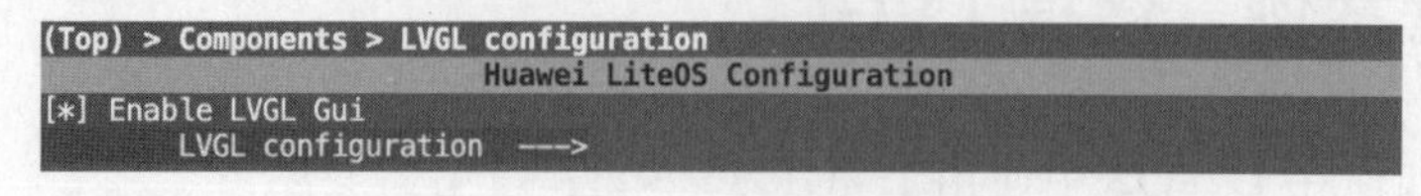

图 8-3 使能 LVGL

（5）在 LVGL 配置中关闭第 1 个选项，如图 8-4 所示，关闭此选项意味着使用头文件 lv_

conf.h 中的配置。由于 LVGL 占用较多内存(此款小熊派开发板内存略微不足),因此这里使用最低配置,即使用 lv_conf.h 文件中的配置项。

```
(Top) > Components > LVGL configuration > Enable LVGL Gui > LVGL configuration
                    Huawei LiteOS Configuration
[ ] Uncheck this to use custom lv_conf.h
[ ] LVGL minimal configuration.
```

图 8-4 使用 lv_conf.h 文件中的配置项

2) 修改 lv_conf.h

(1) 使能 lv_conf.h,代码如下:

```
/* clang-format off */
#if 1 /* Set it to "1" to enable content */
```

(2) 设置显示器颜色,代码如下:

```
/* Color depth: 1 (1 Byte per pixel), 8 (RGB332), 16 (RGB565), 32 (ARGB8888) */
#define LV_COLOR_DEPTH 16
```

(3) 设置 LVGL 内存大小,代码如下:

```
/* Size of the memory available for `lv_malloc()` in Bytes (>= 2kB) */
#define LV_MEM_SIZE (8U * 1024U)          /* [Bytes] */
```

3) 创建 Button 测试案例

测试代码存放在源文件 mydemos/littlevgl/btn.c 中,案例中使能显示接口、输入接口、LVGL 滴答,通过外部按键 KEY1、KEY2 控制 LCD 中的 Button 控件。

(1) 定义 LVGL 需要的全局变量,代码如下:

```
//第 8 章/mydemos/littlevgl/btn.c
#define MY_DISP_HOR_RES 24
//定义缓冲区,必须是 static 或者 global
lv_disp_draw_buf_t disp_buf;
lv_color_t buf_1[MY_DISP_HOR_RES * 10];
lv_color_t buf_2[MY_DISP_HOR_RES * 10];

//显示驱动
lv_disp_drv_t disp_drv;

//输入驱动
lv_indev_drv_t indev_drv;
//分配给按钮的坐标数组,这个坐标恰好是(3)中两个按钮的中心位置
const lv_point_t points_array[] = {{25,25},{25,75}};
```

(2) 初始化显示接口,显示器的分辨率为 240×240,在绘图回调函数中使用 LCD 描点函数,代码如下:

```
//第8章/mydemos/littlevgl/btn.c
//描点函数
void put_px(int16_t x, int16_t y, lv_color_t color_p) {
    //最初没有GUI时的LCD描点函数
    LCD_Draw_ColorPoint(x, y, color_p.full);
}

//绘图回调函数
void my_flush_cb(lv_disp_drv_t * disp_drv,
                 const lv_area_t * area,
                 lv_color_t * color_p) {
    int32_t x, y;
    for(y = area->y1; y <= area->y2; y++) {
        for(x = area->x1; x <= area->x2; x++) {
            //描点函数,对应LCD的描点函数
            put_px(x, y, *color_p);
            color_p++;
        }
    }
    lv_disp_flush_ready(disp_drv);
}

//显示接口初始化
void display_init() {
    //初始化缓冲区
    lv_disp_draw_buf_init(&disp_buf, buf_1, buf_2, MY_DISP_HOR_RES * 10);
    //初始化,分配空间
    lv_disp_drv_init(&disp_drv);
    //初始化绘图缓冲区
    disp_drv.draw_buf = &disp_buf;
    //回调函数
    disp_drv.flush_cb = my_flush_cb;
    //水平分辨率
    disp_drv.hor_res = 240;
    //垂直分辨率
    disp_drv.ver_res = 240;

    lv_disp_t * disp;
    //注册驱动
    disp = lv_disp_drv_register(&disp_drv);
}
```

(3) 在LCD中绘制两个Button控件，宽和高分别为100、50，控件Button1位于坐标(0,0)，控件Button2位于坐标(0,50)，代码如下：

```
//第8章/mydemos/littlevgl/btn.c
//创建按钮控件
void create_btn(){
```

```
    //创建按钮控件
    lv_obj_t * btn1 = lv_btn_create(lv_scr_act());
    //为控件设置内容
    lv_obj_t * label1 = lv_label_create(btn1);
    lv_label_set_text(label1, "Button1");
    lv_obj_center(label1);
    //设置控件位置
    lv_obj_set_pos(btn1, 0, 0);
    //设置控件的宽、高
    lv_obj_set_size(btn1, 100, 50);

    lv_obj_t * btn2 = lv_btn_create(lv_scr_act());
    lv_obj_t * label2 = lv_label_create(btn2);
    lv_label_set_text(label2, "Button2");
    lv_obj_center(label2);
    lv_obj_set_pos(btn2, 0, 50);
    lv_obj_set_size(btn2, 100, 50);
}
```

(4) 初始化开发板外部按键 KEY1 和 KEY2，两个按键分别对应引脚 PB2 和 PB3。将引脚设置为输入状态，并启用上拉电阻，代码如下：

```
//第 8 章/mydemos/littlevgl/btn.c
//外部按键初始化
void btn_init(VOID) {
    GPIO_InitTypeDef GPIO_InitStruct;
    / * GPIO Ports Clock Enable * /
    __HAL_RCC_GPIOB_CLK_ENABLE();
    //设置为输入模式
    GPIO_InitStruct.Pin = GPIO_PIN_2|GPIO_PIN_3;
    GPIO_InitStruct.Mode = GPIO_MODE_INPUT;
    GPIO_InitStruct.Pull = GPIO_PULLUP;
    GPIO_InitStruct.Speed = GPIO_SPEED_FREQ_LOW;
    HAL_GPIO_Init(GPIOB, &GPIO_InitStruct);
}
```

(5) 初始化输入设备接口，设备类型为 LV_INDEV_TYPE_BUTTON，代码如下：

```
//第 8 章/mydemos/littlevgl/btn.c
//读取按键状态
int my_btn_read(){
    //读取 KEY1 状态
    if(HAL_GPIO_ReadPin(GPIOB, GPIO_PIN_2) == 0)
        return 0;
    //读取 KEY2 状态
    if(HAL_GPIO_ReadPin(GPIOB, GPIO_PIN_3) == 0)
        return 1;
    return -1;
```

```
}

//按键输入回调
void button_readcb(lv_indev_drv_t * drv, lv_indev_data_t * data) {
    static uint32_t last_btn = 0;

    //获取按钮 ID
    int btn_pr = my_btn_read();
    if(btn_pr >= 0) {
        //保存按钮 ID
        last_btn = btn_pr;
        //修改状态
        data->state = LV_INDEV_STATE_PRESSED;
    } else {
        data->state = LV_INDEV_STATE_RELEASED;
    }
    data->btn_id = last_btn;
}

//输入设备初始化
void input_init() {
    lv_indev_drv_init(&indev_drv);
    //选择触摸类型
    indev_drv.type = LV_INDEV_TYPE_BUTTON;
    //设置按键回调函数
    indev_drv.read_cb = button_readcb;
    //注册输入驱动
    lv_indev_t * my_indev = lv_indev_drv_register(&indev_drv);
    //为输入设备分配坐标
    lv_indev_set_button_points(my_indev, points_array);
}
```

（6）创建两个周期性任务，以毫秒为单位分别调用 LVGL 嘀嗒函数 lv_tick_inc()和定时函数 lv_timer_handler()，代码如下：

```
//第 8 章/mydemos/littlevgl/btn.c
UINT32 task_id1, task_id2;

//系统滴答任务
UINT32 task2_entry(VOID) {
    while (1) {
        LOS_Mdelay(1);
        lv_tick_inc(1);
    }
    return 0;
}
//定时任务
UINT32 task1_entry(VOID) {
```

```
    while(1) {
        LOS_Mdelay(5);
        lv_timer_handler();
    }
    return 0;
}
//创建任务
UINT32 demo_lvgl_btn(VOID) {
    lv_init();
    display_init();
    btn_init();
    input_init();

    UINT32 ret;
    TSK_INIT_PARAM_S param;

    LOS_TaskLock();
    param.pcName = "task1";
    param.pfnTaskEntry = (TSK_ENTRY_FUNC)task1_entry;
    param.usTaskPrio = 10;
    param.uwStackSize = 0x800;
    ret = LOS_TaskCreate(&task_id1, &param);
    if(ret != LOS_OK) {
        printf("create task1 failed, errno = %x\n", ret);
    }

    param.pcName = "task2";
    param.pfnTaskEntry = (TSK_ENTRY_FUNC)task2_entry;
    param.usTaskPrio = 10;
    param.uwStackSize = 0x800;
    ret = LOS_TaskCreate(&task_id2, &param);
    if(ret != LOS_OK) {
        printf("create task1 failed, errno = %x\n", ret);
    }
    LOS_Mdelay(3000);

    create_btn();
}
```

(7) 在源文件 user_task.c 中调用函数 demo_lvgl_btn()，代码如下：

```
//第 8 章/targets/STM32L431_BearPi/Src/user_task.c
VOID app_init(VOID){
    ...
#ifdef LOSCFG_COMPONENTS_MYGUI
    demo_lvgl_btn();
#endif
}
```

4）修改 Makefile

修改文件 targets/STM32L431_BearPi/Makefile，添加 LVGL 相关源码路径，代码如下：

```
#第 8 章/targets/STM32L431_BearPi/Makefile
...
ifeq ( $ (LOSCFG_COMPONENTS_MYGUI), y)
    #此处是 Shell 脚本,添加 lvgl/src 下的所有 c 文件
    LOCAL_SRCS +=  $ (shell find $ (LITEOSTOPDIR)/components/mygui/lvgl/src  - type f  - name
'*.c')
    #添加测试代码
    LOCAL_SRCS +=  $ (LITEOSTOPDIR)/mydemos/littlevgl/btn.c
    #添加路径
    LOCAL_INCLUDE += \
        - I $ (LITEOSTOPDIR)/components/mygui/lvgl \
        - I $ (LITEOSTOPDIR)/mydemos/littlevgl
endif

#此处是一些编译选项,优化编译,可防止错误"Flash overflow"
LOCAL_CFLAGS +=  - Wno - unused - function  - fdata - sections  - ffunction - sections  - Os
...
```

图 8-5 Git Bash

3. 编译

由于在 Makefile 中使用 Shell 指令，而 Windows 命令行与 Shell 指令不兼容，开发者可打开 Git Bash 执行 make 编译代码。参考 5.3.1 节安装 Git 并配置环境变量，在任意目录下右击即可打开 Git Bash，如图 8-5 所示。在 Ubuntu 或 macOS 下可直接编译。

4. 运行结果

LiteOS-master 源码中已经将小熊派 LCD 初始化，因此本案例中无须再次初始化 LCD，编译成功后 LCD 会显示两个按钮，如图 8-6 所示。

单击一次开发板 KEY1，LCD 屏幕上的 Button1 背景发生变化，表示此控件被按下，如图 8-7 所示。

图 8-6 KEY1 与 Button1

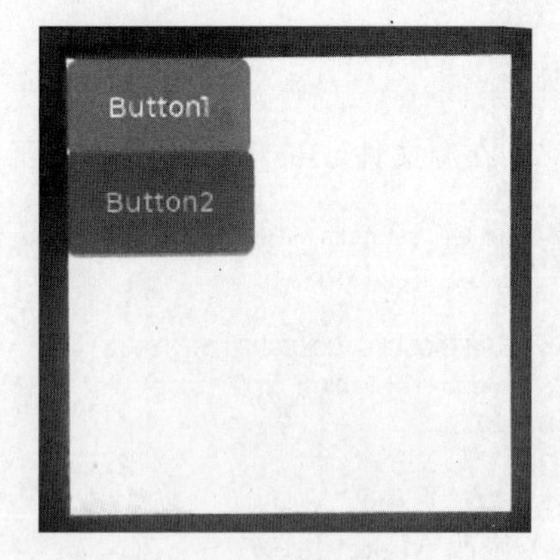

图 8-7 KEY2 与 Button2

8.4 LVGL 模拟器

LVGL 是一个基于 C 语言的 GUI 框架，可以轻松移植到各种平台，因此官方提供了基于 PC 的模拟器，开发者可在模拟器上轻松学习和开发 LVGL。

8.4.1 模拟器简介

LVGL 官网提供了一款在线模拟器，如果使用 MicroPython 编程，则可使用此模拟器查看效果，如图 8-8 所示。

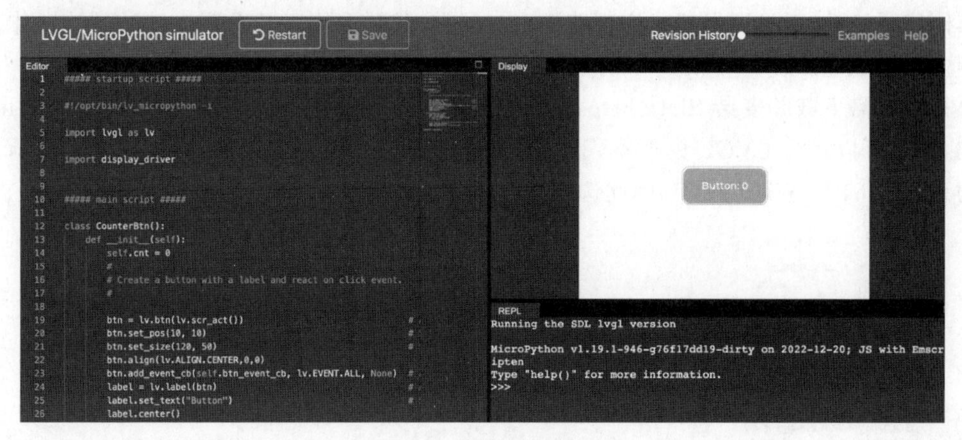

图 8-8 在线模拟器

多数情况下，开发者需要使用 C 语言开发 LVGL，此时只能使用基于 PC 的模拟器。PC 端 LVGL 模拟器使用 SDL 库实现显示界面，官方提供了几种基于 SDL 的 PC 端模拟方式，见表 8-7。本书推荐在 VS Code 环境下搭建 LVGL 模拟器。

表 8-7 PC 端模拟 LVGL

选　　项	推荐系统
Eclipse+SDL	Linux、macOS
VS Code+SDL	Linux、macOS
PlatformIO+SDL	Linux、macOS
VisualStudio+SDL	Windows 专用
CodeBlocks	Windows
MDK with FastModel	Windows 专用

8.4.2 基于 VS Code+SDL 的模拟器

LVGL 模拟器本质上就是一些 C 代码，因此只要有 C 语言开发环境的 PC 都可以搭建 LVGL 模拟器。

1. 安装环境

1）获取源码

开发者可在 GitHub（https://github.com/lvgl/lv_port_pc_VSCode）下载基于 VS Code 的模拟器代码，开发文档包含在其中。

2）VS Code

这里只将 VS Code 当作代码编辑器，其版本号无要求。开发者可参考 1.4 节内容（Ubuntu 环境参考 1.5 节）安装 VS Code。

3）SDL

SDL 是一套用 C 语言编写的开源多媒体开发库，提供了声音、图像、输入、输出等多种多媒体控制函数，而且可以轻松实现跨平台。目前 SDL 多用于开发游戏、模拟器、媒体播放器等多媒体领域。

开发者需下载并安装 SDL（https://github.com/libsdl-org/SDL/releases/tag/release-2.26.2）才可以运行 LVGL 模拟器，下载时要选择自己系统对应的版本，如图 8-9 所示。笔者的系统为 64 位 Windows 7，因此选择第 1 个压缩包，下载之后解压即可使用。

SDL2-2.26.2-win32-x64.zip	803 KB	last week
SDL2-2.26.2-win32-x86.zip	707 KB	last week
SDL2-2.26.2.dmg	1.99 MB	last week
SDL2-2.26.2.tar.gz	7.71 MB	last week
SDL2-2.26.2.tar.gz.sig	95 Bytes	last week
SDL2-2.26.2.zip	9 MB	last week
SDL2-2.26.2.zip.sig	95 Bytes	last week
SDL2-devel-2.26.2-mingw.tar.gz	14.9 MB	last week
SDL2-devel-2.26.2-mingw.zip	15 MB	last week
SDL2-devel-2.26.2-VC.zip	2.58 MB	last week
Source code (zip)		last week
Source code (tar.gz)		last week

图 8-9　SDL

4）GCC 编译器

开发者需下载并安装 GCC（http://www.equation.com/servlet/equation.cmd?fa=fortran）工具才可编译模拟器代码，注意这里用的是普通 GCC 编译器，并非交叉编译器。多数 Ubuntu、macOS 系统自带 GCC 工具，否则可通过终端命令安装，命令如下：

```
#Ubuntu
sudo apt install gcc
#macOS
brew install gcc
```

5）Make 构建工具

Make 为构建工具，Windows 系统可在网址 https://gnuwin32.sourceforge.net/packages/make.htm 下载。一般情况下，Ubuntu、macOS 系统自带 Make 工具，否则用户可通过终端命令安装，命令如下：

```
#Ubuntu
sudo apt install make
#macOS
brew install make
```

2. 测试

VS Code 环境下的 LVGL 模拟器本身为 macOS、Linux 系统制作，开发者配置好环境后即可执行编译指令并运行结果。Windows 环境下需要对 Makefile 稍做修改。

（1）修改 SRC 变量值，将单引号改为双引号，代码如下：

```
#第 8 章/顶层 Makefile
SRCS := $(shell find $(SRC_DIR) -type f -name "*.c" -not -path "*/\.*")
```

（2）修改 INC 变量值，增加源码根目录和 SDL 头文件目录，代码如下：

```
#第 8 章/顶层 Makefile
INC := -I./ui/simulator/inc \
    -I./ \
    -I./lvgl \
#模拟器根目录
    -I../lv_port_pc_VSCode-master \
#SDL 头文件路径
    -I../../SDL2-2.26.2/x86_64-w64-mingw32/include
```

（3）增加编译器的链接库路径，代码如下：

```
#第 8 章/顶层 Makefile
#链接库路径
LDIRS += -L../../SDL2-2.26.2/x86_64-w64-mingw32/bin
...
default: $(OBJECTS)
    @mkdir -p $(BIN_DIR)
    $(CC) -o $(BIN) $(OBJECTS) $(LDFLAGS) $( LDIRS) ${LDLIBS}
```

（4）模拟器默认演示 Switch 按钮，编译无误后运行结果如图 8-10 所示。

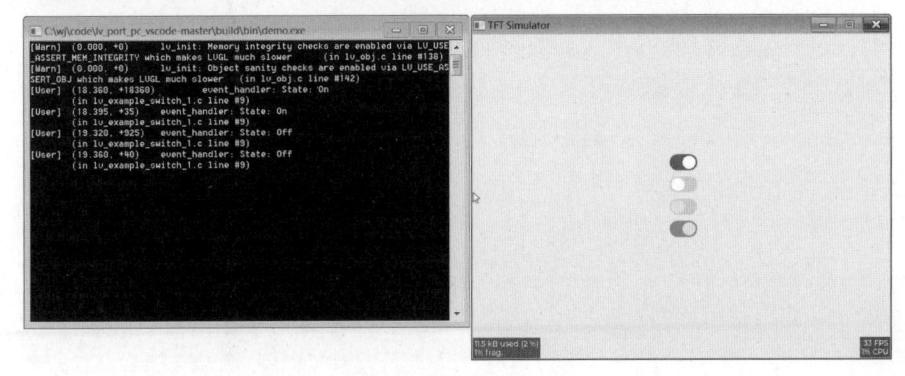

图 8-10 运行结果

8.5 本章小结

本章介绍了 LVGL 基础框架和移植方法，LVGL 作为嵌入式 GUI 框架，其优势在于基于 C 语言编写、开源、内存占用少，而且提供 PC 端模拟器。开发者可先在 PC 端完成 GUI 开发，而后移植到 MCU。尽管 LiteOS 首推 LVGL 作为 GUI 框架，开发者仍可尝试将其他 GUI 移植到 LiteOS 系统。

第 9 章

LiteOS 移植实战

物联网设备资源有限，并且 MCU、外设种类繁多，因此操作系统无法加载所有的设备驱动。通常情况下，物联网操作系统会适配一部分常见设备，加载少量必要的驱动，而其他硬件设备或系统组件需根据实际情况进行调整，这就涉及移植。

本章以实战形式讲解如何将 LiteOS 移植到 STM32F407VET6 芯片。

9.1 移植概述

开发板的移植包含 3 部分内容：CPU/MCU 架构移植、板级驱动移植、操作系统移植。通常情况下，操作系统已经给出其适用的 CPU 架构，因此移植过程中很少涉及 CPU 架构相关内容。根据操作系统支持的芯片架构，开发者先后完成板级驱动和操作系统移植即可。

从 LiteOS-master 源码可以看到，LiteOS 支持的架构有 ARM、ARM64、C-SKY、RISC-V、XTENSA。以 Cortex-M4 架构下的 STM32F407 为例，移植过程需要经过以下几个步骤：

（1）配置开发环境。

（2）创建裸机工程。

（3）板级驱动适配，包括时钟、定时器、GPIO、LCD 等外设驱动。

（4）修改链接脚本。

（5）增加目标板配置。

（6）创建 demo 示例。

虽然 LiteOS 目录略微复杂，但移植过程需要更改的文件并不多，见表 9-1。开发者只需修改 targets 目录下的几个文件，其他目录结构非必要不可修改。

表 9-1　移植文件

选　　项	说　　明
targets/bsp. mk	在此文件新增板级驱动库配置
targets/Kconfig. stm32	在此文件新增一款 STM32 芯片。如果要将 LiteOS 移植到基于 C-SKY 架构的 APT32F1023 芯片，则应该修改文件 Kconfig. csky
STM32F407VET6_TEST	新增加的开发板目录

9.2 准备工作

开发者必须在系统移植之前确保开发板可以正常运行裸机工程，这就需要搭建编译环境，测试硬件设备。

9.2.1 开发环境

STM32 系列 MCU 属于 ARM 旗下产品，编译器可使用 arm-none-eabi-gcc，开发者可使用第 1 章搭建的开发环境。为了更加轻松地创建 STM32 裸机代码，本书推荐开发者使用 STM32CubeMX 工具。

STM32CubeMX 是 ST 官方提供的一套针对 STM32 芯片的图形化配置工具，它支持常见的 3 种系统：Windows、Linux、macOS。STM32CubeMX 为 STM32 提供硬件抽象层 HAL 库，同时还集成了 RTOS、文件系统、网络、显示等中间件，开发者可轻松完成 STM32 芯片的底层配置，大大缩短开发周期。

进入 ST 官网(https://www.st.com/content/st_com/en.html)搜索 STM32CubeMX 即可下载自己系统对应的工具，下载完毕直接双击安装包即可安装。

14min

9.2.2 裸机工程

本案例使用国内流行的正点原子 STM32F407 开发板，该产品有串口、LED、按键、LCD、Flash 等模块。读者手中的开发板可能不尽相同，只需将各外设接口匹配。

1. 创建工程

(1) 打开 STM32CubeMX 软件，单击右侧的 ACCESS TO MCU SELECTOR，如图 9-1 所示。初次使用时，软件会下载 STM32 HAL 库文件，等待下载完成即可。

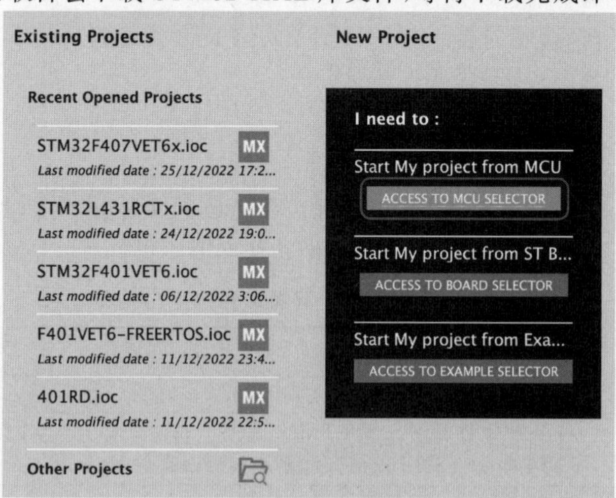

图 9-1 芯片选择器

(2) 在左侧 MCU SELECTOR 输入框中输入自己开发板对应的芯片型号，例如笔者使用 STM32F407VET6。在右下角弹出的芯片列表中选择目标芯片，单击右上角的 Start Project，如图 9-2 所示。

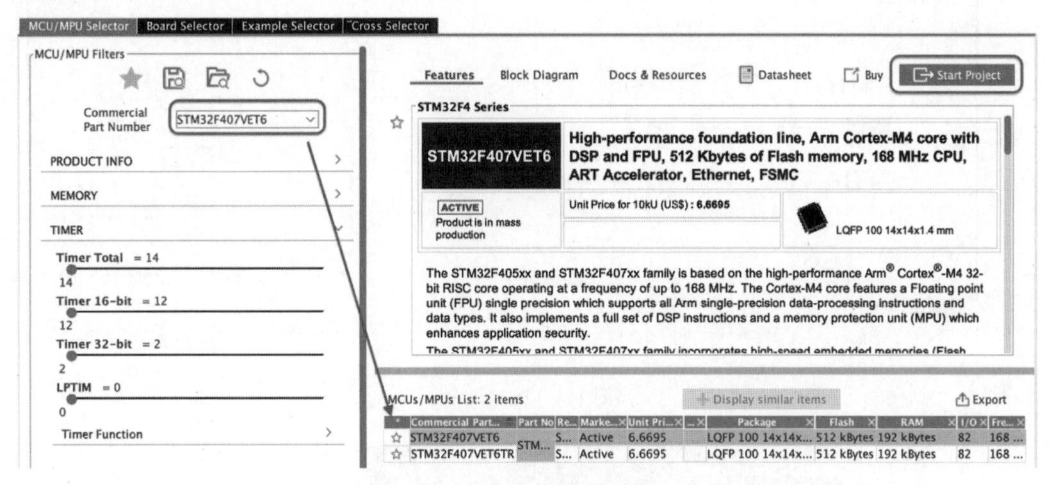

图 9-2 输入芯片型号

2. 配置工程

1) 配置时钟

(1) 在 Pinout 标签页内单击 RCC 选项，使能外部晶振，如图 9-3 所示。

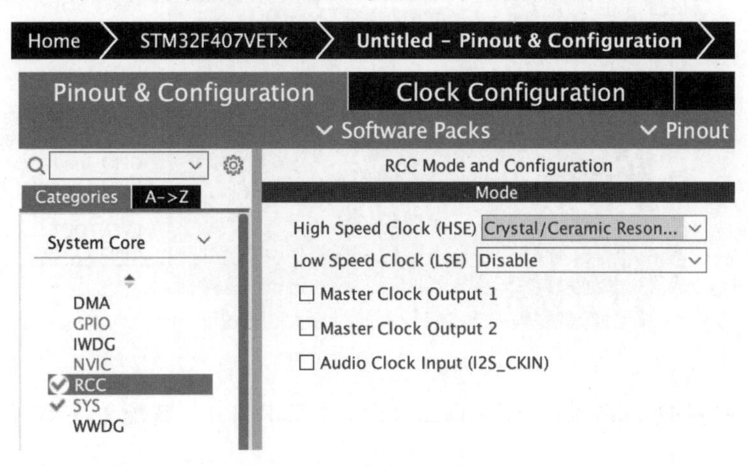

图 9-3 使能外部晶振

(2) 单击 Clock Configuration 标签，配置外部时钟参数，笔者使用的最大频率为 168MHz，如图 9-4 所示。

2) 配置串口

(1) 切换到 Pinout 标签，在右侧芯片引脚配置图中分别单击 PA9、PA10，将其配置为串口功能 USART_TX、USART_RX，如图 9-5 所示。

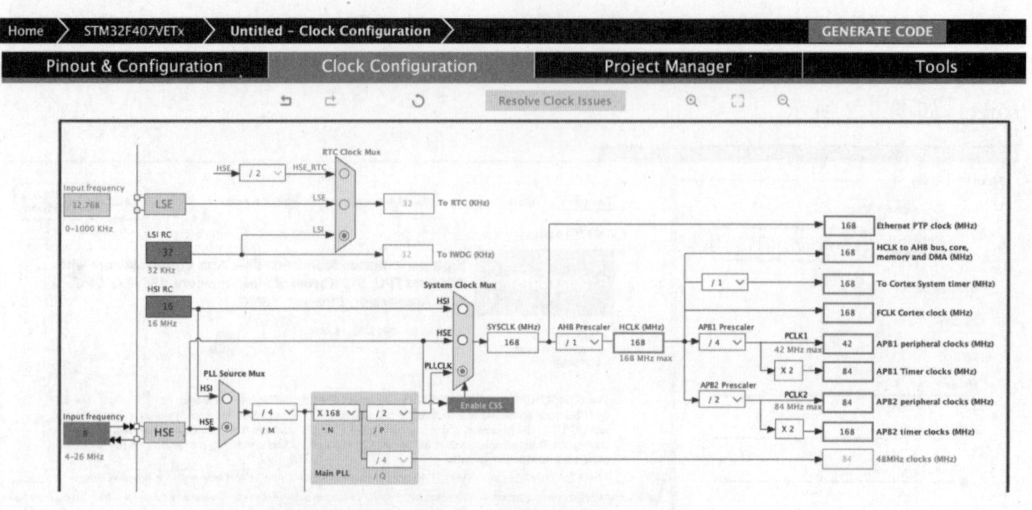

图 9-4　配置时钟

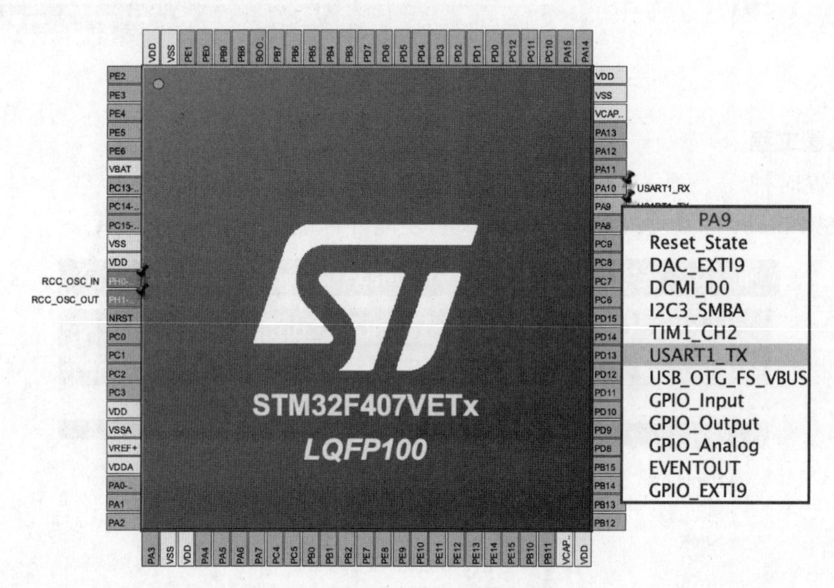

图 9-5　串口引脚

（2）单击左侧的 Connectivity→USART1，使能串口 1。其配置参数使用默认值，如图 9-6 所示。

注意：不排除有些开发板使用串口 2 或串口 3 作为其输出接口，开发者需根据实际情况调整串口配置。

3）其他配置

如果开发者需使用其他功能，则要根据开发板原理图配置自己需要的外设，例如 Timer、LCD、KEY、Flash、ETH 等。

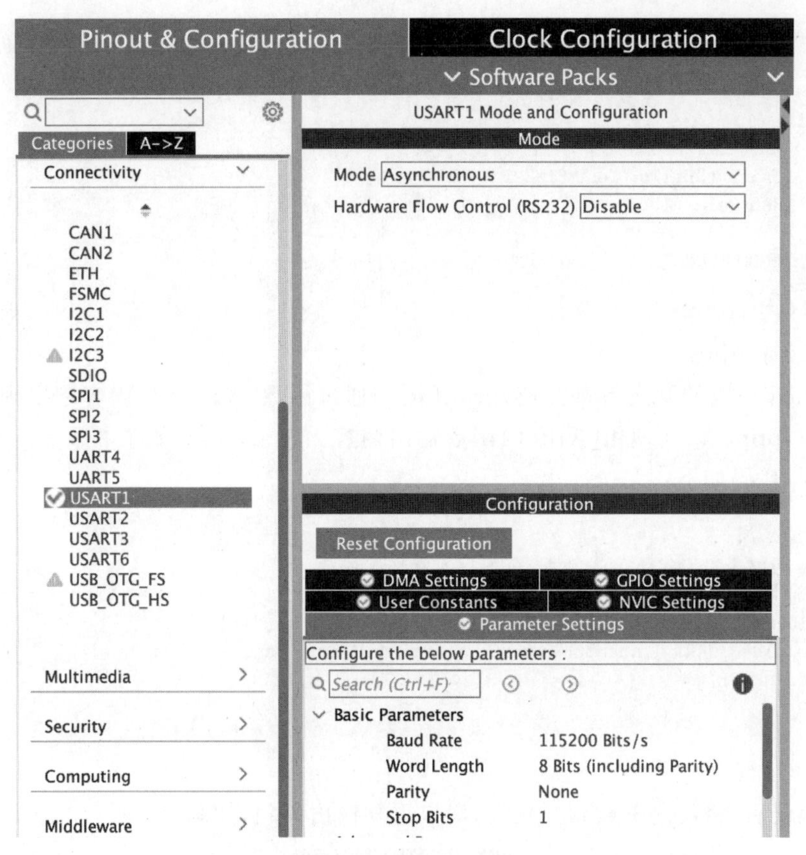

图 9-6 串口 1 配置

3. 生成代码

切换到 Project Manager 标签页，在 Project Location 选项中设置代码存储路径，在 Project Name 项输入项目名称，在 Toolchain/IDE 项选择 Makefile，如图 9-7 所示。

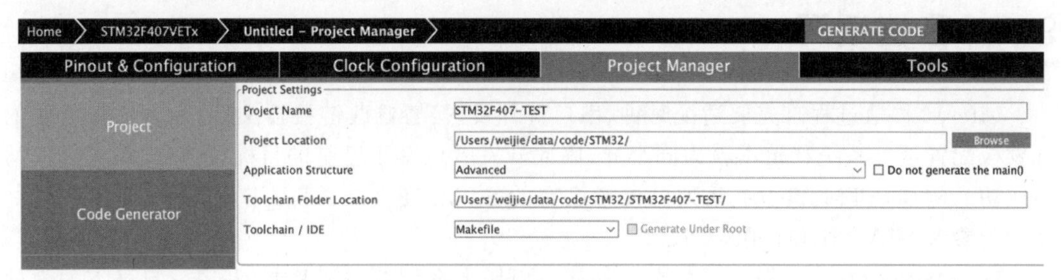

图 9-7 生成代码

4. 测试案例

1) 修改 main 函数

使用 VS Code 打开生成的项目，在 main()函数中添加测试语句，代码如下：

```
//第 9 章/main.c
int main(void){
    …
    while (1){
    /* USER CODE BEGIN 3 */
        printf("Hello, Test STM32F407VET6\n");
        HAL_Delay(1000);
    }
  /* USER CODE END 3 */
}
```

2) 重定向 printf

熟悉 Keil 环境的开发者都知道,printf 语句通过函数 fputc()将内容输出到串口,而在 VS Code 中,printf 语句使用_write()函数输出内容。在 main.c 文件中添加 printf 语句的重定向函数,代码如下:

```
//第 9 章/main.c
//write 函数通过串口 1 发送数据,可根据实际情况修改
//Keil 环境下,应该将函数_write 替换为函数 fputc
__attribute__((used)) int _write(int fd, char* ptr, int len) {
    (void)HAL_UART_Transmit(&huart1, (uint8_t*)ptr, len, 0xFFFF);
    return len;
}
```

3) 编译运行

编译无误后,将代码下载到开发板,串口重复输出语句,如图 9-8 所示。

```
Hello, Test STM32F407VET6
Hello, Test STM32F407VET6
Hello, Test STM32F407VET6
Hello, Test STM32F407VET6
```

图 9-8 运行结果

28min

9.3 移植适配

LiteOS 移植过程首先要适配时钟、串口等外设,接着修改链接器文件,最后增加对应的开发板配置项。系统移植本就大同小异,因此开发者可基于已有的目标板,略微调整即可移植成功。例如,STM32F407 系列可参考已有的 STM32F407_ATK_Explorer,STM32F433 系列可参考 STM32L431_BearPi。

LiteOS 将所有目标板工程放在 targets 目录,本案例首先要复制 targets 目录下的文件夹 STM32F407_ATK_Explorer,重命名为 STM32F407VET6_TEST。

9.3.1 板级驱动适配

1. 时钟配置

修改目标板文件 src/sys_init.c 中的时钟配置函数 SystemClock_Config(),用裸机代码

中的时钟配置替换该函数，但是要保留最后一句代码 SystemCoreClockUpdate()。

函数 SystemCoreClockUpdate() 的作用是更新系统时钟，其实际上就是更新变量 SystemCoreClock。当启用 HSE 时，必须保证 HSE 的配置值和实际值一样，否则系统时钟计算时会出现错误。LiteOS 通过函数 get_bus_clk() 获取系统时钟，此函数定义在 include/hisoc/clock.h 文件中，代码如下：

```
#define get_bus_clk()        SystemCoreClock
```

2. 外设驱动配置

不同芯片的 system_stm32f4xx.c 文件不一样，需替换为裸机代码中的 system_stm32f4xx.c，此文件位于裸机工程 Core/Src 目录下。

3. 串口配置

修改 src/usart.c 文件中的串口初始化代码，根据开发板情况调节串口号、引脚、波特率等配置。usart.c 文件中其余代码已将串口驱动封装，开发者可直接使用 printf() 等输出函数，无须重定向。

4. 其他配置

如果需要使用其他功能模块，则需更改目标板下的头文件 inc/stm32f4xx_hal_conf.h。例如开发者需要使用一个基于 IIC 总线的 OLED 模块，则需改使能 IIC 功能，代码如下：

```
//第 9 章/inc/stm32f4xx_hal_conf.h
...
/*  #define HAL_HASH_MODULE_ENABLED                        */
#define HAL_I2C_MODULE_ENABLED                             //取消注释此行代码
/*  #define HAL_I2S_MODULE_ENABLED                         */
...
```

LiteOS 支持查看 CPU 使用率，此功能基于定时器完成，默认没有开启。如果需要查看 CPU 利用率，则需开启一个定时器，可参考目标板下的 src/tim.c 文件。

5. Makefile

在目标板的 Makefile 中添加 HAL 库路径，代码如下：

```
#第 9 章/targets/STM32F407VET6_TEST/Makefile
USER_SRC = ...
...
HAL_SRC = \
$ (LITEOSTOPDIR)/targets/bsp/drivers/STM32F4xx_HAL_Driver/src/stm32f4xx_hal_cortex.c \
$ (LITEOSTOPDIR)/targets/bsp/drivers/STM32F4xx_HAL_Driver/src/stm32f4xx_hal_gpio.c \
$ (LITEOSTOPDIR)/targets/bsp/drivers/STM32F4xx_HAL_Driver/src/stm32f4xx_hal_rcc.c \
$ (LITEOSTOPDIR)/targets/bsp/drivers/STM32F4xx_HAL_Driver/src/stm32f4xx_hal_rcc_ex.c \
$ (LITEOSTOPDIR)/targets/bsp/drivers/STM32F4xx_HAL_Driver/src/stm32f4xx_hal_uart.c \
$ (LITEOSTOPDIR)/targets/bsp/drivers/STM32F4xx_HAL_Driver/src/stm32f4xx_hal.c
    C_SOURCES += $ (HAL_SRC)
...
```

9.3.2 链接适配

LiteOS 从文件 los_startup_gcc.S 启动，此汇编文件用到许多 RAM 地址，而这些地址定义在链接文件中。用裸机代码中的 STM32F407VETx_FLASH.ld 替换目标板下的 liteos.ld 内容，保持 liteos.ld 文件名不变。

1. 栈地址

栈最高地址（结束地址）设置为 RAM 结束地址，代码如下：

```
//第 9 章/targets/目标板/liteos.ld
/* 栈最高地址 */
_estack = ORIGIN(RAM) + LENGTH(RAM);                    /* end of RAM */
/* 最小分配的堆空间 */
_Min_Heap_Size = 0x200;
/* 最小分配的栈空间 */
_Min_Stack_Size = 0x400;
```

2. 存储区

链接文件中定义了芯片的 RAM 和 Flash 大小，代码如下：

```
//第 9 章/targets/目标板/liteos.ld
MEMORY
{
RAM (xrw)              : ORIGIN = 0x20000000, LENGTH = 128K
CCMRAM (xrw)           : ORIGIN = 0x10000000, LENGTH = 64K
FLASH (rx)             : ORIGIN = 0x8000000, LENGTH = 512K
}
```

注意：如果在开发过程中遇到 RAM OVERFLOW、FLASH OVERFLOW 错误，则需调整代码中 RAM 设置或裁剪优化代码，不可修改此处设置。

3. 代码段

在代码段设置中增加__text_start 和__text_end，代码如下：

```
//第 9 章/targets/目标板/liteos.ld
  .text :
  {
    . = ALIGN(4);
    __text_start = .;
    *(.text)                    /* .text sections (code) */
    *(.text*)                   /* .text* sections (code) */
    *(.glue_7)                  /* glue arm to thumb code */
    *(.glue_7t)                 /* glue thumb to arm code */
    *(.eh_frame)
```

```
    KEEP ( * (.init))
    KEEP ( * (.fini))

    . = ALIGN(4);
    _etext = .; /* define a global symbols at end of code */
    __text_end = _etext;
  } > FLASH
```

4. 只读数据区

在只读数据区增加__rodata_start 和__rodata_end，代码如下：

```
//第 9 章/targets/目标板/liteos.ld
  .rodata :
  {
    . = ALIGN(4);
    __rodata_start = .;

    *(.rodata)          /* .rodata sections (constants, strings, etc.) */
    *(.rodata*)         /* .rodata* sections (constants, strings, etc.) */
    . = ALIGN(4);
    __rodata_end = .;
  } > FLASH
```

5. 数据段

数据段用来存放已经初始化的全局变量，为其增加__ram_data_start 和__ram_data_end，代码如下：

```
//第 9 章/targets/目标板/liteos.ld
  .data ALIGN(0x1000):
  {
    __ram_data_start = _sdata;
    . = ALIGN(4);
    _sdata = .;           /* create a global symbol at data start */
    *(.data)              /* .data sections */
    *(.data*)             /* .data* sections */
    KEEP( * ( SORT (.liteos.table.*)));

    . = ALIGN(4);
    _edata = .;           /* define a global symbol at data end */
    __ram_data_end = _edata;
  } > RAM AT > FLASH
```

6. BSS 段

BSS 段主要存放未初始化或者初始化为 0 的全局变量、静态变量，为其增加__bss_start 和__bss_end，代码如下：

```
//第 9 章/targets/目标板/liteos.ld
  /* Uninitialized data section */
  . = ALIGN(4);
  .bss :
  {
    /* This is used by the startup in order to initialize the .bss secion */
    _sbss = .;              /* define a global symbol at bss start */
    __bss_start__ = _sbss;
    __bss_start = _sbss;
    *(.bss)
    *(.bss*)
    *(COMMON)

    . = ALIGN(4);
    _ebss = .;              /* define a global symbol at bss end */
    __bss_end__ = _ebss;
    __bss_end = _ebss;
  } > RAM
```

7. 向量区

增加 vector_ram 向量区，此部分为 LiteOS 链接文件新增内容，代码如下：

```
//第 9 章/targets/目标板/liteos.ld
  .vector_ram :
  {
    . = ORIGIN(RAM);
    _s_liteos_vector = .;
    *(.data.vector)             /* liteos vector in ram */
    _e_liteos_vector = .;
  } > RAM AT > FLASH
```

8. 堆地址

堆和栈地址紧挨着，其结束地址为栈起始地址减 1，此部分为 LiteOS 链接文件新增内容，代码如下：

```
//第 9 章/targets/目标板/liteos.ld
  . = ALIGN(8);
  __los_heap_addr_start__ = .;
  __los_heap_addr_end__ = ORIGIN(RAM) + LENGTH(RAM) - _Min_Stack_Size - 1;
```

9.3.3 添加目标板配置

1. 指定 HAL 库

目标芯片属于 STM32F4 系列，底层驱动使用 STM32F4_HAL 库。在文件 targets/bsp.mk 中为此开发板添加库配置，代码如下：

```
#第 9 章/targets/bsp.mk
...
#已有配置
##############STM32F407_ATK_Explorer Options ###########
else ifeq ( $ (LOSCFG_PLATFORM_STM32F407_ATK_EXPLORER), y)
    LITEOS_CMACRO_TEST += -DSTM32F407xx
    HAL_DRIVER_TYPE := STM32F4xx_HAL_Driver
#########################STM32F407VET6_TEST Options #####
####
#新增的目标板配置
else ifeq ( $ (LOSCFG_PLATFORM_STM32F407VET6_TEST), y)
    LITEOS_CMACRO_TEST += -DSTM32F407xx
    HAL_DRIVER_TYPE := STM32F4xx_HAL_Driver
...
#其他目标板配置
```

2. 将目标板加入 Kconfig

修改文件 targets/Kconfig.stm32 将目标开发板加入 STM32 家族，此处有若干配置项，可参考 STM32F407_ATK_Explorer 配置。

1) 定义平台

文件 Makefile 中会通过平台名字 LITEOS_PLATFORM 为目标板设置对应头文件路径，而平台名字最初在 Kconfig 中定义，代码如下：

```
#第 9 章/targets/Kconfig.stm32
config LOSCFG_PLATFORM
    string
    default "Cloud_STM32F429IGTx_FIRE" if LOSCFG_PLATFORM_STM32F429IGTX
    ...
    default "STM32F407_ATK_Explorer" if LOSCFG_PLATFORM_STM32F407_ATK
    default "STM32F407VET6_TEST" if LOSCFG_PLATFORM_STM32F407VET6_TEST
    ...
```

2) 平台下的具体配置

每个平台都有自己的一些默认配置，例如该芯片属于什么架构、采用哪个底层驱动库等。此处配置仍可参考已有开发板，代码如下：

```
#第 9 章/targets/Kconfig.stm32
#已有配置
config LOSCFG_PLATFORM_STM32F407_ATK_EXPLORER
    bool "STM32F407_ATK_Explorer"
    select LOSCFG_USING_BOARD_LD
    ...

...
#新增的目标板配置
config LOSCFG_PLATFORM_STM32F407VET6_TEST
```

```
    bool "STM32F407VET6_TEST"
    select LOSCFG_USING_BOARD_LD
    select LOSCFG_ARCH_CORTEX_M4
    select LOSCFG_CORTEX_M_NVIC
    select LOSCFG_CORTEX_M_SYSTICK
    select LOSCFG_DRIVER_HAL_LIB
#其他目标板配置
...
```

9.3.4 测试案例

1. 修改源码

应用层代码是基于操作系统运行的，因此之前的大部分案例可在此开发板运行，涉及硬件的案例修改其引脚配置即可。本节测试3.2.4节中的任务案例，修改目标板下的src/user_task.c文件，代码如下：

```
//第9章/targets/STM32F407VET6_TEST/src/user_task.c
VOID app_init(VOID) {
    printf("app init!\n");
    //测试 task
    demo_task();
}
```

本案例没有使用定时器和GPIO功能，将main.c文件中的相关函数注释掉，代码如下：

```
//第9章/targets/STM32F407VET6_TEST/src/main.c
VOID HardwareInit(VOID){
    HAL_Init();
    SystemClock_Config();
    //MX_GPIO_Init();
    MX_USART1_UART_Init();
    //MX_TIM3_Init();
}
```

2. 更改Makefile

1）添加HAL库路径

本案例看似没有涉及任何硬件配置，然而在芯片基础配置中使用了RCC、GPIO、UART等模块，因此需要将用到的HAL库添加到路径，代码如下：

```
#第9章/targets/STM32F407VET6_TEST/Makefile
HAL_SRC = \
$(LITEOSTOPDIR)/targets/bsp/drivers/STM32F4xx_HAL_Driver/src/stm32f4xx_hal_cortex.c \
$(LITEOSTOPDIR)/targets/bsp/drivers/STM32F4xx_HAL_Driver/src/stm32f4xx_hal_gpio.c \
$(LITEOSTOPDIR)/targets/bsp/drivers/STM32F4xx_HAL_Driver/src/stm32f4xx_hal_rcc.c \
$(LITEOSTOPDIR)/targets/bsp/drivers/STM32F4xx_HAL_Driver/src/stm32f4xx_hal_rcc_ex.c \
```

```
$(LITEOSTOPDIR)/targets/bsp/drivers/STM32F4xx_HAL_Driver/src/stm32f4xx_hal_uart.c \
$(LITEOSTOPDIR)/targets/bsp/drivers/STM32F4xx_HAL_Driver/src/stm32f4xx_hal.c
    C_SOURCES += $(HAL_SRC)
...
```

2）添加测试案例路径

将源文件 mydemos/task/task.c 路径添加到 USR_SRC 中，并将其头文件路径添加到 USR_INC 中，代码如下：

```
#第 9 章/targets/STM32F407VET6_TEST/Makefile
USER_SRC = \
    ...
    $(LITEOSTOPDIR)/targets/$(LITEOS_PLATFORM)/Src/user_task.c \
    $(LITEOSTOPDIR)/mydemos/task/task.c
C_SOURCES += $(USER_SRC)

USER_INC = \
    -I $(LITEOSTOPDIR)/targets/$(LITEOS_PLATFORM)/Inc \
    -I $(LITEOSTOPDIR)/mydemos/task
    BOARD_INCLUDES += $(USER_INC)
```

3. 编译运行

进入 make menuconfig 菜单，选择 Targets→Target→(*)STM32F407VET6_TEST，保存后退出。编译无误后运行结果如图 9-9 所示。

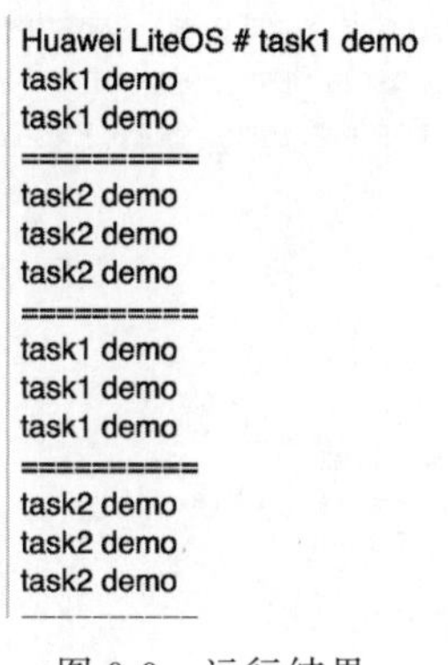

图 9-9 运行结果

9.4 模块化编程

LiteOS 采用模块化编程以实现各组件的轻松裁剪，例如文件系统、网络系统、GUI 框架等功能都可通过 make menuconfig 使能或关闭。模块化编程还可最大程度地简化开发板适配过程，开发者可通过 make menuconfig 选择开发板及需要的功能，而不需要修改其 Makefile。

本节以 LiteOS 内部的 demos 模块为例，详细描述其模块化工作原理。

9.4.1 基本原理

每个模块都有自己的 Kconfig 配置文件，当开发者通过 make menuconfig 选择好配置后，会生成一个 menuconfig.h 头文件和.config 配置文件。Makefile 通过 ifeq 比较语句进行选择性工程管理，而源文件则通过 ifdef 预编译选项实现选择性编译。

1. 配置文件 Kconfig

demos 文件夹下的每个目录都是一个小模块，每个模块都有自己单独的 Kconfig 配置。这些 Kconfig 文件被上层配置文件 demos/Kconfig 引用，例如 MQTT 案例的配置代码如下：

```
#第 9 章/demos/agenttiny_mqtt/Kconfig
#MQTT 配置
menu "Agent Tiny Mqtt Demo"
config LOSCFG_DEMOS_AGENT_TINY_MQTT
    bool "Enable Agent Tiny Mqtt Demo"
    default n
    select LOSCFG_COMPONENTS_LIB_CJSON
    select LOSCFG_COMPONENTS_ATINY_MQTT
    help
      Answer y to enable agent tiny mqtt demo.
config LOSCFG_DTLS_MODE
    string
    default "NO_ENCRYPT"      if LOSCFG_DTLS_NO_ENCRYPT
    default "PSK_ENCRYPT"     if LOSCFG_DTLS_PSK_ENCRYPT
    default "CERT_ENCRYPT"    if LOSCFG_DTLS_CERT_ENCRYPT
    ...
endmenu


#第 9 章/demos/Kconfig
#上层菜单,使用 source 关键字引入子配置
menu "Demos"
source "demos/agenttiny_lwm2m/Kconfig"
source "demos/agenttiny_mqtt/Kconfig"
...
endmenu
```

LiteOS 的根配置文件是 tools/menuconfig/config.in，通过 source 关键字将子模块的配置文件导入，代码如下：

```
#第 9 章/tools/menuconfig/config.in
#根配置文件
mainmenu "Huawei LiteOS Configuration"
...
```

```
###################config options of Kernel ############
#########
source "Kernel/Kconfig"
###################config options of lib ##############
##########
source "lib/Kconfig"
###################config options of compatibility ##########
####
osource "compat/Kconfig"
###################config options of components ##########
###
source "components/Kconfig"
#导入 demos 模块的配置文件
source "demos/Kconfig"
...
endmenu
```

2. 工程管理

1）Makefile

顶层 Makefile 通过指令 make -C 切换到子模块，由于有多个模块需要编译，因此需要使用 for 循环逐个编译，代码如下：

```
#第 9 章/LiteOS-master/Makefile
...
-include $(LITEOSTOPDIR)/config.mk
...
$(LITEOS_LIBS_TARGET): $(__LIBS)
    $(HIDE)for dir in $(LIB_SUBDIRS); \
        do $(MAKE) -C $$dir all || exit 1; \
    done
    $(HIDE)echo "=============== make lib done ==============="
...
```

文件 config.mk 的第一句就引用了 los_config.mk，而变量 LIB_SUBDIRS 定义在配置文件 los_config.mk 中，代码如下：

```
#第 9 章/config.mk
...
-include $(LITEOSTOPDIR)/build/mk/los_config.mk
...


#第 9 章 build/mk/los_config.mk
...
ifneq ($(wildcard $(LITEOSTOPDIR)/components),)
LIB_SUBDIRS += components
endif
```

```
ifneq ( $ (wildcard $ (LITEOSTOPDIR)/demos),)
LIB_SUBDIRS += demos
Endif
...
```

通过层层引用及指令 make -C 可以顺利地切换到子模块 demos 下的 Makefile，而 demos 又包含多个小模块，同样还是通过指令 make -C 切换，代码如下：

```
#第 9 章/demos/Makefile
include $ (LITEOSTOPDIR)/config.mk
...
MODULE_ $ (LOSCFG_DEMOS_AGENT_TINY_MQTT) += agenttiny_mqtt
...
include $ (MODULE)
```

如果在 menuconfig 中使能 MQTT 案例，则 LOSCFG_DEMOS_AGENT_TINY_MQTT 的值为 y，demos 下的 Makefile 的代码如下：

```
#第 9 章/demos/Makefile
include $ (LITEOSTOPDIR)/config.mk
...
MODULE_y += agenttiny_mqtt
...
include $ (MODULE)
```

变量 MODULE 定义在文件 build/mk/los_config.mk 中，其值指向文件 build/mk/module.mk，代码如下：

```
#第 9 章/build/mk/los_config.mk
MODULE =  $ (MK_PATH)/module.mk


#第 9 章 build/mk/module.mk
...
SUB_MODULE_BUILD: $ (MODULE_y)
    $ (HIDE) for dir in $ (MODULE_y); \
        do $ (MAKE) -C $ $dir all || exit 1; \
    done
...
```

如果使能 MQTT 案例，则变量 MODULE_y 中就多出一个值 agenttiny_mqtt，而此时指令 make -C 就可切换到 agenttiny_mqtt 目录下的 Makefile，此时已经切换到最内层的 Makefile。

开发者需要在最内层模块的 Makefile 中指定源文件和头文件路径、输出目标名字、链接标志，代码如下：

```
#第 9 章/demos/agenttiny_mqtt/Makefile
#引入配置信息
include $(LITEOSTOPDIR)/config.mk
#引入必要的头文件路径
include $(LITEOSTOPDIR)/components/components.mk
#输出目标名字,这里定义为目录名称
MODULE_NAME := $(notdir $(CURDIR))
#模块源文件路径
LOCAL_SRCS := \
    $(wildcard *.c)
#模块头文件路径
LOCAL_INCLUDE := \
    -I $(LITEOSTOPDIR)/demos/agenttiny_mqtt \
    -I $(LITEOSTOPDIR)/include
#需要用到的其他头文件路径,MQTT 案例使用了 LiteOS 内置的 MQTT 组件
LOCAL_INCLUDE += $(COMPONENTS_INCLUDE)
#链接标志
LOCAL_EXT_FLAG := -Wno-unused-variable
LOCAL_FLAGS := $(LOCAL_INCLUDE) $(LITEOS_GCOV_OPTS) $(LOCAL_EXT_FLAG)
#引入模块进行编译
include $(MODULE)
```

在最内层的 Makefile 中,源文件路径必须使用变量 LOCAL_SRCS,头文件路径使用变量 LOCAL_INCLUDE。最终编译规则依然定义在文件 build/mk/module.mk 中,代码如下:

```
#第 9 章/build/mk/module.mk

...
#输出名称
OUT = $(LITEOSTOPDIR)/out/$(LITEOS_PLATFORM)
BUILD = $(OUT)/obj
OBJOUT := $(BUILD)$(dir $(subst $(LITEOSTOPDIR),,$(CURDIR)))$(MODULE_NAME)
...
#通过模式匹配将当前目录下的所有 c 文件编译为 o 文件
#由于当前在最内层 Makefile 中引入 MODULE,因此当前目录为模块下的各子目录
$(OBJOUT)/%.o: %.c
    $(HIDE)$(OBJ_MKDIR)
    $(HIDE)$(CC) $(LITEOS_CFLAGS) $(LOCAL_FLAGS) $(LOCAL_CFLAGS) -c $< -o $@

#.c 源文件
LOCAL_CSRCS := $(filter %.c, $(LOCAL_SRCS))
...

#.c 文件编译输出的.o 文件
LOCAL_COBJS := $(patsubst %.c, $(OBJOUT)/%.o, $(LOCAL_CSRCS))
...
```

```
#所有的.o文件
LOCAL_OBJS := $(LOCAL_COBJS) $(LOCAL_CPPOBJS) $(LOCAL_ASMOBJS) \
                $(LOCAL_ASMOBJS2) $(LOCAL_CCOBJS)

#将.o文件添加到库,链接供使用
$(LIBA): $(LOCAL_OBJS) SUB_MODULE_BUILD
    $(HIDE) $(OBJ_MKDIR)
    $(call add_lib_to_baselib_file, $(MODULE_NAME))
```

2）头文件路径

每个模块中的函数都可能被其他源代码引用，因此需要将模块的头文件路径提供给其他源码。LiteOS在每个模块目录下建立文件$(MODULENAME).mk，将模块头文件的路径单独定义在一个变量中，例如MQTT案例的mk文件，代码如下：

```
#第9章/demos/agenttiny_mqtt/agenttiny_mqtt.mk
DEMOS_AGENTTINY_MQTT_INCLUDE = \
    -I $(LITEOSTOPDIR)/demos/agenttiny_mqtt
```

在模块上层目录的mk文件中，通过ifeq判断是否要包含指定的$(MODULENAME).mk，代码如下：

```
#第9章/demos/demos.mk
...
#如果使能MQTT案例,则引入对应的mk文件,添加头文件路径
ifeq ($(LOSCFG_DEMOS_AGENT_TINY_MQTT), y)
include $(LITEOSTOPDIR)/demos/agenttiny_mqtt/agenttiny_mqtt.mk
DEMOS_INCLUDE += $(DEMOS_AGENTTINY_MQTT_INCLUDE)
Endif
...
```

最后在文件build/mk/los_config.mk中引入模块的头文件路径，代码如下：

```
#第9章/build/mk/los_config.mk

...
#引入demos.mk
include $(LITEOSTOPDIR)/demos/demos.mk
...
#将头文件路径添加到LITEOS_BASE_INCLUDE,这样其他源码也可使用
LITEOS_BASE_INCLUDE := $(LITEOS_KERNEL_INCLUDE) \
    $(LITEOS_PLATFORM_INCLUDE) $(LITEOS_LIB_INCLUDE) \
    $(LITEOS_FS_INCLUDE) $(LITEOS_EXTKERNEL_INCLUDE) \
    $(LITEOS_COMPAT_INCLUDE) $(LITEOS_DRIVERS_INCLUDE) \
    $(LOSCFG_TOOLS_Debug_INCLUDE) $(LITEOS_NET_INCLUDE) \
    $(COMPONENTS_INCLUDE) $(DEMOS_INCLUDE)
...
```

3）链接管理

通过 Makefile 层层管理编译，最终模块源码被编译为.a 或者.so 库文件，开发者需要在板级编译配置文件 targets/bsp.mk 中加入链接库，代码如下：

```
#第 9 章/targets/bsp.mk
...
#如果使能 MQTT 案例，则加入链接库 agenttiny_mqtt
ifeq ( $ (LOSCFG_DEMOS_AGENT_TINY_MQTT), y)
    LITEOS_BASELIB +=  - lagenttiny_mqtt
endif
...
```

变量 LITEOS_BASELIB 定义在顶层 Makefile 中，因此可用于所有开发板编译链接。

注意：-l 是 GCC 语法，其作用是指明链接库名称。此处库名称必须与模块 Makefile 中的变量 MODULE_NAME 一致。

9.4.2 实战案例：自定义 demo 模块

1. 案例描述

将 mydemos 文件夹下的案例以模块的形式加入 LiteOS 系统中，开发者可通过 make menuconfig 进入配置菜单使能对应的案例模块，减少板级配置步骤。

2. 操作流程

1）Kconfig 配置

（1）在 mydemos 目录下创建 Kconfig 文件，为每个案例添加对应的配置选项，代码如下：

```
#第 9 章/mydemos/Kconfig
#菜单 MyDemos
menu "MyDemos"
#任务案例
config LOSCFG_MYDEMOS_TASK
    bool "Enable Task Demo"
    default n
#中断案例
config LOSCFG_MYDEMOS_HWI
    bool "Enable Hwi Demo"
    default n
#内存案例
config LOSCFG_MYDEMOS_MEM
    bool "Enable Mem Demo"
    default n

    choice
        prompt "Choose Mem Demo"
```

```
            depends on LOSCFG_MYDEMOS_MEM
            config LOSCFG_MYDEMOS_MEM_STATIC
                bool "Enable Static Mem Demo"
                default y
            config LOSCFG_MYDEMOS_MEM_DYNAMIC
                bool "Enable Dynamic Mem Demo"
                default n
        endchoice
    #其他案例
    ...

    endmenu
```

（2）在顶层配置文件 tools/menuconfig/config.in 中引入文件 mydemos/Kconfig，代码如下：

```
#第 9 章/tools/menuconfig/config.in
...
################config options of components################
source "components/Kconfig"
source "demos/Kconfig"
#新增的 mydemos 配置
source "mydemos/Kconfig"
...
```

2）工程管理

（1）参考 demos 模块，在 mydemos 目录下创建 Makefile，将各案例添加到 MODULE_y 变量，代码如下：

```
#第 9 章/mydemos/Makefile
#引入 config.mk
include $(LITEOSTOPDIR)/config.mk
#添加模块
MODULE_$(LOSCFG_MYDEMOS_TASK) += task
MODULE_$(LOSCFG_MYDEMOS_HWI) += hwi
...
MODULE_$(LOSCFG_MYDEMOS_SENSOR) += sensor
...
#引入 module.mk
include $(MODULE)
```

（2）为每个案例添加 Makefile 文件，例如任务案例的 Makefile，代码如下：

```
#第 9 章/mydemos/task/Makefile
#引入 config.mk
include $(LITEOSTOPDIR)/config.mk
#模块名称，这个值实际为 mydemos_task
```

```
MODULE_NAME := mydemos_$(notdir $(CURDIR))
#源文件路径
LOCAL_SRCS := $(wildcard *.c)
#头文件路径
MYDEMOS_TASK_INCLUDE += \
    -I $(LITEOSTOPDIR)/mydemos/task

LOCAL_INCLUDE += $(MYDEMOS_TASK_INCLUDE)

LOCAL_FLAGS := $(LOCAL_INCLUDE)
#引入 module.mk
include $(MODULE)
```

(3) 为每个案例创建 mk 文件，将其头文件路径导出到文件 mydemos/mydemos.mk 中，代码如下：

```
#第 9 章/mydemos/task/task.mk
MYDEMOS_TASK_INCLUDE := \
    -I $(LITEOSTOPDIR)/mydemos/task


#第 9 章/mydemos/mydemos.mk
MYDEMOS_INCLUDE :=
#任务案例头文件路径
ifeq ($(LOSCFG_MYDEMOS_TASK), y)
include $(LITEOSTOPDIR)/mydemos/task/task.mk
MYDEMOS_INCLUDE += $(MYDEMOS_TASK_INCLUDE)
endif
#中断案例头文件路径
ifeq ($(LOSCFG_MYDEMOS_HWI), y)
include $(LITEOSTOPDIR)/mydemos/hwi/hwi.mk
MYDEMOS_INCLUDE += $(MYDEMOS_HWI_INCLUDE)
endif
...
```

(4) 将案例的头文件路径添加到文件 build/mk/los_config.mk 中，代码如下：

```
#第 9 章/build/mk/los_config.mk
...
include $(LITEOSTOPDIR)/demos/demos.mk
#引入 mydemos.mk
include $(LITEOSTOPDIR)/mydemos/mydemos.mk
...

ifneq ($(wildcard $(LITEOSTOPDIR)/demos),)
LIB_SUBDIRS += demos
endif
#将 mydemos 目录添加到变量 LIB_SUBDIRS
```

```
ifneq ( $ (wildcard $ (LITEOSTOPDIR)/mydemos),)
LIB_SUBDIRS += mydemos
endif
...
#将头文件路径 MYDEMOS_INCLUDE 添加到 LITEOS_BASE_INCLUDE,这样其他源码也可使用
LITEOS_BASE_INCLUDE := $ (LITEOS_KERNEL_INCLUDE) \
     $ (LITEOS_PLATFORM_INCLUDE) $ (LITEOS_LIB_INCLUDE) \
     $ (LITEOS_FS_INCLUDE) $ (LITEOS_EXTKERNEL_INCLUDE) \
     $ (LITEOS_COMPAT_INCLUDE) $ (LITEOS_DRIVERS_INCLUDE) \
     $ (LOSCFG_TOOLS_Debug_INCLUDE) $ (LITEOS_NET_INCLUDE) \
     $ (COMPONENTS_INCLUDE) $ (DEMOS_INCLUDE) $ (MYDEMOS_INCLUDE)
...
```

(5) 在板级工程管理配置文件 targets/bsp.mk 中添加案例对应的链接库,代码如下:

```
#第 9 章/targets/bsp.mk
...
#mydemos 下的各案例链接库
#务必将库名和各案例 Makefile 中的 MODULE_NAME 保持一致
ifeq ( $ (LOSCFG_MYDEMOS_TASK), y)
    LITEOS_BASELIB += -lmydemos_task
endif
ifeq ( $ (LOSCFG_MYDEMOS_HWI), y)
    LITEOS_BASELIB += -lmydemos_hwi
endif
...
ifeq ( $ (LOSCFG_MYDEMOS_TIME), y)
    LITEOS_BASELIB += -lmydemos_time
endif
```

3) 案例入口

(1) LiteOS 内置的案例入口在源文件 targets/bsp/common/demo_entry.c 中,以此为参考创建自定义案例入口源文件 mydemo_entry.c,案例中必须包含头文件 menuconfig.h,代码如下:

```
//第 9 章/targets/bsp/common/mydemo_entry.c
#include "mydemo_entry.h"

//案例总入口
void mydemo_entry(){
#ifdef LOSCFG_MYDEMOS_TASK
    //任务案例入口
    demo_task();
#endif
#ifdef LOSCFG_MYDEMOS_HWI
    //中断案例入口
    demo_hwi();
```

```
#endif
    //其他案例
    ...
}


//第 9 章/targets/bsp/common/mydemo_entry.h
#ifndef __MYDEMO_H
#define __MYDEMO_H

#必须包含此头文件,Kconfig 的配置结果反映在 menuconfig.h 文件中
#include "menuconfig.h"

#ifdef LOSCFG_MYDEMOS_TASK
#include "task.h"
#endif

#ifdef LOSCFG_MYDEMOS_HWI
#include "hwi.h"
#endif

...

//案例总入口
void mydemo_entry();

#endif
```

(2) 将案例入口源文件 mydemo_entry.c 添加到 bsp 目录下的 Makefile 中，代码如下：

```
#第 9 章/targets/bsp/Makefile
...
LOCAL_SRCS +=  $(wildcard common/demo_entry.c) \
               $(wildcard common/mydemo_entry.c)
...
```

3. 运行结果

开发者只需在目标板下的源文件 user_task.c 中调用函数 mydemo_entry()便可以演示案例。进入 menuconfig 可以看到 MyDemos 菜单，如图 9-10(a)所示；同时还可切入 MyDemos 的下层菜单选择要演示的案例，如图 9-10(b)所示。

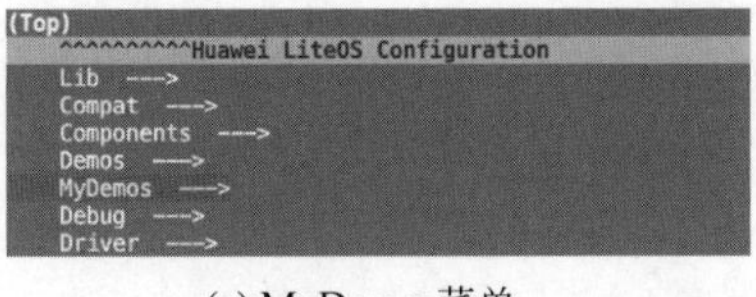

```
(Top)
    ^^^^^^^^^^Huawei LiteOS Configuration
    Lib  --->
    Compat  --->
    Components  --->
    Demos  --->
    MyDemos  --->
    Debug  --->
    Driver  --->
```

(a) MyDemos菜单

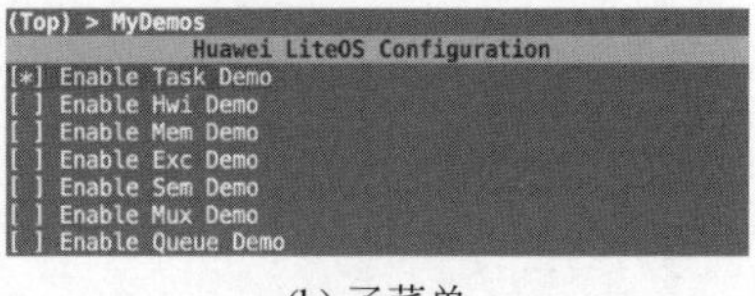

```
(Top) > MyDemos
            Huawei LiteOS Configuration
[*] Enable Task Demo
[ ] Enable Hwi Demo
[ ] Enable Mem Demo
[ ] Enable Exc Demo
[ ] Enable Sem Demo
[ ] Enable Mux Demo
[ ] Enable Queue Demo
```

(b) 子菜单

图 9-10　菜单

进入 menuconfig 的 Targets 菜单，选择开发板 STM32F407VET6_TEST，使能 MyDemos 下的 Sem 案例，编译之后运行结果如图 9-11 所示。

```
app init!
customer1 try get sem...customer2 try get sem...
producer begin post sem
customer1 get sem success
producer begin post sem
customer2 get sem success
producer begin post sem
customer1 try get sem...customer1 get sem success
producer begin post sem
customer2 try get sem...customer2 get sem success
producer begin post sem
producer begin post sem
customer1 try get sem...customer1 get sem success
producer begin post sem
customer2 try get sem...customer2 get sem success
```

图 9-11　运行结果

9.5　实战案例：智能家居终端

LiteOS 已经在智能制造、智慧城市、智慧家居等领域得到广泛应用。本节将开发一个基于 STM32F407 的智能家居终端系统。

9.5.1　项目概述

智慧家居是最常见的物联网应用案例，一套完整的智慧家居系统不仅包含传感数据采集和设备控制，还会对数据进行分析整合，实现全屋智能控制。数据采集可使用 ZigBee、BLE 等节点，智能终端作为节点和服务器数据的桥梁，服务器负责数据整合及智能控制。尽管边缘计算可以让智能终端做一些数据处理工作，然而在智慧家居领域并不划算。

1. 框架

本节案例以正点原子 STM32F407 开发板智能终端采集自身传感数据，并收集其他节点数据，将数据上传至云平台。在终端显示器上设计一个用户界面，可显示传感数据并控制家电设备，其整体结构如图 9-12 所示。

2. 数据结构

智慧家居系统的上行数据主要是温湿度、光照等传感数据，下行数据主要是 LED、冰箱等家电控制命令，并且这些数据很大程度上是全局性的。本案例将采集烟雾传感、温湿度传感、光照传感 3 个数据，下行数据控制 LED 及窗帘状态。为每个房间设置一样的数据结构，因此需要定义一个全局结构体数组，代码如下：

```
//第 9 章/mydemos/sensor/sensor_data/sensor_data.c
#include "sensor_data.h"

_sensor_data sensor_data[6];
```

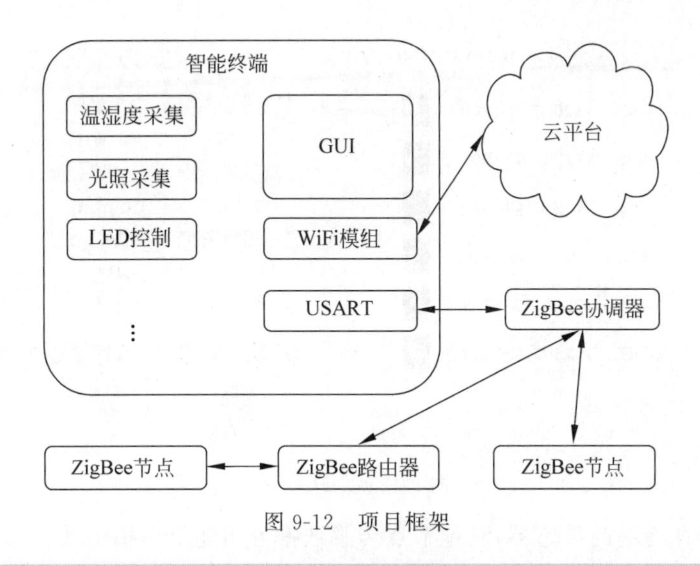

图 9-12 项目框架

```
//第 9 章/mydemos/sensor/sensor_data/sensor_data.h
#ifndef __SENSOR_DATA_H
#define __SENSOR_DATA_H

#include "los_typedef.h"

typedef struct{
    uint8_t id;                    //房间号
    uint8_t th;                    //温度
    uint8_t rh;                    //湿度
    uint16_t lux;                  //光照
    uint16_t gas;                  //烟雾
    uint8_t curtain;               //窗帘
    uint8_t led1;                  //LED1
    uint8_t led2;                  //LED2
    uint8_t led3;                  //LED3
}_sensor_data;

extern _sensor_data sensor_data[6];

#endif
```

3. 用户界面

基于 LVGL 框架设计一个简单交互界面，采用 TabView 控件设计两个标签页，Tab1 显示房间整体状态，Tab2 为每个房间具体显示控制界面，如图 9-13 所示。

9.5.2 传感数据

温湿度传感器采用 DHT11、烟雾传感器采用 MQ2、光照传感器采用 BH1750，所有传感数据使用 LiteOS 传感框架统一管理，采用模块化编程思想。本案例重点是 LiteOS 应用，

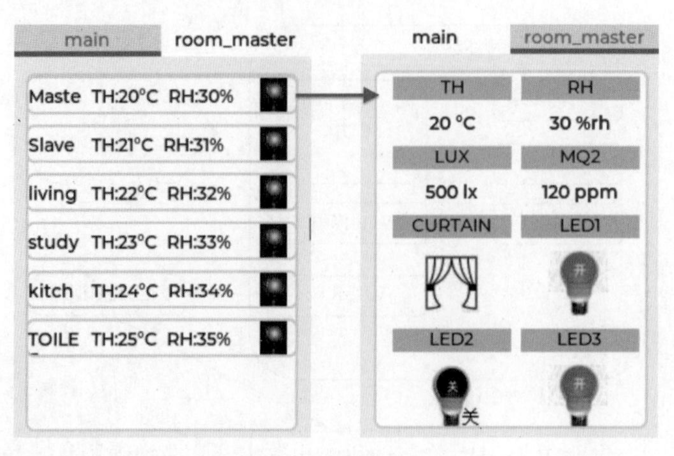

图 9-13 GUI 界面

目前只考虑连接在终端的传感器，其他节点传感数据可用随机虚拟值代替。

1. 传感器配置 Kconfig

修改配置文件 mydemos/Kconfig，为传感案例配置 3 个选项，使在开发过程中可通过 make menuconfig 选择要使能的传感器，代码如下：

```
#第 9 章/mydemos/Kconfig
#菜单 MyDemos
menu "MyDemos"
#任务案例
config LOSCFG_MYDEMOS_TASK
    bool "Enable Task Demo"
    default n
#其他案例
...
#传感框架案例
config LOSCFG_MYDEMOS_SENSOR
    bool "Enable Sensor Demo"
    default n
    #反向依赖 SENSORHUB 组件
    select LOSCFG_COMPONENTS_SENSORHUB

    #是否使能 printf 输出传感数据
    config LOSCFG_MYDEMOS_SENSOR_Debug
    depends on LOSCFG_MYDEMOS_SENSOR
    bool "Enable Debug Info"
    default n

    #是否使能 DHT11
    config LOSCFG_MYDEMOS_SENSOR_DHT11
    depends on LOSCFG_MYDEMOS_SENSOR
    bool "Enable DHT11"
```

```
    default n

    #是否使能 MQ2
    config LOSCFG_MYDEMOS_SENSOR_MQ2
    depends on LOSCFG_MYDEMOS_SENSOR
    bool "Enable MQ2"
    default n

    #是否使能 BH1750
    config LOSCFG_MYDEMOS_SENSOR_BH1750
    depends on LOSCFG_MYDEMOS_SENSOR
    bool "Enable BH1750"
    default n
...
endmenu
```

2. 传感驱动

在 mydemos/sensor 目录下创建两个文件夹 BH1750、MQ2 分别存放光照传感器和烟雾传感器驱动代码，光照传感器使用 IIC 接口、烟雾传感器使用 AD 接口。打开 CubeMX 软件配置 STM32 的 IIC 接口和 AD 接口，将生成的配置代码复制到 STM32F407VET6_TEST 目录下。

1）烟雾传感驱动

（1）配置好 AD 接口之后，烟雾传感器 MQ2 可直接读取数据，代码如下：

```
//第 9 章/mydemos/sensor/mq2/mq2.c
uint16_t MQ2_ReadData(void) {
    //启动转换
    HAL_ADC_Start(&hadc1);
    //等待转换完成
    HAL_ADC_PollForConversion(&hadc1, 50);
    //返回结果
    return HAL_ADC_GetValue(&hadc1);
}
```

（2）参考 7.2.2 节使用 SensorType 管理传感驱动，部分代码如下：

```
//第 9 章/mydemos/sensor/mq2/mq2_driver.h
typedef struct {
    UINT16 MQ2TimerId;
    UINT32 MQ2Interval;
    UINT16 MQ2Data[1];              //烟雾值为 1 个 16 位数据
} MQ2Priv;


//第 9 章/mydemos/sensor/mq2/mq2_driver.c
//数据长度为 1
```

```
#define SENSOR_MQ2_DATA_LEN 1
//初始化所有数据无效
STATIC MQ2Priv g_MQ2Priv = {
    .MQ2TimerId = INVALID_TIMER_ID,
    .MQ2Interval = 0,
    .MQ2Data[0] = 0,
};
...
//读取数据,需要用到裸机驱动代码
STATIC INT32 MQ2ReadData(SensorType * sensor) {
    //得到数据指针
    uint16_t * data = (uint16_t *)sensor->sensorData;
    //将数据回传给 sensor
    data[0] = MQ2_ReadData();

    return LOS_OK;
}
...
//初始化 SensorType 结构
STATIC SensorType g_sensorMQ2 = {
    ...
    .tag = TAG_GAS, //传感器类型,LiteOS 默认没有这种类型,需要自己添加
};
```

(3) 尽管 LiteOS 传感框架内置了二十多种传感类型(定义在头文件 protocol.h 中),然而在实际开发中可能无法找到匹配的传感器,此时开发者可在枚举类型 ObjTag 中添加自定义类型。LiteOS 并不支持 TAG_GAS 类型传感器,因此需要修改头文件 protocol.h,部分代码如下:

```
//第 9 章/components/sensorhub/include/common/protocol.h
typedef enum {
    TAG_BEGIN = 0x01,
    TAG_SENSOR_BEGIN = TAG_BEGIN,
    TAG_ACCEL = TAG_SENSOR_BEGIN,                     //加速度传感器
    TAG_GYRO,                                         //陀螺仪
    ...
    TAG_CAP_PROX,                                     //接近传感器
    TAG_GAS,
    TAG_SENSOR_END,
    TAG_TP = TAG_SENSOR_END, //26
    TAG_END
} ObjTag;
```

2) 光照传感驱动

(1) 光照传感器 BH1750 在使用前需要发送初始化指令,每次读取数据时都需要先发送启动指令,然后才可读取数据,代码如下:

```
//第 9 章/mydemos/sensor/bh1750/bh1750.c
void BH1750_Init(void) {
    uint8_t t_Data = 0x01;
    HAL_I2C_Master_Transmit(&hi2c1, BH1750_Addr, &t_Data, 1, 0xff);
}

void BH1750_Start(void) {
    uint8_t t_Data = 0x10;
    HAL_I2C_Master_Transmit(&hi2c1, BH1750_Addr, &t_Data, 1, 0xff);
}

uint16_t BH1750_ReadData(void) {
    //启动
    BH1750_Start();
    delay10ms(180);
    //读取数据
    HAL_I2C_Master_Receive(&hi2c1, BH1750_Addr + 1, BUF, 2, 0xff);
    result = BUF[0];
    //合成数据,即光照数据
    result = (result << 8) + BUF[1];
    //返回光照值
    return (uint16_t)((float)result / 1.2);
}
```

(2) 参考 7.2.2 节使用 SensorType 管理传感驱动,部分代码如下:

```
//第 9 章/mydemos/sensor/bh1750/bh1750_driver.h
typedef struct {
    UINT16 BH1750TimerId;
    UINT32 BH1750Interval;
    UINT16 BH1750Data[1];                    //光照值为 1 个 16 位数据
} BH1750Priv;


//第 9 章/mydemos/sensor/bh1750/bh1750_driver.c
//数据长度为 1
#define SENSOR_BH1750_DATA_LEN 1
//私有指针
STATIC BH1750Priv g_BH1750Priv = {
    .BH1750TimerId = INVALID_TIMER_ID,
    .BH1750Interval = 0,
    .BH1750Data[0] = 0,
};
//初始化传感器
STATIC INT32 BH1750Init(SensorType * sensor) {
    (VOID)(sensor);
    BH1750_Init();
    return LOS_OK;
```

```
}
//读取数据,需要用到裸机驱动代码
STATIC INT32 BH1750ReadData(SensorType * sensor) {
    //得到数据指针
    uint16_t * data = (uint16_t * )sensor -> sensorData;
    //将数据回传给 sensor
    data[0] = BH1750_ReadData();
    return LOS_OK;
}
//初始化 SensorType 结构
STATIC SensorType g_sensorBH1750 = {
    ...
    .tag = TAG_ALS,          //环境光照传感器,LiteOS 支持此类型
};
```

注意：使用传感驱动时务必先初始化相应的 IIC 和 AD 接口。

3. 传感器应用

传感器应用代码同样可参考 7.2.2 节，为 BH1750 和 MQ2 分别设置一个应用 Item，在数据上报回调函数中需要将传感器数值赋值给全局变量 sensor_data（见 9.5.1 节），部分代码如下：

```
//第 9 章/mydemos/sensor/sensor_app/sensor_app.c
/*************************** DHT11 ****************************/
//定义 Item,每个 Item 就是一个应用
STATIC SensorItem g_demoDHT11Item1 = {
    .id = 1,
};
//数据更新回调函数
STATIC VOID SensorDHT11Report(UINT32 arg, const UINT8 * data, UINT32 len) {
#if LOSCFG_MYDEMOS_SENSOR_Debug
printf("DHT11 Item %u report TH %d, RH %d%%, len %d \r\n",
                arg, data[0], data[1],len);
#endif
    uint8_t i;
    for(i = 0; i < 6; i++){
        //sensor_data[0]为终端实际传感数值
        //其他节点值随意设置,这里只是为了简单
        sensor_data[i].th = data[0] + i;
        sensor_data[i].rh = data[1] + i;
#if LOSCFG_MYDEMOS_LVGL_GUI
        //更新 GUI 的 TAB1
        update_list(i);
    }
    //更新 GUI 的 TAB2
    update_room(room_id);
```

```
#else
    }
#endif
}
//初始化传感器应用,从传感器列表中得到指定传感器
STATIC VOID InitDHT11(VOID) {
    ...
    sensor = scbTable[TAG_TEMP - TAG_BEGIN].sensorInterface;
    ...
    SensorItemInit(&g_demoDHT11Item1, NULL, TAG_TEMP,
                   SensorDHT11Report, 1);
}
/*************************** MQ2 ****************************/
STATIC SensorItem g_demoMQ2Item1 = {
    .id = 2,
};
//数据更新回调函数
STATIC VOID SensorMQ2Report(UINT32 arg, const UINT16 * data, UINT32 len) {
#if LOSCFG_MYDEMOS_SENSOR_Debug
    printf("MQ2 Item %u report MQ2 %d, len %d \r\n", arg, data[0], len);
#endif
    uint8_t i;
    for(i=0; i<6; i++){
        sensor_data[i].gas = data[0] + i;
#if LOSCFG_MYDEMOS_LVGL_GUI
        //更新 GUI 的 TAB1
        update_list(i);
    }
    //更新 GUI 的 TAB2
    update_room(room_id);
#else
    }
#endif
}
//初始化传感器应用,从传感器列表中得到指定传感器
STATIC VOID InitMQ2(VOID) {
    ...
    sensor = scbTable[TAG_GAS - TAG_BEGIN].sensorInterface;
    ...
    //初始化应用 Item
SensorItemInit(&g_demoMQ2Item1, NULL, TAG_GAS,
               SensorMQ2Report, 1);
}
/*************************** BH1750 ****************************/
STATIC SensorItem g_demoBH1750Item1 = {
    .id = 3,
};
//数据更新回调函数
STATIC VOID Sensorbh1750Report(UINT32 arg, const UINT16 * data, UINT32 len) {
```

```
#if LOSCFG_MYDEMOS_SENSOR_Debug
    printf("BH1750 Item %u report LUX %d, len %d \r\n", arg, data[0], len);
#endif
    uint8_t i;
    for(i = 0; i < 6; i++){
        sensor_data[i].lux = data[0] + i * 10;
#if LOSCFG_MYDEMOS_LVGL_GUI
        //更新 GUI 的 TAB1
        update_list(i);
    }
    //更新 GUI 的 TAB2
    update_room(room_id);
#else
    }
#endif
}
//初始化传感器应用,从传感器列表中得到指定传感器
STATIC VOID InitBH1750(VOID) {
    ...
    sensor = scbTable[TAG_ALS - TAG_BEGIN].sensorInterface;
    ...
SensorItemInit(&g_demoBH1750Item1, NULL, TAG_ALS,
               Sensorbh1750Report, 1);
}
//传感任务入口
STATIC VOID sensor_entry(VOID) {
    printf("SensorHub demo task start to run.\n");
    //初始化 sensormanager
    SensorManagerInit();
    LOS_TaskDelay(1000);
#ifdef LOSCFG_MYDEMOS_SENSOR_DHT11
    //注册传感器
    DHT11SensorRegister();
    //初始化应用 Item
    InitDHT11();
    //打开 Item
    OpenDHT11();
#endif
#ifdef LOSCFG_MYDEMOS_SENSOR_MQ2
    MQ2SensorRegister();
    InitMQ2();
    OpenMQ2();
#endif
#ifdef LOSCFG_MYDEMOS_SENSOR_BH1750
    BH1750SensorRegister();
    InitBH1750();
    OpenBH1750();
#endif
    printf("SensorHub demo task finished.\n");
```

```
}

VOID demo_sensorhub(VOID) {
    ...
}
```

本案例只采集终端的传感数据，其他节点数据可用 ZigBee 模块传输，或者自己设置一个虚拟值。笔者为了简化操作，将数组 sensor_data 的其他数据与终端进行了关联。

注意：不同的传感器应用 id 也不能相同，在初始化传感器应用时要匹配各自的 TAG 值。

4. Makefile

修改文件 sensor/Makefile，将传感器相关源文件和头文件添加到指定路径中，代码如下：

```
#第9章/mydemos/sensor/Makefile
include $(LITEOSTOPDIR)/config.mk

MODULE_NAME := mydemos_$(notdir $(CURDIR))

LOCAL_SRCS := \
    $(LITEOSTOPDIR)/mydemos/sensor/sensor_app/sensor_app.c \
    $(LITEOSTOPDIR)/mydemos/sensor/sensor_data/sensor_data.c

#选择性编译
ifeq ($(LOSCFG_MYDEMOS_SENSOR_MQ2), y)
LOCAL_SRCS += \
    $(LITEOSTOPDIR)/mydemos/sensor/mq2/mq2_driver.c \
    $(LITEOSTOPDIR)/mydemos/sensor/mq2/mq2.c
MYDEMOS_SENSOR_INCLUDE += \
    -I $(LITEOSTOPDIR)/mydemos/sensor/mq2
endif

ifeq ($(LOSCFG_MYDEMOS_SENSOR_BH1750), y)
LOCAL_SRCS += \
    $(LITEOSTOPDIR)/mydemos/sensor/bh1750/bh1750_driver.c \
    $(LITEOSTOPDIR)/mydemos/sensor/bh1750/bh1750.c
MYDEMOS_SENSOR_INCLUDE += \
    -I $(LITEOSTOPDIR)/mydemos/sensor/bh1750
endif

ifeq ($(LOSCFG_MYDEMOS_SENSOR_DHT11), y)
LOCAL_SRCS += \
    $(LITEOSTOPDIR)/mydemos/sensor/dht11/dht11_driver.c \
    $(LITEOSTOPDIR)/mydemos/sensor/dht11/dht11.c
MYDEMOS_SENSOR_INCLUDE += \
```

```
    -I $(LITEOSTOPDIR)/mydemos/sensor/dht11
endif

#头文件路径
MYDEMOS_SENSOR_INCLUDE += \
    -I $(LITEOSTOPDIR)/mydemos/sensor/sensor_app \
    -I $(LITEOSTOPDIR)/mydemos/sensor/sensor_data \
    -I $(LITEOSTOPDIR)/components/sensorhub/include/app \
    -I $(LITEOSTOPDIR)/components/sensorhub/include/arch \
    -I $(LITEOSTOPDIR)/components/sensorhub/include/common

LOCAL_INCLUDE += $(MYDEMOS_SENSOR_INCLUDE)

LOCAL_FLAGS := $(LOCAL_INCLUDE)

include $(MODULE)
```

5. sensor.mk

修改文件 sensor/sensor.mk，添加头文件路径以便其他文件调用传感器相关函数，代码如下：

```
#第9章/mydemos/mydemos.mk
#sensorhub框架的头文件路径
MYDEMOS_SENSOR_INCLUDE := \
    -I $(LITEOSTOPDIR)/mydemos/sensor/sensor_app \
    -I $(LITEOSTOPDIR)/components/sensorhub/include/app \
    -I $(LITEOSTOPDIR)/components/sensorhub/include/arch \
    -I $(LITEOSTOPDIR)/components/sensorhub/include/common

#条件语句
ifeq ($(LOSCFG_MYDEMOS_SENSOR_MQ2), y)
MYDEMOS_SENSOR_INCLUDE += \
    -I $(LITEOSTOPDIR)/mydemos/sensor/mq2
endif

ifeq ($(LOSCFG_MYDEMOS_SENSOR_BH1750), y)
MYDEMOS_SENSOR_INCLUDE += \
    -I $(LITEOSTOPDIR)/mydemos/sensor/bh1750
endif

ifeq ($(LOSCFG_MYDEMOS_SENSOR_DHT11), y)
MYDEMOS_SENSOR_INCLUDE += \
    -I $(LITEOSTOPDIR)/mydemos/sensor/dht11
endif
```

9.5.3 用户界面

图形界面采用 LVGL 框架设计，开发者可先在 PC 端设计出完整界面，之后移植到 LiteOS 即可。由于 LVGL 属于另一个范围的知识点，因此笔者只给出框架初始化代码及模块化设置，开发者可自行设计界面或参考云盘中代码。

注意：LVGL 项目开发需使能 LiteOS 的文件系统组件。

1. 配置文件 Kconfig

GUI 依然采用模块化设计思路，若不需要界面，则可通过 make menuconfig 关闭相关功能。在文件 mydemos/Kconfig 中添加 GUI 配置项，代码如下：

```
#第 9 章/mydemos/Kconfig
menu

...
config LOSCFG_MYDEMOS_LVGL_GUI
    bool "Enable LVGL_GUI Demo"
    default n
    select LOSCFG_COMPONENTS_MYGUI

endmenu
```

GUI 相关代码存放在目录 mydemos/lvgl_gui 中，开发者需要在文件 mydemos/mydemos.mk 中引入 GUI 相关头文件路径，代码如下：

```
#第 9 章/mydemos/mydemos.mk
ifeq ($(LOSCFG_MYDEMOS_LVGL_GUI), y)
include $(LITEOSTOPDIR)/mydemos/lvgl_gui/lvgl_gui.mk
MYDEMOS_INCLUDE +=  $(MYDEMOS_LVGL_GUI_INCLUDE)
endif
```

2. LVGL 初始化

LVGL 初始化代码存放在 mydemos/lvgl_gui/init 目录下，大部分代码可参考 8.2 节。若 LCD 有触摸功能，则需要修改 LVGL 输入接口。为了让 GUI 及时响应，将 LVGL 系统滴答和定时代码放在硬件中断内执行，代码如下：

```
//第 9 章/mydemos/lvgl_gui/init/lvgl_init.c
...
//输入回调
void touch_readcb(lv_indev_drv_t * drv, lv_indev_data_t * data) {
#ifdef LCD_9341
    if (tp_dev.scan(0)) {
        data->point.x = tp_dev.x[0];
        data->point.y = tp_dev.y[0];
        //printf("x: %d y %d\n", tp_dev.x[0],tp_dev.y[0]);
        data->state = LV_INDEV_STATE_PRESSED;
    } else {
        data->state = LV_INDEV_STATE_RELEASED;
    }
```

```
#endif
}

//输入设备初始化
void input_init() {
    lv_indev_drv_init(&indev_drv);
    //选择触摸类型
    indev_drv.type = LV_INDEV_TYPE_POINTER;
    //设置回调函数
    indev_drv.read_cb = touch_readcb;
    //注册输入驱动
    lv_indev_t * my_indev = lv_indev_drv_register(&indev_drv);
}

extern TIM_HandleTypeDef htim4;
extern TIM_HandleTypeDef htim5;
//LVGL滴答
void TIM4_IRQHandler(void) {
    HAL_TIM_IRQHandler(&htim4);
    lv_tick_inc(1);
}
//LVGL定时任务
void TIM5_IRQHandler(void) {
    HAL_TIM_IRQHandler(&htim5);
    lv_timer_handler();
}

UINT32 lvgl_init(VOID) {
    lv_init();
    display_init();
    input_init();
    //创建硬件定时中断
    LOS_HwiCreate(TIM4_IRQn + 16, 0, 0, TIM4_IRQHandler, 0);
    LOS_HwiCreate(TIM5_IRQn + 16, 1, 0, TIM5_IRQHandler, 0);
    //启动定时器
    HAL_TIM_Base_Start_IT(&htim4);
    HAL_TIM_Base_Start_IT(&htim5);
    //启动界面
    gui_main();
}
```

9.5.4 运行结果

在源文件 targets/bsp/common/mydemo_entry.c 中调用传感器入口函数 demo_sensorhub()和图形界面入口函数 lvgl_init()，代码如下：

```
//第9章/targets/bsp/common/mydemo_entry.c
void mydemo_entry(){
```

```
    ...
# ifdef LOSCFG_MYDEMOS_SENSOR
    demo_sensorhub();
# endif

# ifdef LOSCFG_MYDEMOS_LVGL_GUI
    lvgl_init();
# endif
}
```

进入 menuconfig 菜单,使能 MyDemos 下的[*]Enable Sensor Demo、[*]Enable Debug Info、[*]Enable DHT11、[*]Enable MQ2、[*]Enable BH1750 选项,编译运行可看到串口输出,如图 9-14 所示。如果设计了 GUI 界面并使能[*]Enable LVGL_GUI Demo 选项,则可在 LCD 看到如图 9-13 所示的结果。

```
BH1750 Item 3 report LUX 19, len 1
MQ2 Item 2 report MQ2 40, len 1
DHT11 Item 1 report TH 16, RH 21%, len 2
```

图 9-14　运行结果

9.6　本章小结

本章以 STM32 为案例讲解了如何将 LiteOS 移植到其他目标板,任何开发板移植之前都要了解其裸机代码,否则无从下手。对于目前支持的芯片架构,LiteOS 源码中都提供了代表性的目标板方案,开发者可基于现有的方案完成移植操作。最后两节从实战角度讲解了 LiteOS 的模块化思想,一套成熟的方案应该基于模块化设计,可轻松进行裁剪。

9.6 本章小结

综合项目实战篇

第 10 章

IoT 云平台

随着各种软硬件技术的不断提升，物联网不再是简单的万物互联，人工智能与 IoT 结合是大势所趋。AIoT 产品不仅是简单的数据采集和设备控制，它同时具备数据筛选、存储、转发等一系列功能。部分数据可在拥有边缘计算能力的终端进行处理，然而多数数据处理任务依然在云平台完成。云平台集计算、网络、存储于一体，是物联网重要结构之一。

本章基于华为 IoT 平台，介绍物联网云平台的使用方法。

10.1 华为 IoT 云平台

15min

早期物联网架构中并没有平台层，应用程序仅通过普通网关与底层硬件交互，因而实现的功能有局限性。云平台可将感知层数据汇总、分析、处理，从而实现应用层和感知层的智能交互。常见的云平台有华为云、阿里云、移动 OneNet 等。

10.1.1 华为 IoT 云概述

华为云已布局全球多个国家和地区，可为全球客户提供包括基础设施、数据、媒体、AI 等海量高质量云服务。华为 IoT 云平台可为客户提供 IoT 云通信、数据分析、设备接入、全球 SIM 互联、IoT 边缘计算等服务。

进入华为云官网(https://www.huaweicloud.com)单击右上角的“注册”按钮进行账号注册，之后登录个人账号，单击右上角的个人账号下拉菜单中的“账号中心”进行实名认证，如图 10-1 所示。

华为云提供 3 种个人账号认证方式：扫码认证、银行卡认证、证件认证，其中扫码或者银行卡认证可即时完成，证件认证需要几个工作日才能通过。推荐使用扫码认证方式，只需用华为云 App 或者微信扫描二维码，并按照提示操作便可以完成认证工作。

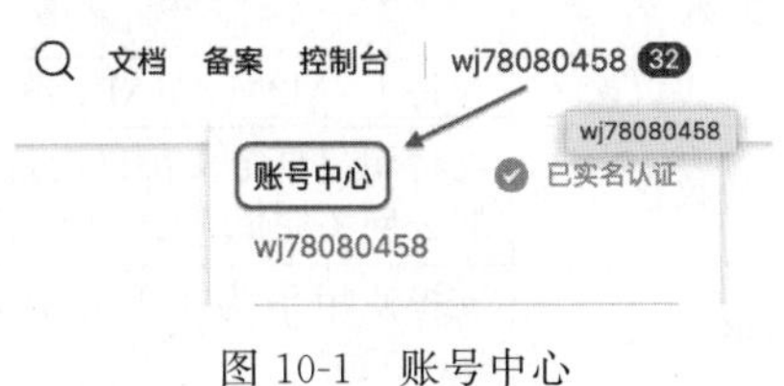

图 10-1　账号中心

10.1.2 设备接入服务

登录华为云账号，单击右上角的“控制台”按钮进入控制台界面，搜索“设备接入

IoTDA”即可进入设备接入控制主页。华为IoTDA(IoT Device Access)服务支持海量设备接入和管理服务，产品可将设备数据上云，也可通过云端将控制命令下发到设备，并支持OTA升级服务。IoT云可结合其他华为云产品，快速构建物联网解决方案。

基于IoT云构建的物联网产品解决方案主要包含3部分：终端设备、云平台、业务应用，如图10-2所示。

图10-2 物联网解决方案

终端设备可通过宽带、移动蜂窝、NB-IoT、LoRa等网络接入物联网平台，其数据可通过MQTT、CoAP等协议上报到云，云端也可通过各种协议将命令下发到设备。

业务应用通过IoT平台提供的接口实现命令下发、数据采集功能，通常这些接口都是基于HTTP协议的。

IoT平台作为终端设备和业务应用的中间层，有承上启下的作用，它屏蔽了复杂的设备接口，从而实现快速接入。IoT平台同时还提供了各种开放能力，方便用户快速构建物联网解决方案。

终端设备可通过多种方式接入华为IoT平台，见表10-1。

表10-1 终端接入方式

接入方式	说明
原生协议接入	支持LwM2M/CoAP、MQTT、HTTPS接入
泛协议接入	支持用户自定义协议设备接入，华为云提供了开源SDK和技术框架，需开发者自行部署云网关完成TCP协议转换
SDK接入	支持使用华为IoT Device SDK Tiny和IoT Device SDK，覆盖的语言包括C、C＃、Java、Go
行业协议接入	通过行业协议插件方式实现行业协议接入
设备接入鉴权	支持X.509证书、一机一密等鉴权方式

10.2 华为IoTDA快速入门

使用IoTDA服务接入终端设备一般需要经过几个步骤：创建产品、定义产品模型、定义插件、注册设备、数据上报、命令下发。华为IoTDA服务提供虚拟设备功能，开发者可使用基于网页端的虚拟设备模拟真实场景，从而快速构建解决方案。

10.2.1 创建实例

实例是云平台提供的一个计算单元，可看作一个包含CPU、存储器、操作系统、网络等资源的虚拟计算机。通常各大云平台都为开发者提供了一个免费实例。

进入IoTDA主页，单击最上面的区域，选择下拉菜单，选择自己需要的区域，如图10-3所示。华为云部署在全球70多个地区，只有部分地区开放免费实例。例如北京一没有免费实例，而北京四、广州等区域则开放免费实例。

图10-3 选择区域

单击"开通免费单元"按钮，在弹出的对话框中输入实例名称之后确定即可，如图10-4所示。

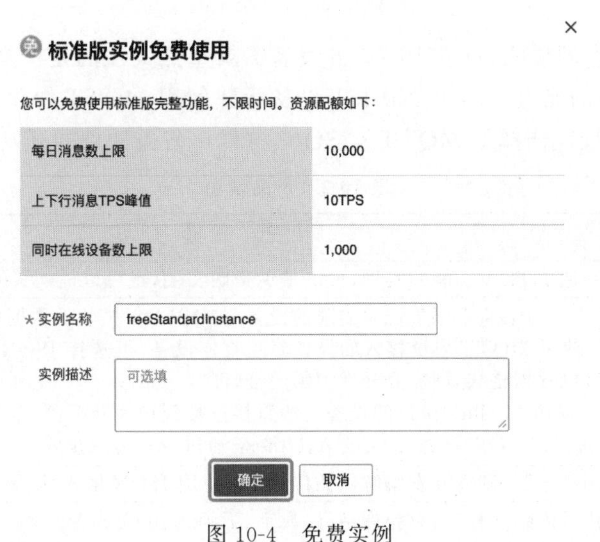

图10-4 免费实例

10.2.2 创建产品

产品是一系列设备的集合，开发者可将具有相同特征或能力的设备归结到一个产品。除了设备之外，产品还包括此类设备在实现物联网解决方案的过程中产生的产品信息、产品模型、编解码插件等资源。

切换到已经开通实例的区域，单击左侧导航栏“产品”标签进入产品开发主页。单击右上角的“创建产品”按钮，根据提示输入产品信息，如图10-5所示。

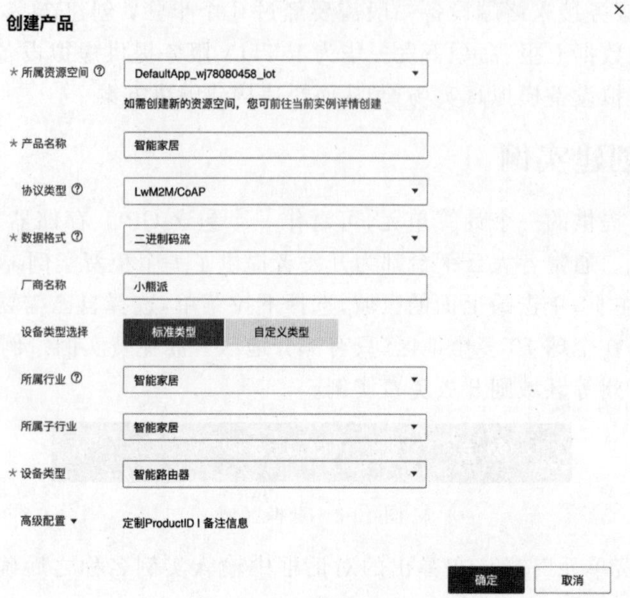

创建产品
×
*所属资源空间 ⑦ DefaultApp_wj78080458_iot
如需创建新的资源空间，您可前往当前实例详情创建
*产品名称 智能家居
协议类型 ⑦ LwM2M/CoAP
*数据格式 ⑦ 二进制码流
厂商名称 小熊派
设备类型选择 标准类型 自定义类型
所属行业 ⑦ 智能家居
所属子行业 智能家居
*设备类型 智能路由器
高级配置 ▾ 定制ProductID | 备注信息
确定 取消

图10-5 创建产品

关于各产品信息的说明，见表10-2。开发者需要重点关注的是产品的协议类型和数据格式，这取决于设备的能力。例如，NB-IoT设备无法使用MQTT协议，只能使用CoAP协议，而WiFi设备的最佳选择是MQTT+JSON，这样可省去插件的开发。

表10-2 产品信息

字　段	说　明
资源空间	选择已开通IoTDA功能的实例，可以是免费版实例，也可以是购买的收费实例
协议类型	LwM2M/CoAP：通常用于资源受限的设备，如NB-IoT模块。数据格式只能用二进制。 MQTT：使用MQTT协议接入的设备属于直连设备，可选择JSON格式传输数据。如果选择二进制数据格式，则需要开发编解码插件。 Modbus：使用Modbus协议的设备无法直接连接到华为云平台，需要经过网关转换。 HTTP/HTTP2、OPC-DA、OPC-UA、Other：通过IoT边缘接入
数据格式	如果使用二进制，则需开发编解码插件；如果使用JSON格式，则无须插件
产品名称	在同一账号内必须唯一，只允许字母、数字、下画线、中文或者?'#().,&%@!-等字符的组合，最大长度为64位
厂商名称	只允许字母、数字、下画线、中文或者?'#().,&%@!-等字符的组合，最大长度为32位
产品ID	通常由系统分配
其他信息	所属行业、设备类型等根据实际情况填写

10.2.3 产品模型

1. Profile 概念

Profile(产品模型)用来描述设备的信息和能力,它是一个抽象的设备模型,也是产品开发中最重要的一个步骤。产品模型通过 JSON 格式定义了设备上传数据、平台下发命令的数据格式,平台可据此了解设备支持的属性、命令等信息。

在产品主页单击已经创建好的产品名称即可跳转到产品模型主页,如图 10-6 所示。

图 10-6 产品模型

产品信息包含产品名称、设备类型、协议类型等信息。如果单击“更新产品信息”按钮,则只能更改产品名称、厂商名称、产品描述,其他信息无法修改。

服务能力是指设备的业务能力,通常将设备的业务能力拆解为若干服务,之后再定义每个服务包含的属性、命令及命令参数。例如,一个简单的智能家居产品可能包含 Sensor(各传感数据)、Button(按钮控制)、Connectivity(连接信息)等服务。

2. 定义 Profile

定义模型之前首先要创建产品,华为 IoT 云提供了以下 4 种定义产品模型的方法。

(1) 自定义模型:基于在线模板自定义产品模型,开发者需要输入服务信息、属性信息、命令信息等内容,此方法相对简单。

(2) 上传模型文件:产品模型本质上就是一些 JSON 文件的集合,其中包含一个 devicetype-capability.json 文件和若干 serviceType-capability.json 文件,开发者需按照一个固定的目录形式将这些 JSON 文件打包成 ZIP 格式后上传到云平台。

(3) Excel 导入:开发者可根据平台提供的 Excel 模板填写产品各服务信息,之后上传到云平台。

（4）导入库模型：IoT 平台预置了一些厂商模型和标准模型，可帮助开发者快速完成产品开发。针对设备类型发布的厂商模型只能适用于行业内少量厂家设备，而遵循行业标准的标准模型则可适用于行业内绝大部分厂商设备。

3. 在线开发 Profile

进入产品模型主页，单击下方“自定义模型”按钮进入在线模型开发页面。自定义模型首先要添加服务，之后为每个服务添加必要的属性和命令。

1）添加服务

单击“添加服务”按钮，在弹出的对话框中输入服务 ID 和其他信息，关于服务信息见表 10-3。

表 10-3　服务信息

字　段	说　明
服务 ID	必填，用于和设备通信。只允许字母、数字、下画线、中文或者？'＃（）．，&％@！-等字符的组合，最大长度为 64 位
服务类型	选填，建议和服务 ID 保持一致。只允许字母、数字、下画线、中文或者？'＃（）．，&％@！-等字符的组合，最大长度为 64 位
服务描述	选填，根据实际情况填写。只允许字母、数字、下画线、中文或者英文字符 ？'＃（）．，&％@！$-“”… 中文字符：；。￥！【】“”（）？～ 等字符的组合，最大长度为 128 位

2）添加属性

选择指定服务，单击右侧的“新增属性”按钮为服务添加属性，如图 10-7 所示。

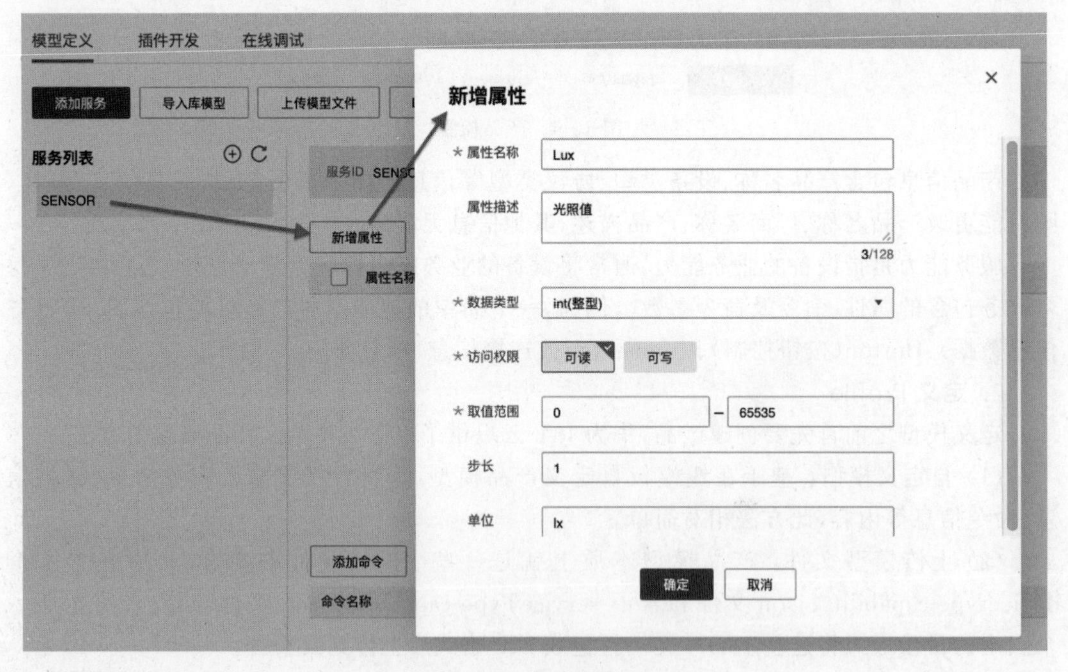

图 10-7　添加属性

根据实际情况填写属性相关信息，带星号的项为必填信息，其他各信息说明见表 10-4。

表 10-4 属性信息

字 段	说 明
属性名称	必填，用于和设备通信。建议使用驼峰写法，例如 LedColor、LedState
属性描述	选填，格式参考表 10-3 中的“服务描述”
数据类型	int：如果上报的数据为整型或者布尔型，则可使用 int long：如果上报的数据为长整型，则可使用 long decimal：如果上报的数据为小数，则使用 decimal。经纬度属性建议使用 decimal string：如果上报的数据为字符串、布尔值、枚举值，则可使用 string。如果数据为布尔或者枚举值，则各值之间用英文逗号分开 enum：如果上报的数据为枚举值，则可使用 enum boolean：如果上报的数据为布尔值，则可使用 boolean dateTime：如果上报的数据为日期，则可使用 dateTime jsonObject：如果上报的数据为 JSON 结构体，则可使用 jsonObject stringList：如果上报的数据为字符串数组，则可使用 stringList
访问权限	可读：可通过 API 查看当前属性值 可写：可通过 API 修改当前属性值
其他信息	取值范围、步长、单位等根据实际情况填写

3）添加命令

选择指定服务，单击右侧的“新增命令”按钮为服务添加命令，如图 10-8 所示。

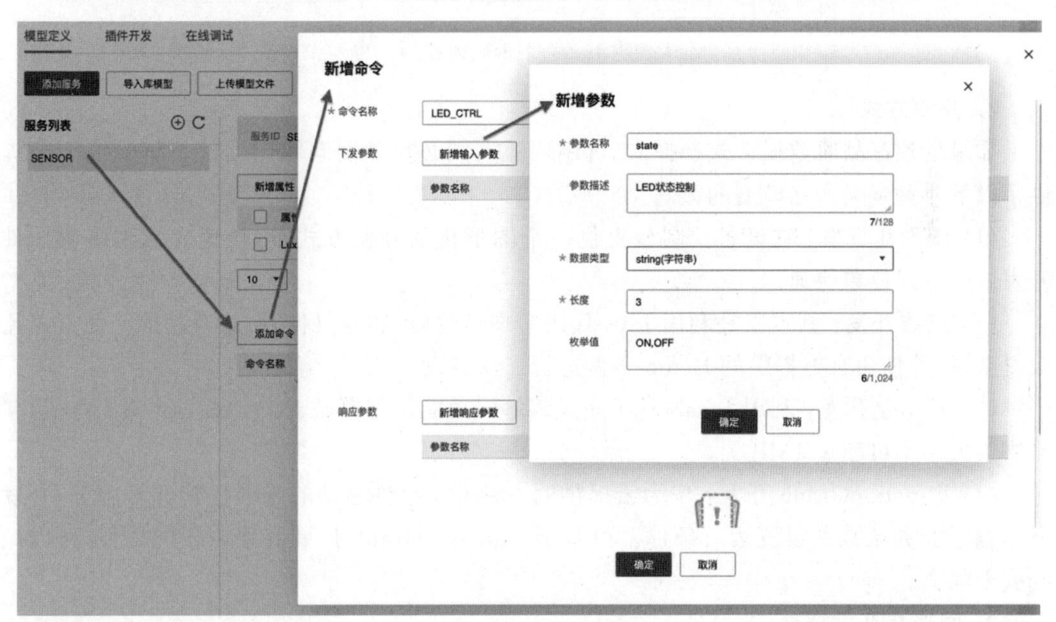

图 10-8 添加命令

命令名称建议使用大写字母，例如 LED_CTRL、SET_LED_COLOR。

单击“新增输入参数”按钮，为命令设置参数。如果命令需要应答，则单击“新增响应参数”按钮，为命令添加响应参数。参数名称建议首个单词字母小写，其余单词首字母大写，例如 ledState、ledColor。各参数信息可参考表 10-4 中的属性信息设定。

10.2.4 定义插件

1. 插件的作用

通常上层应用会使用 JSON、XML 等易于识别的格式进行数据交互，而底层设备可能由于资源受限只能使用二进制通信。如果终端和平台之间的数据格式不一样，则需要进行格式转换，即编解码操作。物联网平台将实现编解码操作的组件称为插件，插件可部署在云平台，也可部署在终端设备。

以 NB-IoT 设备为例，由于其资源受限而使用 CoAP 协议进行数据传输，CoAP 协议的应用层数据为二进制格式。插件将 NB-IoT 设备上报的二进制数据解码为 JSON 数据流，之后传递给 IoT 云平台，而云平台下发的命令为 JSON 格式，经过插件编码为二进制后传递给设备，如图 10-9 所示。

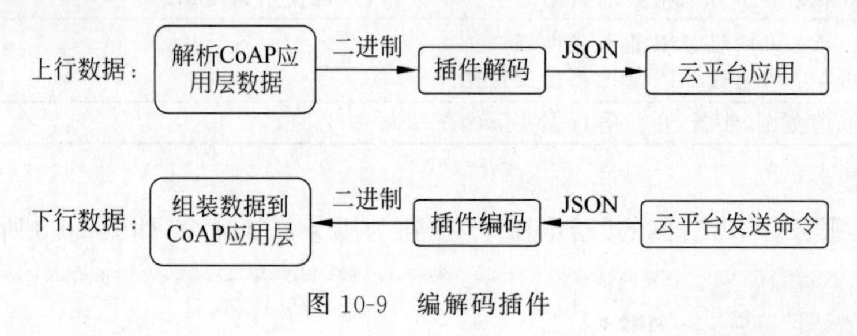

图 10-9 编解码插件

2. 开发方式

如果创建产品时数据格式选择“二进制码流”，则必须开发编解码插件。华为 IoT 云提供了以下 4 种定义产品模型的方法。

(1) 图形化开发：在设备控制台提供一个图形化的开发方式，可快速完成编解码插件开发。此方式简单快速。

(2) 离线开发：其本质是利用 Java 代码实现编解码、插件打包、质检等功能。此方式比较复杂，推荐使用官方提供的 Demo 案例进行二次开发。

(3) 脚本化开发：利用 JavaScript 完成编解码功能。需遵循 ECMAScript 5.1 规范，并且脚本大小不可超过 1MB。

(4) FunctionGraph 开发：华为云提供的一种基于事件驱动的函数托管计算服务，开发者需编写业务函数并设置运行条件。可基于 FunctionGraph 扩展其他语言的插件，可以做到安全隔离。

3. 图形化开发插件

在当前产品主页中选择“插件开发”→“图形化开发”即可进入图形化开发界面，如图 10-10 所示。

插件的最终目的是将设备上报的属性值传递到云平台，或者将平台下发的命令传递到

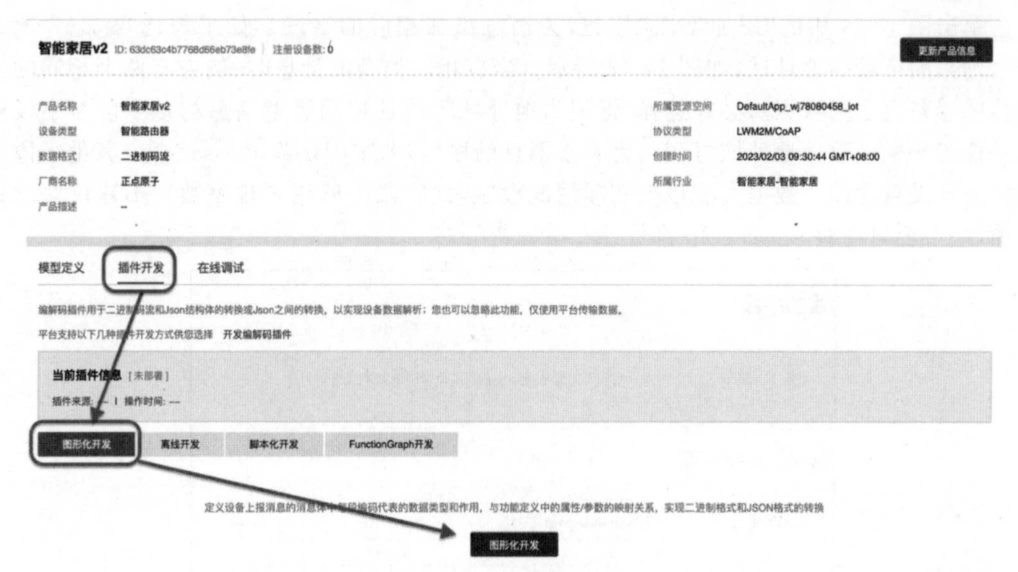

图 10-10 图形化插件

设备，简而言之就是处理消息。华为 IoT 云平台将插件分为若干条消息，消息中包含用于识别消息的地址域、响应字段、状态字段、数据域。每条消息的数据域都可与产品模型中的服务属性或者命令对应。

注意：一条消息可能有多个数据域，但其他 3 个字段都是唯一的。

1）数据上报消息

进入图形化开发界面，单击“新增消息”按钮即可添加消息。以 10.2.3 节中的产品模型为例，添加一条与属性 Lux 相关的消息，消息类型选择“数据上报”，如图 10-11 所示。

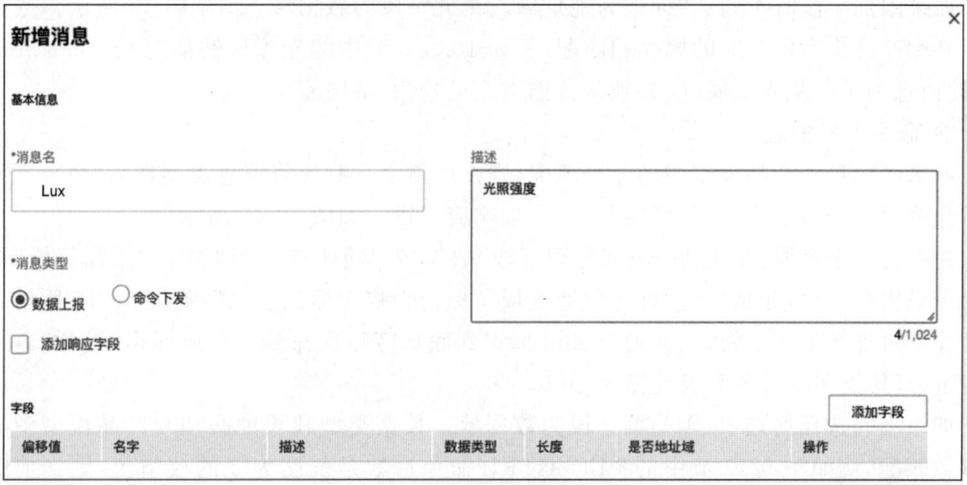

新增消息

基本信息

*消息名

Lux

描述

光照强度

4/1,024

*消息类型

数据上报 命令下发

添加响应字段

字段

添加字段

偏移值	名字	描述	数据类型	长度	是否地址域	操作

图 10-11 属性消息

单击图 10-11 中的“添加字段”按钮，为消息添加相应的字段。如果勾选“标记为地址域”，则当前字段为地址域，如图 10-12 所示。当有相同类型的消息时(例如有两个相同的光照传感器各自上报数据)，必须选择“标记为地址域”，并且相同类型消息的该字段在字段列表的位置必须一致。地址域可理解为一条消息的序号，名字固定为 messageId；其他字段的名字不能设置为此。数据类型根据实际情况设定，此字段一般用 8 位整数。不建议修改默认值，平台会自动对 messageId 排号。

图 10-12　地址域

如果添加字段时不勾选“标记为地址域”，则此字段为数据域，如图 10-13 所示。数据类型务必和产品模型中对应的属性相匹配，例如 10.2.3 节中的光照属性值为 0～65 535 的整数，此消息为了匹配光照属性，必须将数据类型设置为 int16u。

2）命令下发消息

如果将消息和产品模型中的命令匹配，则在新增消息时应将消息类型选为“命令下发”。通常命令都有响应字段，推荐同时勾选“添加响应字段”，如图 10-14 所示。

命令有 3 个字段：地址域、响应标识字段、数据域。单击图 10-14 中的“添加字段”即可为命令设置各字段，分别勾选“标记位地址域”“标记为响应标识字段”，如图 10-15 所示。同一个命令可能被多次下发，因此通过 mid 标识到底响应哪次命令。响应标识字段的名字固定为 mid，其他字段名字不能设置为 mid。

如果不勾选任何选项，则当前字段为数据域。数据类型和长度必须与产品模型中的命令参数匹配，例如 10.2.3 节中的 LED_CTRL 命令参数是长度为 3 的枚举值，则当前匹配的消息如图 10-16 所示。

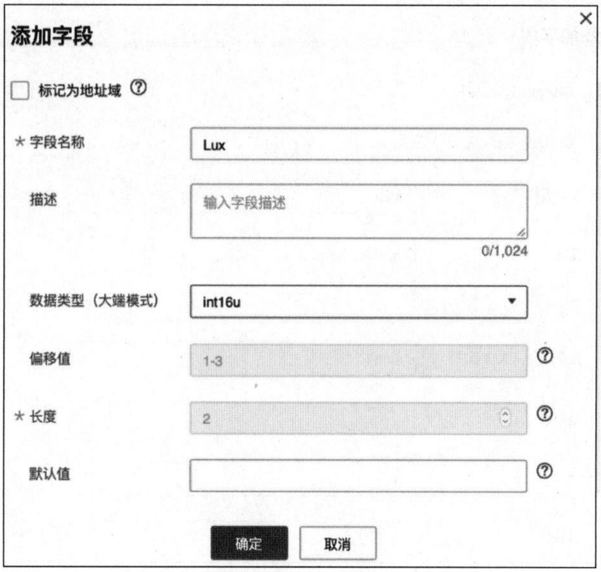

图 10-13　数据域

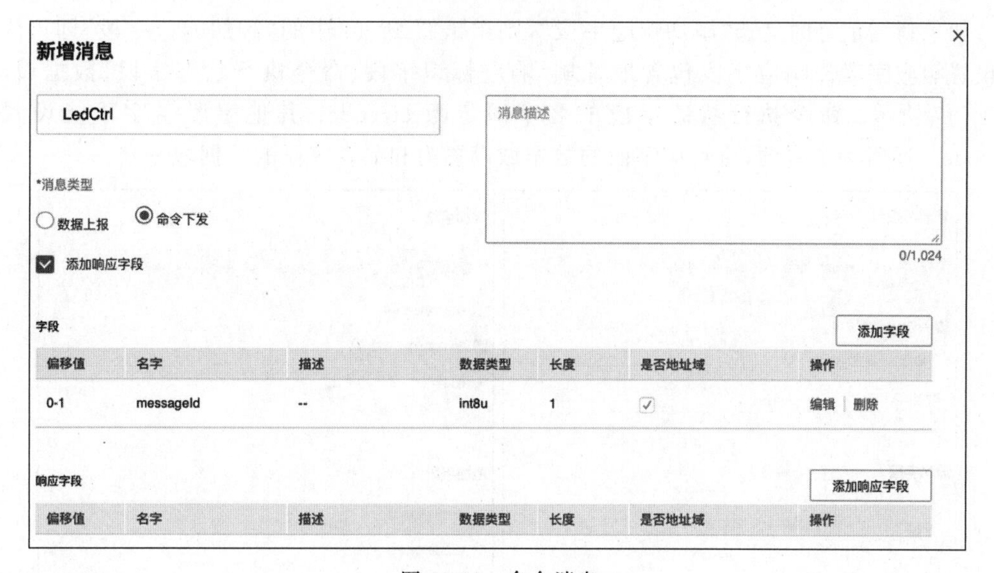

图 10-14　命令消息

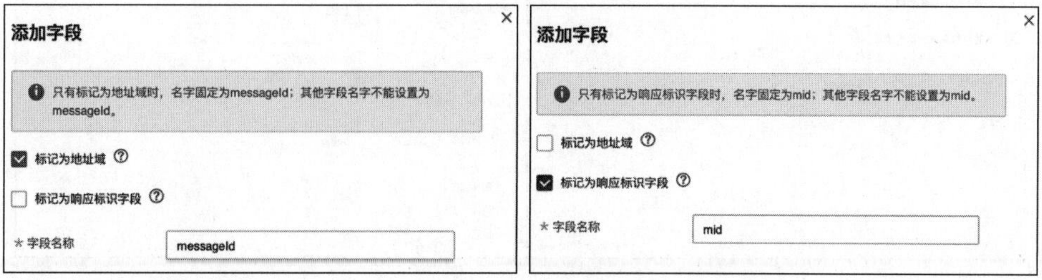

图 10-15　命令字段

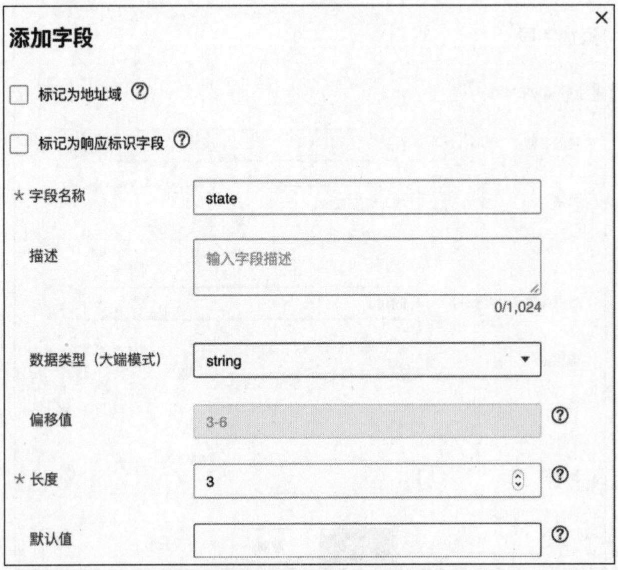

添加字段

标记为地址域

标记为响应标识字段

* 字段名称 state

描述 输入字段描述

0/1,024

数据类型（大端模式） string

偏移值 3-6

* 长度 3

默认值

图 10-16　命令数据字段

如果新增消息时勾选“添加响应字段”，则单击图 10-14 中的“添加响应字段”即可为消息设置响应字段。响应字段包含地址域、响应标识字段、命令执行状态字段、数据域，如图 10-17 所示。命令执行状态字段的名字固定为 errcode；其他字段名字不能设置为 errcode。通常为了方便，将响应字段的数据域设置为和命令字段的数据域一致。

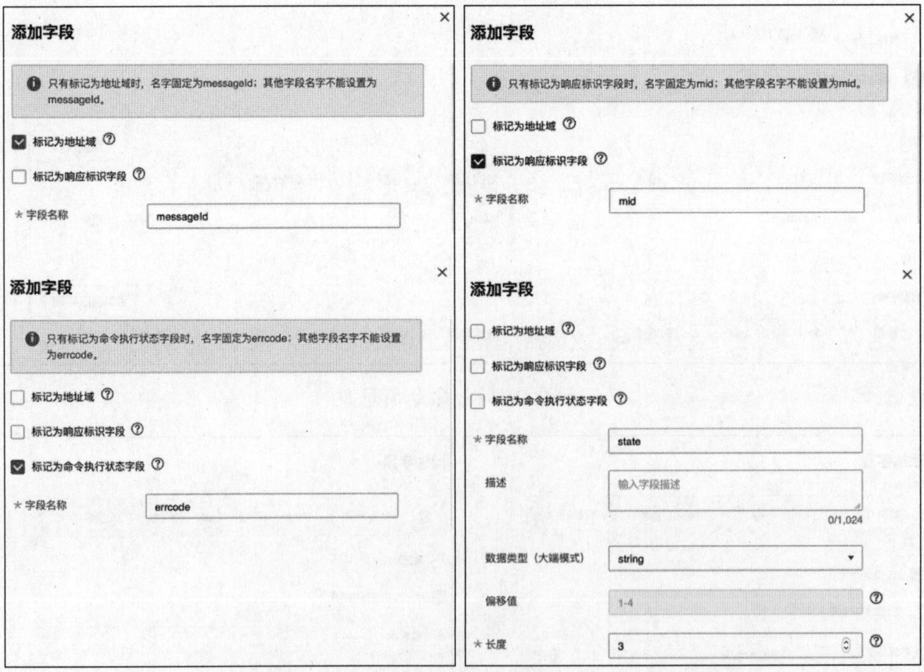

添加字段

只有标记为地址域时，名字固定为messageId；其他字段名字不能设置为messageId。

标记为地址域

标记为响应标识字段

* 字段名称 messageId

添加字段

只有标记为命令执行状态字段时，名字固定为errcode；其他字段名字不能设置为errcode。

标记为地址域

标记为响应标识字段

标记为命令执行状态字段

* 字段名称 errcode

添加字段

只有标记为响应标识字段时，名字固定为mid；其他字段名字不能设置为mid。

标记为地址域

标记为响应标识字段

* 字段名称 mid

添加字段

标记为地址域

标记为响应标识字段

标记为命令执行状态字段

* 字段名称 state

描述 输入字段描述

0/1,024

数据类型（大端模式） string

偏移值 1-4

* 长度 3

图 10-17　响应字段

3）关联插件和模型

创建完消息之后，需要将消息中的数据域和产品模型相关联。从插件开发页面右侧的“产品模型”中选择 SENSOR→Lux，将图标拖动到左侧，与消息 Lux 的数据域连接，如图 10-18 所示。

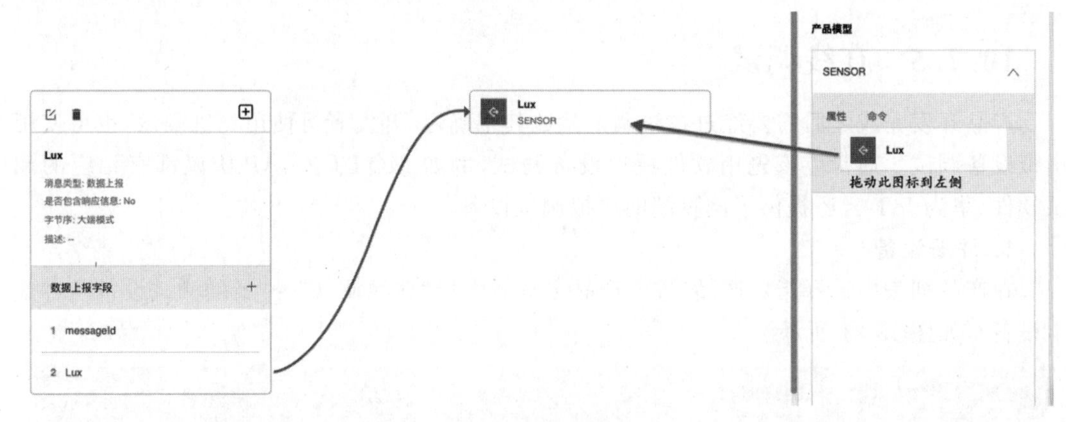

图 10-18 关联属性

将右侧的 SENSOR 切换为“命令”页面，拖动命令的下发字段和响应字段，分别与左侧的 LED_CTRL 消息的命令下发字段和响应字段的数据域关联，如图 10-19 所示。

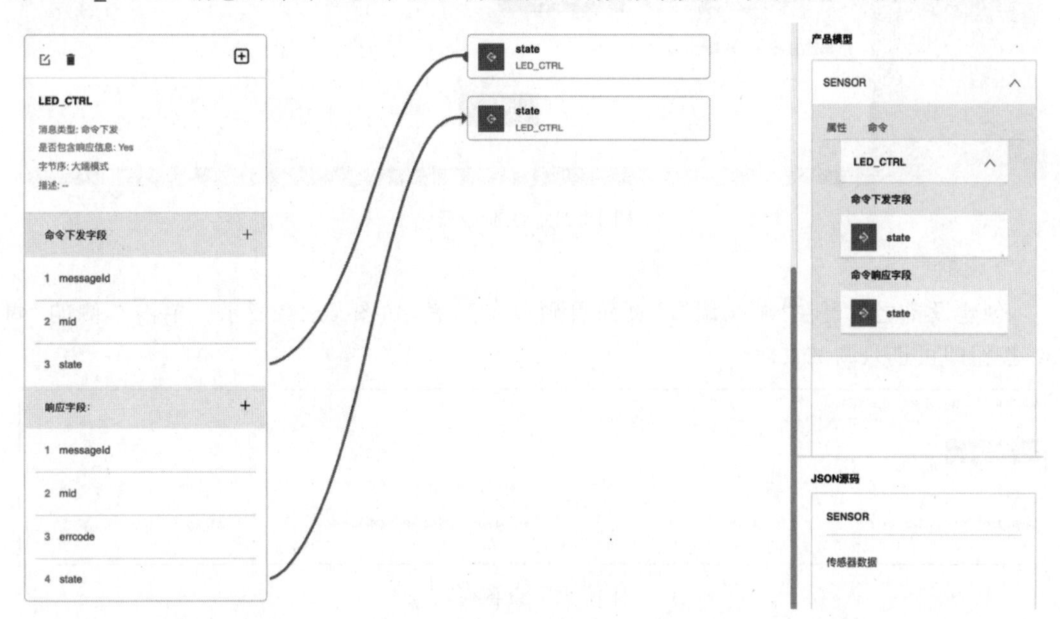

图 10-19 关联命令

4）部署插件

平台每 10min 自动保存一次插件，开发者也可单击右上角的“保存”按钮手动保存，如图 10-20 所示。如果不保存，则离开页面后，之前的工作就浪费了。插件开发完成之后需单击右上角的“部署”按钮，将插件部署到云平台才能生效。

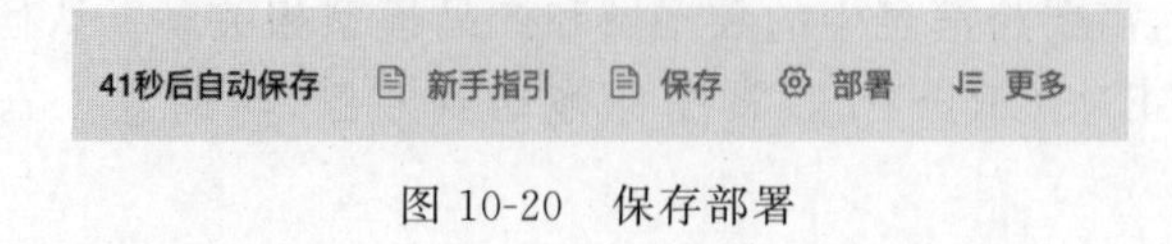

图 10-20　保存部署

10.2.5　在线调试

产品开发完成之后需要经过在线调试验证其正确性，开发者可使用真机测试，也可使用虚拟设备调试。通常应该先用软件模拟设备调试，例如 MQTT、CoAP 协议都有相应的调试软件，华为 IoT 云还提供了网页端的虚拟调试设备。

1. 注册设备

在产品列表中选择指定产品，进入产品主页后选择“在线调试”→“新增测试设备”→“虚拟设备”，如图 10-21 所示。

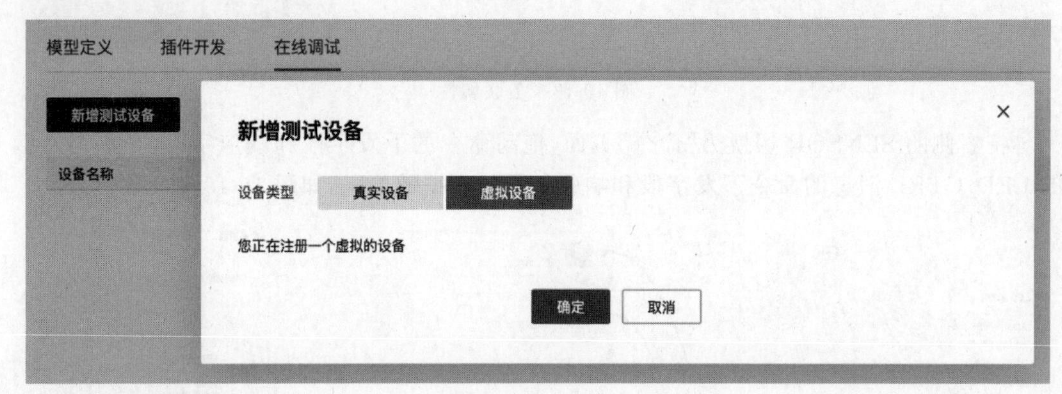

图 10-21　注册设备

2. 调试

创建设备之后可在“在线调试”页面看到设备列表，如图 10-22 所示。单击右侧的“调试”按钮即可进入调试页面。

模型定义　插件开发　在线调试

新增测试设备

设备名称	设备标识码	设备ID	类型	操作
20230203T013044ZDeviceSimulator	1675425489901	63dc63c4b7768d66eb73e8fe_1675425489901	虚拟设备	调试 | 删除

图 10-22　设备列表

1）发送命令

进入调试界面，将右侧切换到“应用模拟器”标签。选择服务、属性、参数之后，单击右下角的“命令发送”按钮即可向虚拟设备发送一条命令，如图 10-23 所示。

从图 10-23 可以看到，云平台应用程序发送的数据是 JSON 格式，经过插件编码为二进

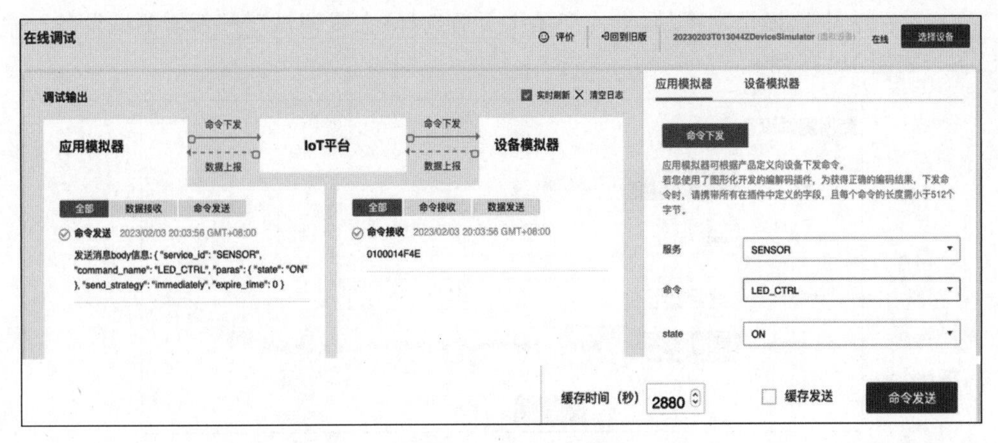

图 10-23　发送命令

制后传递给设备。这里将二进制数据显示为十六进制 0100014F4E，分别对应 messageId (0x01)、mid(0x00)、data(0x014F4E，即字符串 ON)。

2) 上传属性

将右侧切换到"设备模拟器"，在输入框中填写十六进制数据 000101，单击右下角的"发送"按钮发送数据，如图 10-24 所示。

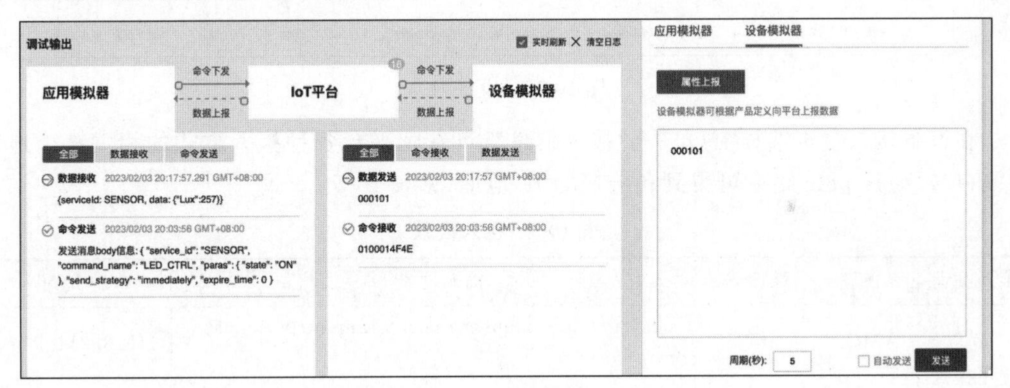

图 10-24　上报数据

发送的数据为 messageId(0x00)、data(0x0101)，经过插件解码为 JSON 格式后传递给云平台应用模拟器。由于定义插件时消息 Lux 的 messageId 使用默认值 0x00，因此最终得到的结果是服务 SENSOR 中的 Lux 值为 256+1=257。

10.2.6　添加真实设备

平台提供的在线调试功能仅为了掌握产品实际传输的数据流，注册真实设备还涉及 IP 地址、连接密码等信息。华为云提供了基于 CoAP 协议的 NB 终端，开发者可基于此软件模拟真实设备。进入设备，进入 IoTDA 主页，选择"产品文档"→"最佳实践"→"设备接入"→"模拟 NB 设备接入"即可下载模拟 NB 终端。

在产品列表中选择指定产品，进入产品主页后选择“在线调试”→“新增测试设备”→“真实设备”，如图 10-25 所示。

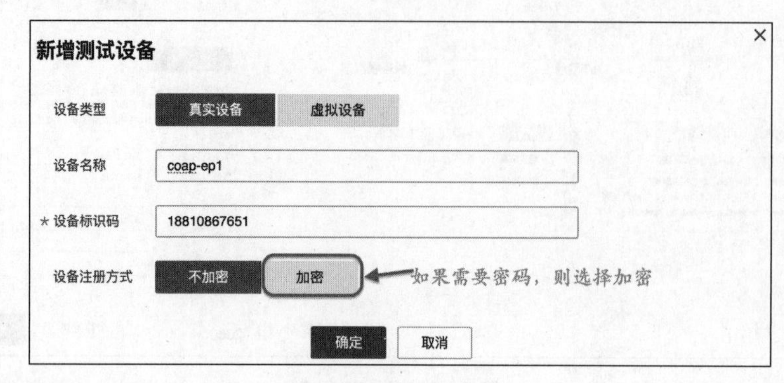

图 10-25　增加设备

在设备接入主页选择“设备”→“所有设备”，可看到图 10-25 中注册的设备，当前该设备仍处于“未激活”状态，如图 10-26 所示。

状态	设备名称	设备标识码	设备ID	所属资源空间	所属产品	节...	操作
未激活	coap-ep1	18810867651	63ddb35ae5d7...	DefaultApp_wj780...	智能家居C...	直...	详情 | 删除 | 更多
离线	20230204T012234...	1675514144579	63ddb35ae5d7...	DefaultApp_wj780...	智能家居C...	直...	详情 | 删除 | 更多
离线	DTU1	86892205245484	60a75dd606dc...	DefaultApp_wj780...	造雪	直...	详情 | 删除 | 更多

图 10-26　设备列表

在设备接入主页选择“总览”→“接入信息”，可看到平台各种接入方式的相关链接地址和端口号，通过 ping 指令可得到各链接的 IP 地址，见表 10-5。

表 10-5　接入信息

接入类型	协议	端口号	接入地址	IP 地址
应用接入	AMQPS	5671	a160a780fe. iot-amqps. cn-north-4. myhuaweicloud. com	119. 3. 211. 226
	HTTPS	443	a160a780fe. iotda. cn-north-4. myhuaweicloud. com	49. 4. 112. 59
设备接入	CoAP	5683	a160a780fe. iot-coaps. cn-north-4. myhuaweicloud. com	119. 3. 250. 80
	CoAPS	5684	a160a780fe. iot-coaps. cn-north-4. myhuaweicloud. com	119. 3. 250. 80
	MQTT	1883	a160a780fe. iot-mqtts. cn-north-4. myhuaweicloud. com	121. 36. 42. 100
	MQTTS	8883	a160a780fe. iot-mqtts. cn-north-4. myhuaweicloud. com	121. 36. 42. 100
	HTTPS	443	a160a780fe. iot-https. cn-north-4. myhuaweicloud. com	121. 36. 42. 100

打开下载的NB模拟器(需安装Java环境,使用指令java-jar NB-Simulator.jar启动NB模拟器),如果注册设备时选择了加密模式,则在启动NB模拟器时应选择开启“DTLS加密传输”功能。输入IP地址和VerifyCode(设备标识码),单击“注册设备”,如果注册成功,则可看到NB模拟器输出日志“CIG响应码: 2.01”,如图10-27所示。刷新云平台的设备列表页面,可看到设备已经处于在线状态。

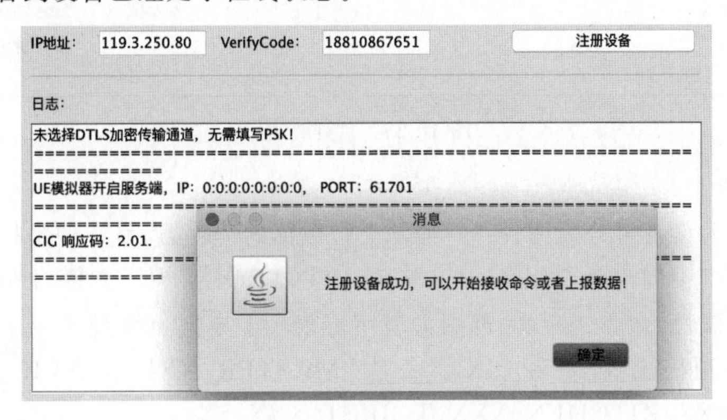

图10-27 使用NB模拟器注册

在云平台的设备列表中单击已经在线的设备,即可进入设备详情页面,如图10-28所示。开发者可在此页面对设备进行操作,例如查看设备具体信息、向设备发送命令、查看设备历史消息等。

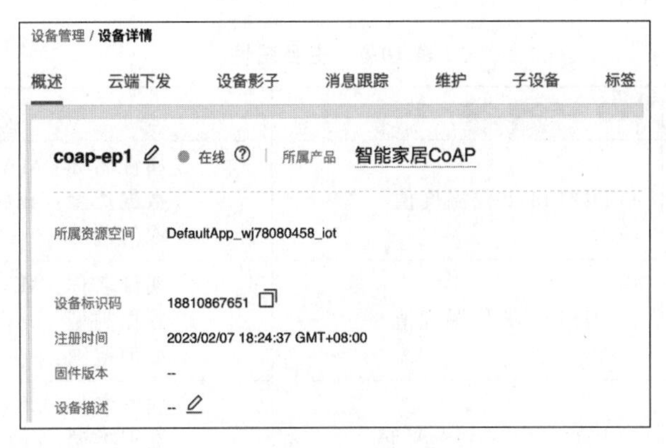

图10-28 设备详情

10.3 实战案例:基于CoAP的华为IoT云端

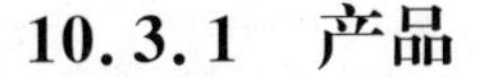

本节在华为IoT云端为案例9.5创建一个基于CoAP协议的产品。

10.3.1 产品

1. 创建产品

进入华为云IoTDA主页创建一个新产品,协议类型为LwM2M/CoAP,数据流选择二进制，如图 10-29 所示。

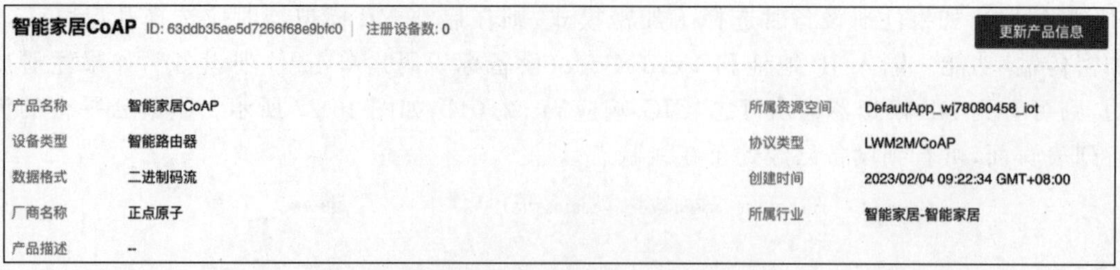

智能家居CoAP ID: 63ddb35ae5d7266f68e9bfc0 | 注册设备数: 0 更新产品信息

产品名称 智能家居CoAP 所属资源空间 DefaultApp_wj78080458_iot
设备类型 智能路由器 协议类型 LWM2M/CoAP
数据格式 二进制码流 创建时间 2023/02/04 09:22:34 GMT+08:00
厂商名称 正点原子 所属行业 智能家居-智能家居
产品描述 --

图 10-29 创建产品

2. 产品模型

案例 9.5 中的设备可分为两种：一种是上报数据的传感器，另一种是接受控制的开关，因此可在产品模型中创建两个服务 SENSOR、CONTROL。为了方便后期设备端开发，这里将所有涉及的属性、命令、参数等都用大写字母表示。本案例设计了 6 个卧室，其对应的产品模型数据采用格式“卧室名_XXX”命名：MASTER_XXX、SLAVE_XXX、LIVING_XXX、STUDY_XXX、KITCHEN_XXX、TOILET_XXX。

1）添加属性

将所有传感器属性值都添加到 SENSOR 服务中，每个房间都有 4 个传感器数值：温度、湿度、光照、烟雾浓度。根据硬件设备设定其对应的属性值，例如主卧传感器对应产品模型的属性说明见表 10-6。

表 10-6 主卧属性

属性	传感器	产品模型
温度	DHT11，8 位温度值	属性名称：MASTER_TH 数据类型：int(整型) 取值范围：0～255
湿度	DHT11，8 位湿度值	属性名称：MASTER_RH 数据类型：int(整型) 取值范围：0～255
光照	BH1750，16 位光照值	属性名称：MASTER_LUX 数据类型：int(整型) 取值范围：0～65 535
烟雾	MQ2，12 位烟雾浓度值	属性名称：MASTER_GAS 数据类型：int(整型) 取值范围：0～65 535

参考表 10-5 为 SENSOR 服务添加 4 个主卧传感器属性值，其他卧室传感数据对应的属性设置可复制主卧数据，如图 10-30 所示。

2）添加命令

每个卧室有 3 个灯控开关和一个窗帘控制器，3 个灯控可对应一个命令下的 3 个参数，

图 10-30 添加属性

也可各自对应一条命令，窗帘对应一条命令。通常情况下每个设备都是单独控制的，因此推荐每个卧室使用 4 条命令，例如主卧的 4 条命令说明，见表 10-7。

表 10-7 主卧命令

命 令	下 发 参 数	响 应 参 数
MASTER_LED_CTRL_1	参数名称：CTRL_STATE 数据类型：string 长度：3 枚举值：ON、OFF	参数名称：ANS_STATE 数据类型：string 长度：3 枚举值：ON、OFF
MASTER_LED_CTRL_2	参数名称：CTRL_STATE 数据类型：string 长度：3 枚举值：ON、OFF	参数名称：ANS_STATE 数据类型：string 长度：3 枚举值：ON、OFF
MASTER_LED_CTRL_3	参数名称：CTRL_STATE 数据类型：string 长度：3 枚举值：ON、OFF	参数名称：ANS_STATE 数据类型：string 长度：3 枚举值：ON、OFF
MASTER_CURTAIN_CTRL	参数名称：CTRL_STATE 数据类型：int 取值范围：0～255	参数名称：ANS_STATE 数据类型：int 取值范围：0～255

参考表 10-6 为 CONTROL 服务添加 4 个主卧控制命令，其他卧室可复制主卧命令，修改名字即可，如图 10-31 所示。

10.3.2 编解码插件

由于产品使用二进制数据格式，因此必须为产品创建编解码插件，将插件中的消息数据

命令名称	下发参数	响应参数	操作
MASTER_LED_CTRL_1	CTRL_STATE	ANS_STATE	复制 | 修改 | 删除
MASTER_LED_CTRL_2	CTRL_STATE	ANS_STATE	复制 | 修改 | 删除
MASTER_LED_CTRL_3	CTRL_STATE	ANS_STATE	复制 | 修改 | 删除
MASTER_CURTAIN_CTRL	CTRL_STATE	ANS_STATE	复制 | 修改 | 删除

复制命令

*命令名称

下发参数 新增输入参数

参数名称	数据类型	描述	操作
CTRL_STATE	string(字符串)	LED状态，ON/OFF	修改 删除

5 总条数：1 1

响应参数 新增响应参数

参数名称	数据类型	描述	操作
ANS_STATE	string(字符串)	LED应答，ON,OFF	修改 删除

5 总条数：1 1

图 10-31 添加命令

域与产品模型的属性或命令建立对应关系。以主卧室为例，可将 4 个传感器属性放在同一条消息 MASTER_SENSOR 中，将消息类型设置为“数据上报”，各字段说明见表 10-8。

表 10-8 消息 MASTER_SENSOR

字　段	数 据 类 型	说　明
messageId	int8u	标记为地址域
TH	int8u	温度值，对应属性 MASTER_TH(0～255)
RH	int8u	湿度值，对应属性 MASTER_RH(0～255)
LUX	int16u	光照值，对应属性 MASTER_LUX(0～65 535)
GAS	int16u	烟雾值，对应属性 MASTER_GAS(0～65 535)

为每个灯控新增一条消息，例如为主卧 LED1 新增一个“命令下发”类型的消息，并设置响应字段，各字段说明见表 10-9。

表 10-9 消息 MASTER_LED_CTRL_1

命令下发字段	数 据 类 型	说　明
messageId	int8u	标记为地址域
mid	int16u	标记为响应标识字段
CTRL_STATE	string 长度为 3	控制状态，对应命令 MASTER_LED_CTRL_1 的命令下发字段 CTRL_STATE

续表

响 应 字 段	数 据 类 型	说 明
messageId	int8u	标记为地址域
mid	int16u	标记为响应标识字段
errcode	int8u	标记为命令执行状态字段
ANS_STATE	string 长度为 3	应答状态,对应命令 MASTER_LED_CTRL_1 的命令下发字段 ANS_STATE

为窗帘添加控制消息,窗帘控制参数为 0～100,代表其控制位置的百分比。例如主卧室的窗帘控制消息见表 10-10。

表 10-10 消息 MASTER_CURTAIN_CTRL

命令下发字段	数 据 类 型	说 明
messageId	int8u	标记为地址域
mid	int16u	标记为响应标识字段
CTRL_STATE	nt8u 范围为 0～255	控制状态,对应命令 MASTER_CURTAIN_CTRL 的命令下发字段 CTRL_STATE
响 应 字 段	**数 据 类 型**	**说 明**
messageId	int8u	标记为地址域
mid	int16u	标记为响应标识字段
errcode	int8u	标记为命令执行状态字段
ANS_STATE	int8u 范围为 0～255	应答状态,对应命令 MASTER_CURTAIN_CTRL 的命令下发字段 ANS_STATE

拖动插件页面右侧的属性和命令,将其与左侧消息数据建立对应关系,保存并部署插件,如图 10-32 所示。

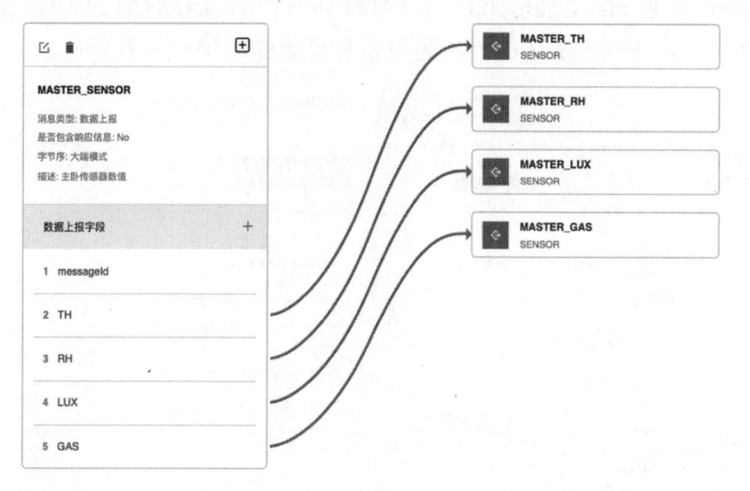

图 10-32 关联插件

10.3.3 在线调试

设置好产品模型和插件之后，开发者必须使用调试软件或者虚拟设备验证其正确性。参考图 10-21 为当前产品注册一个虚拟设备并进入在线调试主页，至少对其中一个房间的传感器和控制设备进行测试。

在“应用模拟器”界面向主卧灯控和窗帘发送控制指令，结果如图 10-33 所示。模拟器发送的 CTRL_STATE 值与日志输出保持一致，代表产品模型和插件匹配正确。

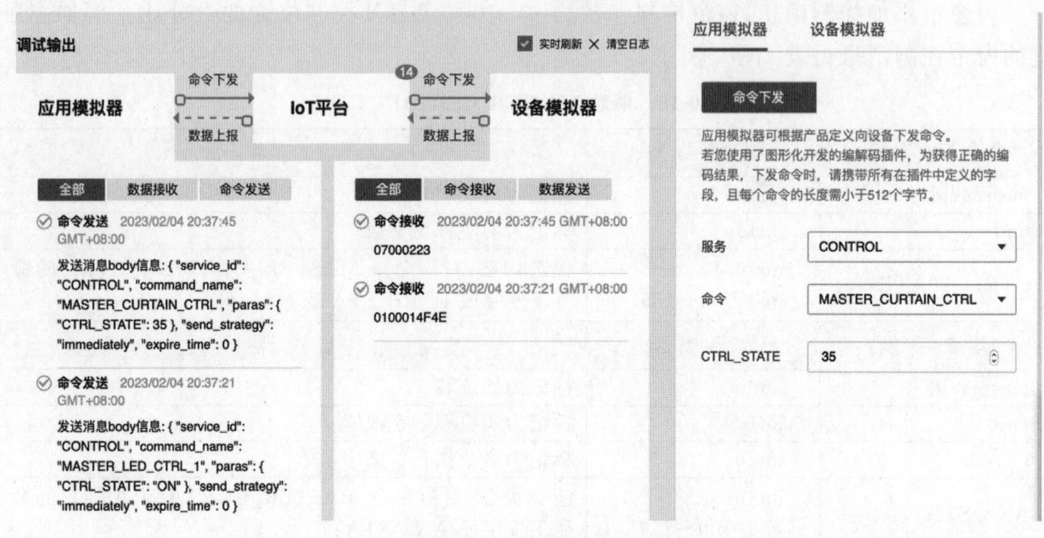

图 10-33 测试主卧

在插件页面查看消息 MASTER_SENSOR 对应的 messageId 为 0x0，进入在线调试页面选择“设备模拟器”，输入十六进制 messageId(00)、TH(14)、RH(15)、LUX(0123)、GAS(0045)数值后发送，结果如图 10-34 所示，发送的各传感数据与日志输出保持一致。

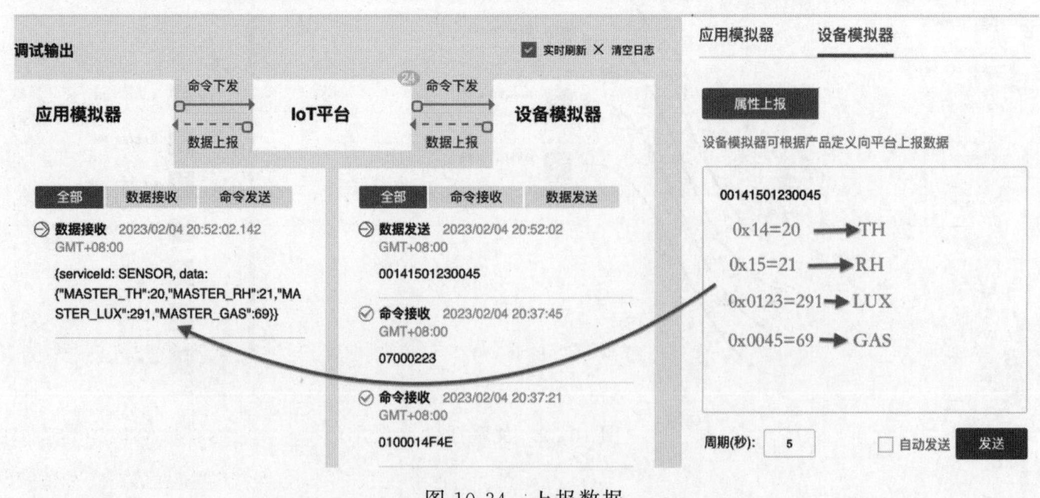

图 10-34 上报数据

10.4 本章小结

本章介绍了华为 IoT 云平台的使用方法，IoT 云平台处于物联网解决方案中的平台层，开发者需根据项目功能定义出合理的产品模型。如果使用二进制码流传输数据，则需要定义相应的编解码插件。只有经过在线调试确保产品模型和插件的正确性，才可进行下一步设备端开发。

第 11 章 CoAP 设备端开发

LiteOS 丰富的协议栈和网络模式为设备提供了端云互通功能，本章基于案例 10.3 开发设备端 CoAP 上云功能，上行和下行数据格式都与案例 10.3 中的产品插件匹配。

11.1 CoAP 协议

CoAP(Constrained Application Protocol)是一种受限应用协议，是物联网解决方案中的一种数据传输方式。通常物联网设备的 ROM、RAM 等资源较少，无法运行 HTTP、TCP 等较复杂协议，CoAP 是一种轻量级应用层协议，可运行在配置较低的设备，使其接入互联网。

本节介绍 CoAP 协议的基本原理。

10min

11.1.1 CoAP 协议概述

CoAP 是一种运行在 UDP 协议之上的应用层协议，它借鉴了 HTTP 协议并优化了数据包格式，其最小数据包仅有 4 字节。CoAP 在逻辑上可分为两层：资源请求/响应层(Req/ Rsp)、消息层(Messages)。资源请求/响应层负责传输过程中的请求和响应，消息层负责报文交互。

CoAP 和 HTTP 都采取请求/响应的工作模式。CoAP 服务器监听其客户端发送的请求，并根据请求方法(GET 读取、POST 创造、PUT 修改、DELETE 删除)对资源进行操作。服务器处理完请求之后，会给客户端返回一个响应。尽管 CoAP 和 HTTP 有很多相似之处，但是并不能取代 HTTP。

CoAP 协议具有以下几个特点：

(1) 基于 UDP 协议。

(2) 满足资源受限情况下的 M2M。

(3) 轻量级协议，复杂度低。

(4) 异步消息交换。

(5) 支持 URI 和 Content-Type。

(6) 支持 DTLS。

(7) 支持可靠传输、数据重传。

11.1.2 报文结构

25min

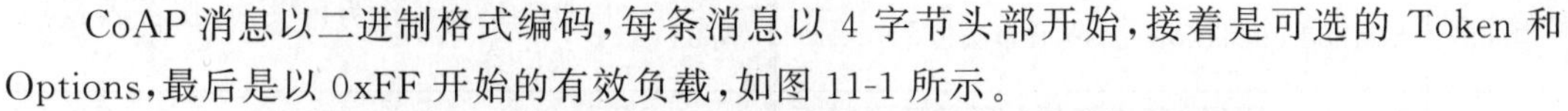

CoAP 消息以二进制格式编码，每条消息以 4 字节头部开始，接着是可选的 Token 和 Options，最后是以 0xFF 开始的有效负载，如图 11-1 所示。

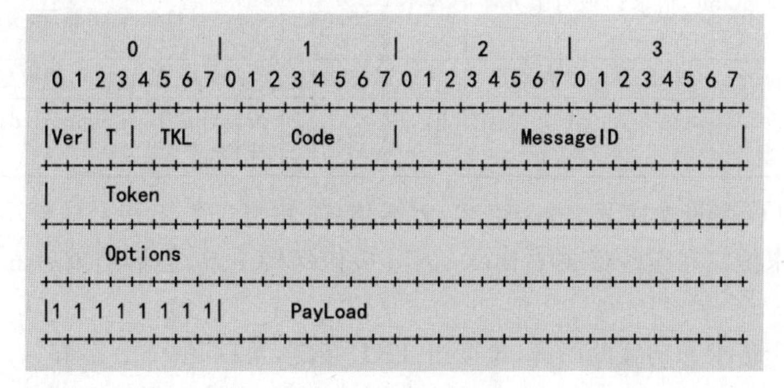

图 11-1 CoAP 报文

Ver 代表协议版本号，占 2 位。目前 Ver 必须设为 01，其余值是预留版本号。

T 代表协议类型，占 2 位。CoAP 支持 4 种类型的报文：CON(T=00)是需要被确认的报文，如果发送 CON 请求，则对方必须回应；NON(T=01)是不需要确认的报文，如果发送 NON 请求，则对方不需要回应；ACK(T=10)是应答报文，是 CON 请求的响应；RST(T=11)是复位报文，如果收到的 CON 报文出现上下文缺失，导致无法处理请求，则返回 RST 应答报文。

TKL 代表 Token 的长度，占 4 位。目前 Token 的长度只能是 0～8，如果将 TKL 设置为 9～15，则此消息被认为是错误的。

Code 代表功能码/响应码，占 8 位。Code 被分成了两部分，前 3 位为一部分，后 5 位为另一部分，为了方便描述它被写成了 c. dd 结构，它在 CoAP 请求报文和响应报文中具有不同的表现形式。当 Code=0. XX 时，表示 CoAP 请求，否则表示 CoAP 响应。Code=0. 00 代表空报文，其他取值的含义见表 11-1。

表 11-1 Code 取值

值	说 明	值	说 明
0. 01	GET，客户端通过 URI 访问资源	2. 03	Valid，资源未更新
0. 02	POST，请求服务器创建新资源	2. 04	Changed，资源已更新
0. 03	PUT，请求服务器根据 URI 修改资源	2. 05	Content，请求已执行
0. 04	DELETE，请求服务器根据 URI 删除资源	4. 00	Bad Request，请求错误
2. 01	Created，资源已经创建	4. 01	Unauthorized，客户端无权操作
2. 02	Deleted，资源已删除	4. 02	Bad Option，请求中有错误选项

续表

值	说　明	值	说　明
4.03	Forbidden，服务器拒绝请求	5.00	Internal Server Error，服务器内部错误
4.04	Not Found，无法找到资源	5.01	Not Implemented，服务器不支持请求内容
4.05	Method not Allowed，请求非法	5.02	Bad Gateway，作为网关时，服务器返回非法应答
4.06	Not Acceptable，请求选项与服务器内容不一致	5.03	Service Unavailable，服务器过载
4.12	Precondition Failed，请求参数不足	5.04	Gateway Timeout，请求超时
4.15	Unsuppor Content-Type，不支持请求中的媒体类型	5.05	proxying Not Supported，服务器不支持代理

MessageId 代表报文序号，占 2 字节，大端格式，相当于 IoT 平台插件中的 mid。同一次会话中的请求报文和应答报文中 MessageId 应该保持一致，会话结束后 mid 可回收并可重复使用。

Token 用于请求和响应的匹配，长度由 TKL 指定，可以是 0～8 字节。

Options 选项，CoAP 请求/响应中可携带 0 个或多个选项，其功能类似于 HTTP 协议中的首部字段。

PayLoad 为有效负载，实际交互的数据。如果有 PayLoad 且长度不为 0，则 PayLoad 之前必须有一个分隔符 0xFF。如果 0xFF 后面的有效负载的长度为 0，则认为此消息格式错误。

注意：CoAP 报文中除 Ver、T、TKL、Code、MessageId 之外其他的都是可选的，因此最小的 CoAP 报文仅有 4 字节。

18min

11.1.3 报文选项

1. Option 格式

CoAP 协议在头部和 Token 之后是 0 个或多个选项，请求和响应都可能包含一个或多个选项。CoAP 选项都是 TLV 格式的数据：T(Tag)代表选项标识，占 4 位；L(Length)代表选项长度，占 4 位；V(Value)是选项的实际值，其长度由 L 决定(单位字节)，如图 11-2 所示。

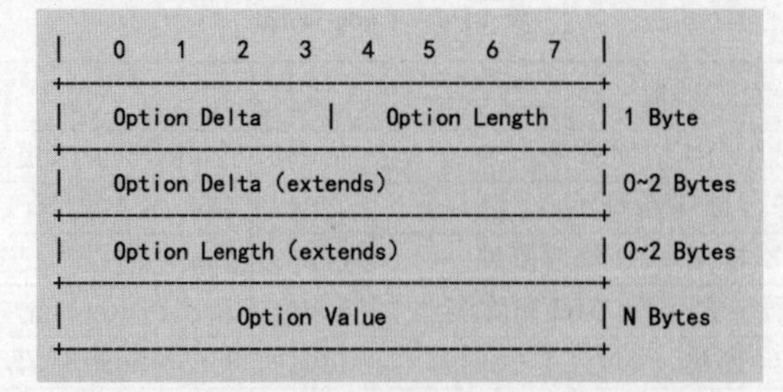

图 11-2　选项结构

Option Delta 表示 Option 增量，占 4 位，取值范围为 0～12。当前选项的 Delta 实际值为之前所有选项 Delta 值的总和，可根据实际 Delta 值查表得到 Option 的意义，见表 11-2。

表 11-2 Delta 的含义

值	数据类型	名 称	Value 长度范围(字节)
1	opaque	If-Match	0～8
3	string	Uri-Host	1～255
4	opaque	E-Tag	1～8
5	empty	If-None-Match	0
6	uint	Observe	0～3
7	uint	Uri-Port	0～2
8	string	Location-Path	0～255
11	string	Uri-Path	0～255
12	string	Content-Format	0～255
14	uint	Max-Age	0～2
15	string	Uri-Query	0～255
17	uint	Accept	0～2
20	string	Location-query	0～255
35	string	Proxy-Uri	0～1034
39	string	Proxy-Scheme	1～255
60	uint	Sizel	0～4

如果 Delta＝13，则会启用扩展 Delta，表示 Delta 占 1 字节。当前 Option 的实际 Delta 值为 Delta(extends)－13，之后查表即可得到 Option 的含义。如果 Delta＝14，则表示 Delta 占 2 字节，实际 Delta 值为 Delta(extends)－269。

Option Length 为选项 Value 的长度，占 4 位，取值范围 0～12。如果 Length 值为 13，则会启动扩展 Length，表示 Length 占 1 字节。实际 Length 值为 Length(extends)＋13。如果 Length 值为 14，则代表长度占 2 字节，实际 Length 值为 Length(extends)－269。

2. Uri 选项

各种选项中 Uri 尤为重要，它和访问资源有关，见表 11-3。

表 11-3 Uri 选项

选 项	说 明
Uri-Host	CoAP 服务器主机名称，例如 iot. eclipse. org
Uri-Port	CoAP 服务器端口号，默认为 5683
Uri-Path	资源路径，例如\temperature。采用 UTF-8 字符串形式
Uri-Query	访问资源参数，例如？value1＝1&value2＝2，参数与参数之间使用"&"分隔，Uri-Query 和 Uri-Path 之间采用"?"分隔

3. Content-Format 选项

Content-Format 表示有效负载的格式，各值的含义见表 11-4。如果没有这个选项，则不会设置任何默认值,这意味着消息的有效负载格式是不确定的。

表 11-4 Content-Format 选项

编　号	媒体类型	说　明
0	text/plain; charset=utf-8	文本格式
40	application/link-format	资源发现协议中追加定义
41	application/xml	XML 格式
42	application/octet-stream	任意类型的二进制数据流
47	application/exi	Efficient XML Interchange 精简 XML 格式
50	application/json	JSON 或 JSON 数组

11.1.4 实战案例: WireShark 抓包

WireShark 是网络工程师常用的一款抓包工具,它可与网卡交换数据,尽可能详细地列出网络包中的内容。WireShark 还提供了图形化交互界面和过滤器,可提升网络包的分析效率。WireShark 可运行在 Windows、Linux、macOS 等系统,开发者可在官网(www.wireshark.org)下载 WireShark 安装包。

10min

1. 启动 WireShark

打开 WireShark 时首先会弹出一个网卡列表,大多数计算机中不止一块网卡,开发者需要选择当前使用的网卡来抓包,如图 11-3 所示。

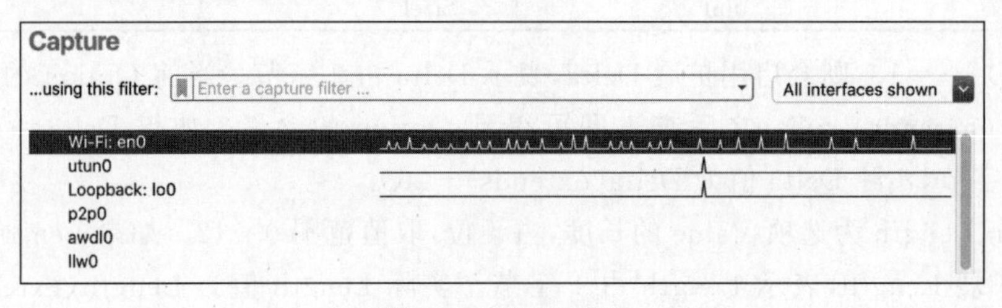

图 11-3　选择网卡

Filter 是一个过滤器,开发者可设置要抓取的网卡 IP、协议、目的 IP 等信息,WireShark 内置了一些 Filter 案例,通过 Filter 可减小数据量。当前华为 IoT 云 CoAP 服务器的 IP 地址是 119.3.250.80,在 Filter 输入框中输入内容"ip.addr == 119.3.250.80",之后启动抓包,如图 11-4 所示。

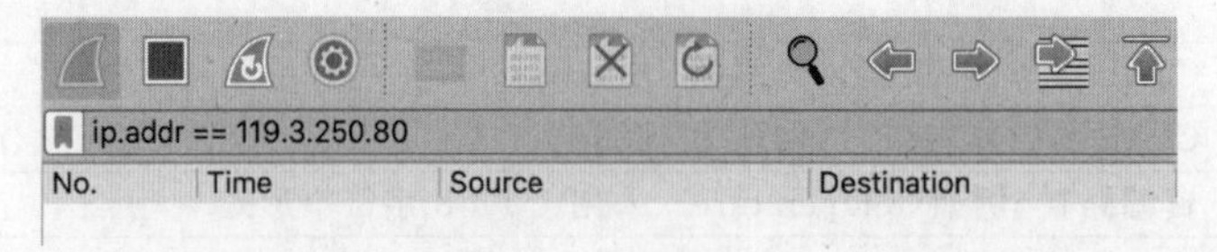

图 11-4　过滤器

2. 包分析

参考 10.3.3 节启动 NB 模拟器并连接到华为 IoT 云,登录华为云控制台进入设备管理页面，选择当前已经连接的 NB 设备。切换到“云端下发”标签，单击“命令下发”按钮，向设备发送一条控制指令，如图 11-5 所示。

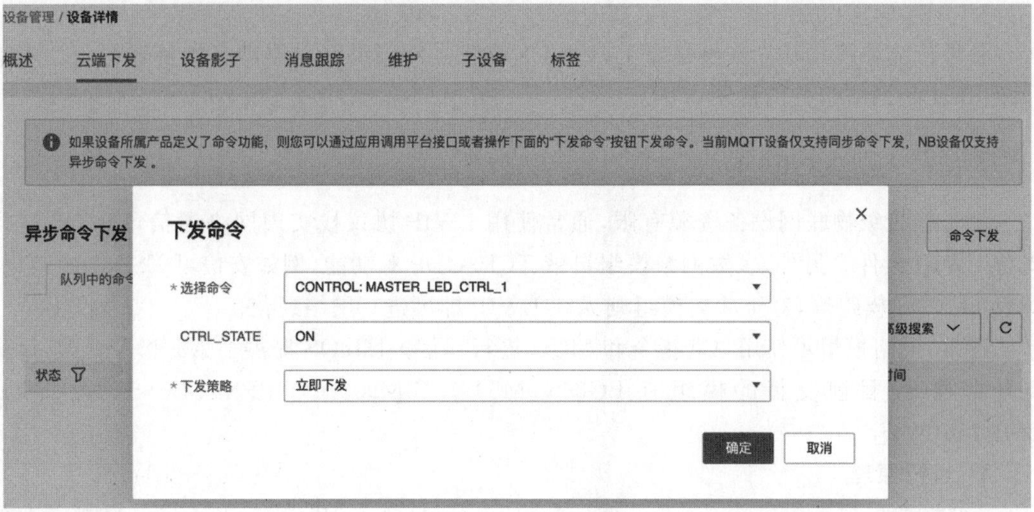

图 11-5　发送命令

由于设置了过滤器，WireShark 只会显示 CoAP 相关的数据包。在数据列表中选中当前的数据包，展开下方 Constrained Application Protocol，可以看到 CoAP 数据包的具体内容，如图 11-6 所示。

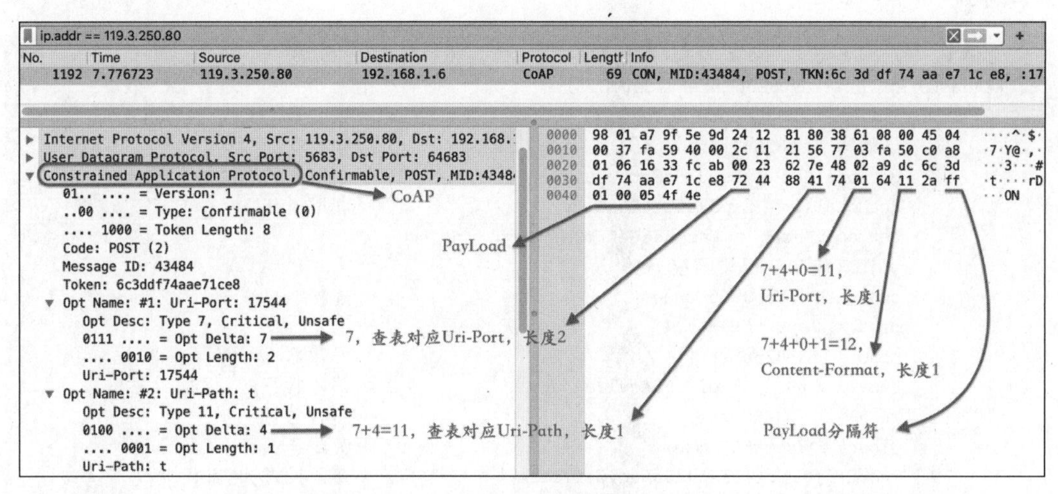

图 11-6　数据包

注意：WireShark 只能抓取本机网络包(除非远程计算机支持并开启 rpacapd 服务)，如果要抓取局域网内物联网设备的数据，则可将 PC 的无线网卡作为热点，令物联网终端连接到 PC 热点即可。

11.2 LiteOS 之网络模块

各种传输协议均建立在网络之上，LiteOS 提供了网络组件以驱动各种传输协议。本节介绍 LiteOS 网络组件的使用方法。

11.2.1 AT 框架

由于轻量级物联网设备资源有限，通常使用 LWIP 协议栈实现网络通信，LiteOS 同样支持 LWIP 组件。另外，多数网络模组自带 TCP/UDP 等功能，例如安信可 ESP8266 模组、海思 BC35-G 模组等，对于此类模组则无须 LWIP 即可进行网络通信。

通常，网络模组可使用 AT 指令和 MCU 进行通信。LiteOS 提供了 AT 指令框架，以降低开发难度，目前支持的模组有 BG36（eMTC）、SIM900A（GPRS）、BC95（NB-IoT）、ESP8266（WiFi）。

1. 运行原理

AT 框架相当于源码在 components/net/net_at 目录下，其中在 at_device 目录下存放着相关硬件驱动源码，at_frame 目录则存放着 connect、close 等相关 API。以 ESP8266 模组为例，其硬件驱动存放在源文件 WiFi_esp8266/esp8266.c 文件中，其中包含 8266 模组的初始化、连接、发送、接收等相关 API，各 API 通过函数 AtGetEsp8266Interface()向外提供接口，代码如下：

```
//第 11 章/components/net/net_at/at_device/WiFi_esp8266/esp8266.c
AtAdaptorApi AtGetEsp8266Interface(void){
    AtAdaptorApi esp8266Interface = {
        .init = Esp8266Init,                              /* 初始化 */
        .getLocalMac = Esp8266GetLocalMac,                /* 获取本机 MAC 地址 */
        .getLocalIp = Esp8266GetLocalIp,                  /* 获取本机 IP */
        .getLocalMaxFd = Esp8266GetLocalMaxFd,
        /* TCP 或 UDP 相关函数 */
        .connect = Esp8266Connect,                        /* 连接 */
        .bind = Esp8266Bind,                              /* 绑定 */
        .send = Esp8266Send,                              /* 发送数据 */
        .recvTimeout = Esp8266RecvTimeout,                /* 接收数据,有超时 */
        .recv = Esp8266Recv,                              /* 接收数据 */
        .close = Esp8266Close,                            /* 关闭连接 */
        .recvCallback = Esp8266RecvCallback,              /* 接收回调,目前没实现 */
        .deInit = Esp8266Deinit,                          /* 默认初始化 */
    };
    return esp8266Interface;
}
```

函数 AtGetEsp8266Interface()最后返回一个 AtAdaptorApi 句柄，外界可通过此句柄对 8266 模块进行操作。AT 框架通过函数 AT_DeviceRegister()注册各网络模组，代码如下：

```
//第 11 章/components/net/net_at/at_device/at_register.c
void AT_DeviceRegister(void){
    AtTaskHandleInit();
    (void)memset_s(&g_atApi, sizeof(AtAdaptorApi), \
                0, sizeof(AtAdaptorApi));
#ifdef LOSCFG_COMPONENTS_NET_AT_ESP8266
    g_atApi = AtGetEsp8266Interface();
#elif defined LOSCFG_COMPONENTS_NET_AT_BG36
    g_atApi = AtGetEmtcBg36Interface();
#elif defined LOSCFG_COMPONENTS_NET_AT_SIM900A
    g_atApi = AtGetSim900aInterface();
#elif defined LOSCFG_COMPONENTS_NET_AT_BC95
    g_atApi = AtGetBC95Interface();
#endif
    AtApiRegister(&g_atApi);
}
```

at_api.c 将网络模组的相关操作封装成对外开放的 API，见表 11-5。外界可通过全局变量 g_atApi 访问相应 API。

表 11-5 AT API

函　数	说　明
AtApiRegister	注册网络模块，实际上调用了模组的初始化代码 返回值：int32_t，如果成功，则返回 0，如果失败，则持续初始化模块 参数：[IN] AtAdaptorApi * api，模组接口句柄
AtApiConnect	连接到指定服务器。如果成功，则返回 0，如果失败，则返回－1 参数 1：[IN] const char * host，服务器 IP 地址 参数 2：[IN] const char * port，服务器端口号 参数 3：[IN] int proto，协议类型 TCP(0)或者 UDP(1)
AtApiBind	绑定到指定服务器 返回值：同上； 参数：同上
AtApiSend	发送数据。如果成功，则返回 0，如果失败，则返回－1 参数 1：[IN] int32_t id，Socket 描述符编号 参数 2：[IN] const unsigned char * buf，待发送的缓冲区 参数 3：[IN] uint32_t len，要发送的数据长度
AtApiSendTo	向指定服务器发送数据。如果成功，则返回 0，如果失败，则返回－1 参数 1、2、3，同上 参数 4：[IN] char * ipaddr，目标 IP 地址 参数 5：[IN] int port，目标端口号
AtApiRecv	接收数据，无超时设置，持续等待。如果失败，则返回－1，如果成功，则返回接收的字节数 参数 1：[IN] int32_t id，Socket 描述符编号 参数 2：[IN] unsigned char * buf，接收缓冲区 参数 3：[IN] size_t len，缓冲区长度

续表

函　　数	说　　明
AtApiRecvTimeout	接收数据，有超时设置。如果失败，则返回-1，如果成功，则返回收到的字节数 参数1、2、3，同上 参数4：[IN] char *ipaddr，目标IP地址 参数5：[IN] int port，目标端口号 参数6：[IN] int32_t timeout，超时时间
AtApiRecvClose	关闭连接，如果成功，则返回0，如果失败，则返回-1 参数：[IN] int32_t fd，Socket描述符

2. 使能AT模组

LiteOS默认不开启网络功能，需进入menuconfig→components→Network→[*] Enable Net AT使能AT框架，如图11-7所示。如果使能[ ]Enable AT INFO选项，则可显示网络模块在运行过程中的信息；如果使能[]Enable AT Debug选项，则可显示其调试信息。如果选择Choose AT Device选项，则可选择AT网络设备。

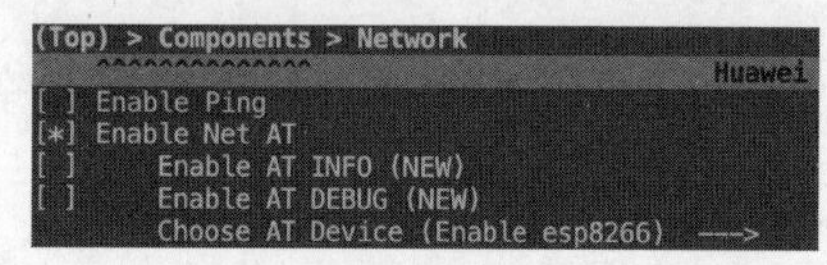

图11-7　使能AT

注意：AT框架使用的指令对模块固件有要求，例如ESP8266模块要求其固件版本大于1.4.0。

11.2.2　SAL组件

如果使用以太网卡，则无法使用AT指令控制，其网络通信由LWIP协议栈实现。LiteOS使用SAL(Socket Abstraction Layer)组件将以太网卡和AT模组操作封装，提供一套完整的Socket操作API，见表11-6。

表11-6　SAL API

函　　数	说　　明
atiny_net_connect	连接到服务器，如果成功，则返回0，如果失败，则返回-1 参数1：[OUT] atiny_net_context *ctx，结构体类型，只有一个成员fd，代表Socket描述符 参数2：[IN] const char *host，服务器IP地址 参数3：[IN] const char *port，服务器端口号 参数4：[IN] int proto，协议类型TCP(0)或者UDP(1)
atiny_net_bind	绑定Socket。如果成功，则返回atiny_net_context *，如果失败，则返回NULL 参数1、2、3，同atiny_net_connect参数2、3、4

续表

函　数	说　明
atiny_net_accept	允许客户端连接,如果成功,则返回0,如果失败,则返回错误码 ATINY_NET_XXX 参数1:[IN] void * bind_ctx,创建Socket时返回的描述符 参数2:[OUT] void * client_ctx,连接后产生的Socket描述符,指向客户端 参数3:[OUT] void * client_ip,客户端IP地址缓冲区 参数4:[IN] size_t buf_size,缓冲区长度 参数5:[OUT] size_t * ip_len,IP地址的长度
atiny_net_recv	接收数据。如果成功,则返回0,如果失败,则返回−1 参数1:[IN] void * ctx, Socket描述符编号 参数2:[IN] unsigned char * buf, 接收缓冲区 参数3:[IN] size_t len,缓冲区长度
atiny_net_send	发送数据。如果成功,则返回0,如果失败,则返回−1 参数1、2、3,同上
atiny_net_close	关闭Socket,无返回值 参数:[IN] void * ctx,Socket描述符编号
AtApiRecvClose	关闭连接,如果成功,则返回0,如果失败,则返回−1 参数:[IN] int32_t fd,Socket描述符

SAL组件屏蔽了网络设备的底层差异,因此LiteOS提供的CoAP、MQTT等案例都使用SAL组件操作Socket。进入menuconfig菜单,选择components→Network→[*] Enable Atiny Sal即可使用SAL组件。

11.3 实战案例:LiteOS之CoAP组件

22min

LiteOS中包含了CoAP组件,开发者只需使能相应的功能模块(如AT模块、SAL模块等)便可以使用CoAP协议传输数据。

本节介绍CoAP组件的使用方法。

11.3.1 配置LwM2M Demo

1. 案例概述

LwM2M Demo是一个基于CoAP协议的物联网案例,LwM2M是基于CoAP协议的轻量级物联网传输协议,LwM2M报文被包含在CoAP报文的PayLoad中。此案例使用Agent组件对CoAP进行二次封装,实现了LwM2M协议。开发者需进入menuconfig配置菜单使能某些功能模块才可使用此案例,见表11-7。

表 11-7 使能 CoAP

模　块	说　明
Agent Tiny LwM2M Demos	使用 Agent 助手的 LwM2M 案例
LwM2M	LwM2M 协议栈，其中包含了 CoAP 协议
Agenttiny LwM2M	Agent 助手
Net AT	AT 框架
ESP8266	网络设备
Atiny Sal	Socket 网络模块
VFS	虚拟文件系统
Mbedtls	安全组件，如果没有加密，则不需要此组件

Agenttiny LwM2M 组件中有几组常用的 API，如连接服务器、上报数据、接收命令等，具体见表 11-8。

表 11-8 LwM2M API

模　块	说　明
atiny_init	初始化 LwM2M 协议栈，如果成功，则返回 0，如果失败，则返回错误码 参数 1：[IN]atiny_param_t * atiny_params，连接参数 参数 2：[OUT]void ** phandle，返回的连接句柄
atiny_bind	将设备绑定到服务器，如果成功，则返回 0，如果失败，则返回错误码 参数 1：[IN] atiny_device_info_t * device_info，设备信息 参数 2：[IN]void * phandle，连接句柄
atiny_data_report	将数据上报到服务器，如果成功，则返回 0，如果失败，则返回错误码 参数 1：[IN]void * phandle，连接句柄 参数 2：[IN]data_report_t * report_data，要上报的数据
atiny_cmd_ioctl	接收云平台命令，此函数由开发者自己实现。返回命令的处理结果 参数 1：[IN] atiny_cmd_e cmd，命令字，如下发复位指令 参数 2：[IN] char * arg，命令参数 参数 3：[IN] int len，参数长度
atiny_event_notify	事件通知函数，由开发者实现。用于通知 LwM2M 注册期间发生的事件 参数 1：[IN] atiny_event_e event，事件类型 参数 2：[IN] const char * arg，事件参数 参数 3：[IN] int len，参数长度

2. 更改配置

LiteOS 默认在 STM32F429 开发板运行 LwM2M Demo，其配置选项默认开启 Mbedtls 组件和 LwIP 组件。Mbedtls 组件需占用较多 Flash、RAM，部分开发板资源有限，无法运行此组件；LwIP 组件针对以太网卡设计，ESP8266 等支持 AT 指令的网络模组内置 LwIP 组件，无须在 LiteOS 中开启，因此需要修改 Kconfig，去掉这两个模块。

1）更改 Mbedtls 选项

进入 demos/agenttiny_lwm2m 目录，修改 Kconfig 配置，去掉 LwIP 选项，代码如下：

```
#第 11 章/demos/agenttiny_lwm2m/Kconfig
menu "Agent Tiny Lwm2m Demo"

config LOSCFG_DEMOS_AGENT_TINY_LWM2M
    bool "Enable Agent Tiny Lwm2m Demo"
    select LOSCFG_COMPONENTS_CONNECTIVITY
    select LOSCFG_COMPONENTS_ATINY_LWM2M
    #去掉反向选择
    #select LOSCFG_COMPONENTS_NET_LWIP
    default n
    help
        Answer y to enable agent tiny lwm2m demo.

endmenu
```

2）更改 LwIP 选项

进入 components/connectivity/agent_tiny 目录，修改 Kconfig，去掉 Mbedtls 选项，代码如下：

```
#第 11 章/components/connectivity/agent_tiny/Kconfig
...
config LOSCFG_COMPONENTS_ATINY_LWM2M
    bool "Enable Agenttiny Lwm2m"
    select LOSCFG_COMPONENTS_FS_VFS
    select LOSCFG_COMPONENTS_CONNECTIVITY_AGENTTINY
    select LOSCFG_COMPONENTS_CONNECTIVITY_LWM2M
    #去掉反向选择
    #select LOSCFG_COMPONENTS_SECURITY_MBEDTLS
    default n
    help
        Answer y to enable agent tiny lwm2m.
```

3）使能 LwM2M Demo

进入 menuconfig 配置菜单，按照表 11-7 所述开启相应的组件，如图 11-8 所示。案例会占用较多硬件资源，因此需要尽可能地关闭无关的功能组件，例如对于小熊派 STM32L431 开发板，无须使用 LVGL 功能。

Mbedtls、LwIP 组件可根据实际情况选择，如果使用小熊派 STM32L431 开发板，则不能开启这两个组件。使能 AT Info 功能可以看到系统在运行过程中的一些信息，以便帮助定位错误。

11.3.2 连接测试

1. 修改连接参数

使用 CoAP 协议传输数据需要设置对应的服务器参数，例如 IP 地址、端口号、设备号等。如果使用 WiFi 模块，则需设置模块要连接的热点 SSID 和密码。

```
Demos --->
        Agent Tiny Lwm2m Demo  --->
                [*] Enable Agent Tiny Lwm2m Demo
Componetns --->
        Connectivity --->
                [*] Enable Lwm2m
                [*] Enable Agenttiny Lwm2m
        FileSystem --->
                -*-    Enable VFS
        Network --->
                [*] Enable Net AT
                        [*]    Enable AT INFO
                        [ ]    Enable AT DEBUG
                        Choose AT Device (Enable esp8266)  --->
                [*] Enable Atiny Sal
        Sensorhub--->
                [*] Enable Sensorhub
```

图 11-8 CoAP 选项

1）服务器参数

服务器参数在源文件 agent_tiny_lwm2m_demo.c 中设置，宏定义 DEFAULT_SERVER_IP 为服务器 IP 地址；如果不开启 Mbedtls 加密传输，则变量 g_endpoint_name 是设备号；如果开启加密传输，则变量 ENDPOINT_NAME_IOT 是设备号，变量 g_psk_iot_value 是注册设备时填写的密码。根据实际需求设置参数，代码如下：

```
//第 11 章/demos/agenttiny_lwm2m/agent_tiny_lwm2m_demo.c
...
//CoAP 服务器 IP
#define DEFAULT_SERVER_IP "119.3.250.80" /* local ipv4 */

//无 mbedtls 加密是注册的设备号
char *g_endpoint_name = "18810867651";
#ifdef LOSCFG_COMPONENTS_SECURITY_MBEDTLS
#define ENDPOINT_NAME_S "20201112_client"
//有 mbedtls 加密是注册的设备号
#define ENDPOINT_NAME_IOT "20201112"
#define ENDPOINT_NAME_BS "20201112"
char *g_endpoint_name_s = ENDPOINT_NAME_S;
char *g_endpoint_name_iots = ENDPOINT_NAME_IOT;
char *g_endpoint_name_bs = ENDPOINT_NAME_BS;
//设备密钥
unsigned char g_psk_iot_value[] = {0x68,0xda,0x7a,0xea,0xf6,0x12,0xfd,0x95,0xbb,0xe0,
0x91,0x5a,0x67,0xca,0x56,0xb3}; //0x33 -> 0x32
unsigned char g_psk_bs_value[] = {0x68,0xda,0x7a,0xea,0xf6,0x12,0xfd,0x95,0xbb,0xe0,0x91,
0x5a,0x67,0xca,0x56,0xb3};
#endif
...
```

2）WiFi 参数

AT 框架下的头文件 esp8266.h 中设置了 WiFi 相关参数，包括热点名称、密码、串口号等信息。ESP8266 模组使用串口和 MCU 通信,LiteOS 默认为其配置串口 3,开发者需根据实际情况修改。另外,当前 AT 框架的指令要求 8266 模组的固件版本高于 1.4.0,如果模组比较旧,则可使用官网软件对其固件进行升级。根据实际情况更改 WiFi 参数,代码如下:

```
//第 11 章/components/net/net_at/at_device/WiFi_esp8266/esp8266.h
...
//热点 SSID
#define WiFi_SSID                    "iPhone"
//热点密码
#define WiFi_PASSWD                  "123321123"

#define AT_MODU_NAME                 "ESP8266"
//串口号
#define AT_USART_PORT                2
...
```

2. 开启随机数

案例中使用了随机数功能,LiteOS 内置的小熊派 STM32L431 开发板已经开启随机数模块,开发者无须设置。如果使用自定义开发板,则需要借助 CubeMX 软件为 STM32 开启随机数模块,将源码复制到 LiteOS 工程中,并修改目标板 Makefile 中的路径。

1) 随机数代码

(1) 将随机数代码放在目标板/Src 目录下,代码如下:

```
//第 11 章/targets/STM32F407VET6_TEST/Src/rng.c
#include <string.h>
#include "hal_rng.h"
#include "stm32f4xx.h"
#include "stm32f4xx_hal_rng.h"
#include "los_base.h"

#ifdef HAL_RNG_MODULE_ENABLED

RNG_HandleTypeDef g_rngHandle;

//初始化随机模块
void HalRngConfig(void){
    __HAL_RCC_RNG_CLK_ENABLE();
    g_rngHandle.Instance = RNG;
    (void)HAL_RNG_Init(&g_rngHandle);
}

int HalRngGenerateNumber(){
    uint32_t random_number;

if(HAL_RNG_GenerateRandomNumber(&g_rngHandle,
```

```
                                    &random_number) != HAL_OK) {
        return 0U;
    }
    return (int)random_number;
}

//产生随机序列
int HalRngGenerateBuffer(void * buf, size_t len)
{
    size_t i;
    uint32_t random_number;
    uint8_t * pbuf = NULL;
    int ret = 0;

    if(buf == NULL) {
        return -1;
    }

    pbuf = (uint8_t *)buf;
    for(i = 0; i < len; i += sizeof(uint32_t)) {
        if(HAL_RNG_GenerateRandomNumber(&g_rngHandle,
                                    &random_number) != HAL_OK) {
            return -1;
        }
        ret = memcpy_s(pbuf + i, sizeof(uint32_t), &random_number,
            sizeof(uint32_t) > len - i ? len - i : sizeof(uint32_t));
        if(ret != EOK) {
            printf("Pbuf copy error.\n");
            return -1;
        }
    }
    return 0;
}

#endif /* HAL_RNG_MODULE_ENABLED */
```

（2）在 main.c 文件中初始化随机数模块，代码如下：

```
//第 11 章/targets/STM32F407VET6_TEST/Src/main.c
VOID HardwareInit(VOID){
    HAL_Init();
    SystemClock_Config();
    //初始化随机数
    HalRngConfig();
    …
}
```

2）头文件

更改目标板下的头文件 stm32xxxx_hal_conf.h，使能随机数模块，代码如下：

```
//第 11 章/targets/STM32F407VET6_TEST/Inc/stm32f4xx_hal_conf.h
...
/* #define HAL_LTDC_MODULE_ENABLED */
#define HAL_RNG_MODULE_ENABLED
/* #define HAL_RTC_MODULE_ENABLED */
...
```

3) Makefile

(1) 添加随机数 HAL 库文件路径,代码如下:

```
#第 11 章/targets/STM32F407VET6_TEST/Makefile
HAL_SRC = \
...
$(LITEOSTOPDIR)/targets/bsp/drivers/STM32F4xx_HAL_Driver/Src/stm32f4xx_hal_rng.c \
...
```

(2) 添加随机函数源码路径,代码如下:

```
#第 11 章/targets/STM32F407VET6_TEST/Makefile
USER_SRC = \
$(LITEOSTOPDIR)/targets/STM32F407VET6_TEST/Src/rng.c \
...
```

3. 其他函数

Agenttiny LwM2M 模块中用到了延时函数 atiny_usleep()和随机函数 atiny_random(),可在源文件 targets/目标板/Src/sys_init.c 中定义这两个函数,代码如下:

```
//第 11 章/targets/STM32F407VET6_TEST/Src/sys_init.c
...
/* atiny_adapter user interface */
void atiny_usleep(unsigned long usec){
    delayus((uint32_t)usec);
}

int atiny_random(void * output, size_t len){
    return HalRngGenerateBuffer(output, len);
}

void atiny_reboot(void){
    HAL_NVIC_SystemReset();
}
```

4. 连接云平台

打开 AT Info 功能,配置好各连接参数后运行源码,可看到串口的输出如图 11-9 所示。

从图 11-9 可看到,当前 WiFi 模块连接热点之后得到的 IP 地址是 192.168.1.7,同时也显示了模块的 MAC 地址。尝试连接的服务器是 119.3.250.80,端口号是 5683,此端口采

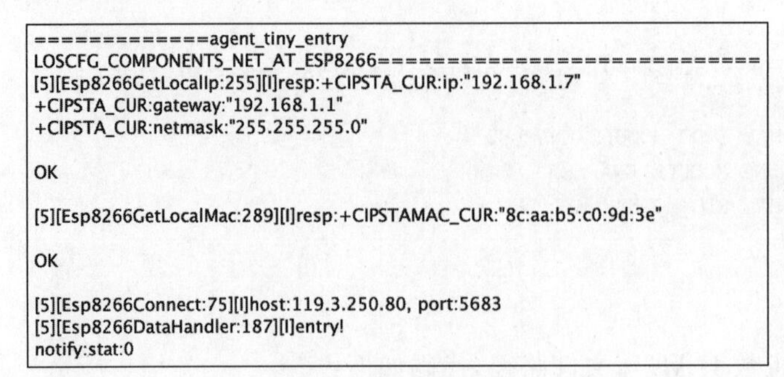

=============agent_tiny_entry
LOSCFG_COMPONENTS_NET_AT_ESP8266=================================
[5][Esp8266GetLocalIp:255][I]resp:+CIPSTA_CUR:ip:"192.168.1.7"
+CIPSTA_CUR:gateway:"192.168.1.1"
+CIPSTA_CUR:netmask:"255.255.255.0"
OK
[5][Esp8266GetLocalMac:289][I]resp:+CIPSTAMAC_CUR:"8c:aa:b5:c0:9d:3e"
OK
[5][Esp8266Connect:75][I]host:119.3.250.80, port:5683
[5][Esp8266DataHandler:187][I]entry!
notify:stat:0

图 11-9 运行结果

用了非加密的 CoAP 协议。登录云平台，可看到设备从“未激活”状态变为“在线”状态，设备成功上线。

11.4 实战案例：CoAP 数据传输

LwM2M Demo 案例中源文件 agent_tiny_lwm2m_demo.c 负责网络连接及数据上报任务，源文件 agent_tiny_cmd_ioctl.c 负责接收服务器指令。

本节介绍设备端如何使用 LwM2M 组件与服务器进行数据交换。

22min

11.4.1 上报数据

初始化连接参数之后，函数 CreateReportTask()创建了一个数据上报任务，其入口地址为 AppDataReport()。上报数据的格式必须与云平台中的产品插件相匹配，例如针对10.3 节案例，其上报的数据格式为 MessageId(1 字节)、TH(1 字节)、RH(1 字节)、Lux(2 字节，大端格式)、Gas(2 字节，大端格式)。

1. 同步信号

上行数据基本来自传感器，传感框架中的数据更新回调函数 SensorDHT11Report()对传感数据变量进行更新，此时可通过信号量、事件等机制向数据上报任务传递同步信号，通知其开始将数据上报到云平台。

1）初始化同步信号

系统必须在传感任务和数据上报任务之前初始化同步信号，例如可在源文件 user_task.c 中初始化一个事件，代码如下：

```
//第 11 章/targets/STM32F407VET6_TEST/Src/user_task.c
EVENT_CB_S event;

VOID app_init(VOID) {
    printf("app init!\n");
    uint8_t ret;
    //初始化事件控制块
    ret = LOS_EventInit(&event);
```

```
    if(ret != LOS_OK) {
        printf("init event failed\n");
        return -1;
    }
    DemoEntry();
    mydemo_entry();
}
```

2）发送同步信号

本案例使用事件同步信号，在传感数据更新之后即刻写入相应的事件，代码如下：

```
//第 11 章/mydemos/sensor/sensor_app/sensor_app.c
#define EVT_DHT11 0x01
#define EVT_MQ2 0x02
#define EVT_BH1750 0x04

extern EVENT_CB_S event;

STATIC VOID SensorDHT11Report(UINT32 arg, const UINT8 * data, UINT32 len) {
    (VOID)(len);
    (VOID)(data);
#if LOSCFG_MYDEMOS_SENSOR_Debug
    printf("DHT11 Item %u report TH %d, RH %d%%, len %d \r\n", arg, data[0], data[1],
len);
#endif
    uint8_t i;
    for(i=0; i<6; i++){
        sensor_data[i].th = data[0]+i;
        sensor_data[i].rh = data[1]+i;
        //写入事件
        LOS_EventWrite(&event, EVT_DHT11);
#if LOSCFG_MYDEMOS_LVGL_GUI
        update_list(i);
    }
    update_room(room_id);
#else
    }
#endif
}

STATIC VOID SensorMQ2Report(UINT32 arg, const UINT16 * data, UINT32 len) {
    ...
    for(i=0; i<6; i++){
        sensor_data[i].gas = data[0]+i;
        //写入事件
        LOS_EventWrite(&event, EVT_MQ2);
    }
    ...
```

```
}

STATIC VOID Sensorbh1750Report(UINT32 arg, const UINT16 * data, UINT32 len) {
    uint8_t i;
    for(i = 0; i < 6; i++){
        sensor_data[i].lux = data[0] + i * 10;
        //写入事件
        LOS_EventWrite(&event, EVT_BH1750);
    }
    ...
}
```

2. 上报任务

LwM2M 将上报的数据存放在 data_report_t 类型的变量中，其结构代码如下：

```
//第 11 章/data_report_t 结构
typedef struct _data_report_t {
    atiny_report_type_e type;          /* 数据上报类型 */
    int Cookie;                        /* 数据 Cookie,用以在 ack 回调中区分不同的数据 */
    int len;                           /* 数据长度,不应大于 MAX_REPORT_DATA_LEN */
    uint8_t * buf;                     /* 数据缓冲区首地址 */
    atiny_ack_callback callback;       /* ack 回调 */
} data_report_t;
```

(1) data_report_t 结构中的数据上报类型 type 只有 FIRMWARE_UPDATE_STATE 或者 APP_DATA 两种，前者是固件升级数据，后者则是正常的数据上报。

(2) Cookie 用来在 callback 中区分不同的数据，每次发送的 Cookie 应该设置为不同的数据。

(3) callback 是应答回调函数，可根据需求决定是否实现。

(4) buf 是上报数据的首地址，数据长度为 len。

使用函数 atiny_data_report(void * phandle, data_report_t * report_data)将数据上报到云平台，g_phandle 是一个全局的连接句柄，在绑定服务器时被初始化。上报数据之后还需要通知 LwM2M 数据发生了变化，使用函数 atiny_data_change()完成此操作。

注意：不可高速重复地发送数据，每次调用函数 atiny_data_report()之后必须有适当延时。

上报数据前首先要确定消息对应的 messageId，可查看云平台上的插件获取每条消息的 ID。数据缓冲区 buf 为 uint8_t 类型，而时间上报的数据有可能是 16 位整数，此时需要将数据拆分为两个 8 位数据，并且要注意其大小端格式。例如针对案例 10.3，上报一个主卧的数据，查看插件之后其内容应该有 7 字节 messageId、温度、湿度、光照高 8 位、光照低 8 位、烟雾高 8 位、烟雾低 8 位，具体的代码如下：

```
//第 11 章/demos/agenttiny_lwm2m/agent_tiny_lwm2m_demo.c
static void AppDataReport(void) {
    //从插件中获取上报数据时对应的 msgid
    uint8_t msgid[6] = {0x00, 0x09, 0x12, 0x1b, 0x24, 0x2d};
    //6 个房间,因此有 6 组数据,每组都是一个 7 字节数组
    uint8_t buf[6][7];
    //上报的数据变量
    data_report_t report_data[6];
    int ret = 0;
    int cnt = 0;
    uint8_t i;

    //初始化 report_data
    for(i = 0; i < 6; i++) {
        //缓冲区首地址
        report_data[i].buf = buf[i];
        //应答回调函数,使用默认的函数即可
        report_data[i].callback = AckCallback;
        //Cookie 初始化为 0
        report_data[i].cookie = 0;
        //数据长度为 7,1 + 1 + 1 + 2 + 2
        report_data[i].len = 7;
        //数据类型必须是 APP_DATA
        report_data[i].type = APP_DATA;
        //消息 id
        buf[i][0] = msgid[i];
    }

    while (1) {
        //温湿度数据,读取其事件,实现同步
        ret = LOS_EventRead(&event, EVT_DHT11,
                            LOS_WAITMODE_AND | LOS_WAITMODE_CLR, 0);
        if(ret == EVT_DHT11) {
            for(i = 0; i < 6; i++) {
                buf[i][1] = sensor_data[i].th;
                buf[i][2] = sensor_data[i].rh;
            }
        }
        //光照数据
        ret = LOS_EventRead(&event, EVT_BH1750,
                            LOS_WAITMODE_AND | LOS_WAITMODE_CLR, 0);
        if(ret == EVT_BH1750) {
            for(i = 0; i < 6; i++) {
                //分别取 16 位数据的高 8 位、低 8 位,大端格式
                buf[i][3] = ((sensor_data[i].lux) >> 8) & 0xff;
                buf[i][4] = (sensor_data[i].lux) & 0xff;
            }
        }
        //烟雾数据
```

```
        ret = LOS_EventRead(&event, EVT_MQ2,
                            LOS_WAITMODE_AND | LOS_WAITMODE_CLR, 0);
        if(ret == EVT_MQ2) {
            for(i = 0; i < 6; i++) {
                //分别取16位数据的高8位、低8位,大端格式
                buf[i][5] = ((sensor_data[i].gas) >> 8) & 0xff;
                buf[i][6] = (sensor_data[i].gas) & 0xff;
            }
        }
        for(i = 0; i < 6; i++) {
            report_data[i].cookie = cnt;
            cnt++;
            //上报数据
            ret = atiny_data_report(g_phandle, &(report_data[i]));
            //ATINY_LOG(LOG_Debug, "data report ret: %d\n", ret);
            //通知数据更改
            ret = atiny_data_change(g_phandle, DEVICE_MEMORY_FREE);
            //ATINY_LOG(LOG_Debug, "data change ret: %d\n", ret);
            //需要适当延时,不可高速重复发送
            LOS_TaskDelay(250 * 8);
        }
        LOS_TaskDelay(250 * 80);
    }
}
```

将源码编译后下载到目标板,进入华为IoT云可看到设备已经上线,并且数据在不断更新,如图11-10所示。

图11-10 上报数据

3. 日志追踪

通常情况下,使用printf语句打印调试信息可定位简单错误,网络相关项目还可使用抓包软件WireShark辅助调试。另外,云平台还提供了日志功能,开发者可根据日志信息定位错误。

进入设备详情页面,切换到"消息追踪"标签,单击"启动消息跟踪"按钮设置消息跟踪的

持续时间，如图 11-11 所示。

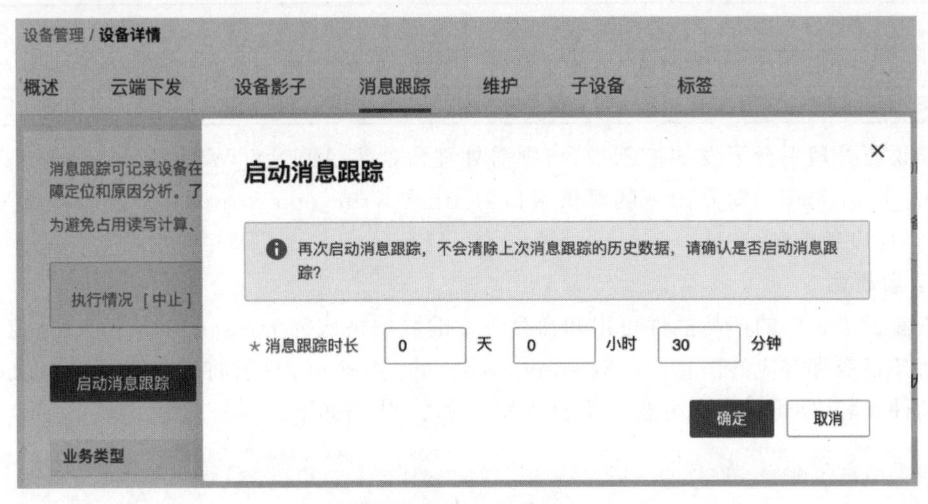

图 11-11　启动消息跟踪

如果数据传输过程中出现问题，则可单击消息后面的“定位建议”查看平台给出的出错定位意见，如图 11-12 所示。从图中可以看到，当前数据传输出现了问题，平台建议“检查插件是否实现对数据上报的响应”，而最初在定义产品插件时并未对上报数据的消息设置响应字段。到目前为止，上报数据可以不添加响应，所以可暂时忽略此处的问题。

业务类型	业务步骤	业务详情	记录时间	消...	操作
设备至平台	属性上报设备影子刷新成功	The device shadow has been updated accordi...	2023/02/11 21:56:33.854 GMT+08:00	● ...	定位建议 详情
平台至设备	插件编码	The codec cannot respond to property reporti...	请您检查编解码插件是否实现对属性上报的响应。		定位建议 ...
平台至设备	编码过程中插件打印的日志	encode jsonNode is {"msgType":"cloudRsp","r...	2023/02/11 21:56:33.793 GMT+08:00	● ...	详情
平台至设备	编码过程中插件打印的日志	cmdName is empty.	2023/02/11 21:56:33.793 GMT+08:00	● ...	详情
设备至平台	插件解码	The codec decoding is successful.data:{"ident...	2023/02/11 21:56:33.792 GMT+08:00	● ...	详情
设备至平台	解码过程中插件打印的日志	receive raw message [45, 25, 24, 0, 56, 1, 31].	2023/02/11 21:56:33.790 GMT+08:00	● ...	详情

图 11-12　错误定位

11.4.2　命令控制

在源文件 agent_tiny_cmd_ioctl.c 中实现了命令控制接口 atiny_cmd_ioctl()，Agenttiny LwM2M 组件定义了诸多可以被处理的命令字，下面列出几个常见的命令，见表 11-9。

表 11-9　LwM2M API

命　令　字	说　明	命　令　字	说　明
ATINY_GET_MANUFACTURER	获取厂商名字	ATINY_GET_CURRENT_TIME	获取当前时间
ATINY_GET_SIGNAL_STRENGTH	获取信号强度	ATINY_GET_DEV_TYPE	获取设备类型

续表

命令字	说明	命令字	说明
ATINY_GET_SERIAL_NUMBER	获取设备号	ATINY_WRITE_APP_DATA	下发业务命令
ATINY_DO_DEV_REBOOT	设备复位	ATINY_UPDATE_PSK	更新密钥

如果要处理平台下发的控制指令，则需处理命令字 ATINY_WRITE_APP_DATA，函数 atiny_cmd_ioctl()对其命令的解析接口为 atiny_write_app_write()，开发者需重写此函数，以实现设备控制。

1. 解析命令

查看云平台中的产品插件可得知命令下发的数据格式为 messageId、mid、设备控制字，并且每条指令都有应答消息。函数 atiny_write_app_write()只需将其参数 user_data 按字节与插件比较，便可以彻底分析出平台下发的命令，代码如下：

```
//第 11 章/demos/agenttiny_lwm2m/agent_tiny_cmd_ioctl.c

extern UINT32 SEM_RESP_CMD;
extern UINT16 resp_mid;
extern UINT8 resp_msgid;
extern UINT8 resp_content[10];

//业务命令解析
int atiny_write_app_write(void * user_data, int len) {
    (void)atiny_printf("write num19 object success\r\n");
    uint8_t msgid;
    uint8_t tmp[10];

    memcpy(tmp, (uint8_t * )user_data, len);
    //得到 msgid
    msgid = tmp[0];
    //得到 mid,应答时需要
    resp_mid = ((UINT16)tmp[1] << 8) + (UINT16)tmp[2];
    //对比插件即可得知 msgid == 1 就是主卧的 led1 控制指令
    if(msgid == 1) {
        //应答 msgid
        resp_msgid = msgid + 1;
        //清空应答内容
        memset(resp_content, 0, 10);
        //对比命令的参数
        if(strncmp(tmp + 3, "ON", 2) == 0) {
            //执行操作,打开 LED.这里只是输出一个语句,开发者可自行打开 LED
            printf("master led1 on\n");
            sensor_data[0].led1 = 1;
            //应答内容
            memcpy(resp_content, " ON", 3);
            //发送同步信号,应答任务执行
            LOS_SemPost(SEM_RESP_CMD);
```

```
        } else if (strncmp(tmp + 3, "OFF", 3) == 0) {
            //执行操作,关闭 LED
            printf("master led1 off\n");
            sensor_data[0].led1 = 1;
            memcpy(resp_content, "OFF", 3);
            LOS_SemPost(SEM_RESP_CMD);
        }
#if LOSCFG_MYDEMOS_LVGL_GUI
        //更新 UI
        update_room(room_id);
#endif
    }
    return ATINY_OK;
}
```

user_data 中第 2 和第 3 字节组合起来是 16 位的 mid，每条命令的 mid 和其应答 mid 保持一致，因此解析命令时需保存 mid。应答消息由 messageId、mid、errcode、应答内容组成，必须将 messageId 和插件相对应才能正确应答。例如，控制消息 MASTER_LED_CTRL_1 的应答 messageid 为 0x2。

2. 同步信号

当对命令执行完相应的操作之后，需要给出应答消息，可使用信号量、事件等同步应答。例如本案例使用的同步机制为信号量，系统必须在解析命令之前初始化信号量，代码如下：

```
//第 11 章/targets/STM32F407VET6_TEST/Src/user_task.c
extern UINT32 SEM_RESP_CMD;

VOID app_init(VOID) {
    printf("app init!\n");
    uint8_t ret;
    //初始化事件控制块
    ...
    //创建信号量
    ret = LOS_SemCreate(0, &SEM_RESP_CMD);
    if (ret != LOS_OK) {
        printf("create SEM_RESP_CMD failed\n");
        return;
    }
    DemoEntry();
    mydemo_entry();
}
```

3. 应答任务

应答的本质还是上报数据，只是数据格式为插件中的应答消息格式，因此其实现过程和数据上报任务基本类似。可参考数据上报过程实现应答任务，代码如下：

```
//第 11 章/demos/agenttiny_lwm2m/agent_tiny_lwm2m_demo.c
UINT16 resp_mid;
UINT8 resp_msgid;
UINT8 resp_content[10];
UINT32 SEM_RESP_CMD;

void CmdRspTask(void) {
    uint8_t buf[10] = {0};
    data_report_t rsp_data;
    int ret = 0;
    int cnt = 0;
    rsp_data.buf = buf;
    rsp_data.callback = AckCallback;
    rsp_data.cookie = 0;
    rsp_data.len = sizeof(buf);
    rsp_data.type = APP_DATA;
    (void)ret;
    while (1) {
        #if 1
        printf("cmd rsp\n");
        #endif
        //清空 buf
        memset(buf, 0, sizeof(buf));
        //不同的 msgid,上报不同的传感器数据
        ret = LOS_SemPend(SEM_RESP_CMD, 0);
        if(ret == LOS_OK) {
            //设置 msgid
            buf[0] = resp_msgid;
            //mid 高字节
            buf[1] = (resp_mid >> 8) & 0xff;
            //mid 低字节
            buf[2] = resp_mid & 0xff;
            //errcode
            buf[3] = 0;
            //应答内容
            memcpy(buf + 4, resp_content, 3);
            //开始上报数据
            ret = atiny_data_report(g_phandle, &rsp_data);
            //ATINY_LOG(LOG_Debug, "cmd rsp ret: %d\n", ret);
            ret = atiny_data_change(g_phandle, DEVICE_MEMORY_FREE);
            //ATINY_LOG(LOG_Debug, "data change ret: %d\n", ret);
        }
        (void)LOS_TaskDelay(250 * 8);
    }
}

static UINT32 CreateRspTask(void) {
    ...
```

```
    task_init_param.usTaskPrio = 10;
    task_init_param.pcName = "CmdRspTask";
    ...
}

void AgentTinyLwm2mDemoEntry(void) {
    ...
    //上报数据任务
    ret = CreateReportTask();
    if(ret != LOS_OK) {
        return;
    }
    //应答任务
    ret = CreateRspTask();
    if(ret != LOS_OK) {
        return;
    }
    ...
}
```

目前上述代码只实现了对命令 MASTER_LED_CTRL_1 的解析和应答，设备连接云平台之后，进入设备控制页面发送指令 MASTER_LED_CTRL_1，设备收到指令后会做出相应操作及应答。提前开启"日志跟踪"功能，在日志记录中可看到平台下发的控制消息收到了正确的应答，如图 11-13 所示。

设备至平台	解码过程中插件打印的日志	receive raw message [2, 0, 13, 0, 32, 79, 78, ...	2023/02/12 16:44:43.231 GMT+08:00	● ...	详情
设备至平台	解码过程中插件打印的日志	decode jsonNode is {"msgType":"deviceRsp",...	2023/02/12 16:44:43.231 GMT+08:00	● ...	详情
设备至平台	平台收到设备上行数据	IoTDA has received the upstream data from t...	2023/02/12 16:44:43.229 GMT+08:00	● ...	详情
设备至平台	异步命令设备响应	The response is processed successfully, com...	2023/02/12 16:44:39.128 GMT+08:00	● ...	详情

图 11-13　命令应答

11.5　本章小结

本章介绍了 CoAP 的基本原理及 LwM2M 案例，由于物联网设备硬件资源有限，所以在开发网络协议栈时应根据需求尽可能关闭不必要的功能。在设备上云项目中要合理使用抓包工具和平台日志功能做辅助调试。尽管开发者可以自己移植 LwM2M 协议栈，但此协议栈相对比较复杂，多数物联网操作系统集成了 LwM2M 协议，初学者不建议自己移植。

第 12 章

MQTT 设备端开发

各大主流物联网云平台(如阿里云、华为云、移动 OneNet 等)对 MQTT 协议提供了良好的支持,MQTT 相比 LwM2M 更容易操作,LiteOS 也提供了 MQTT 组件和案例。

本章以案例 10.3 为基础开发设备端 MQTT 上云功能。

16min

12.1 MQTT 协议

本节介绍 MQTT 协议栈的基本工作原理。

12.1.1 MQTT 概述

MQTT(Message Queuing Telemetry Transport)即消息队列遥测传输协议,是 ISO 标准(ISO/IEC PRF 20922)下的基于发布/订阅模式的传输协议。MQTT 工作在 TCP/IP 协议簇之上,它是一个 CS 架构的简单、轻量级物联网传输协议。由于其轻量、简单等特点,MQTT 可广泛应用在各种领域,甚至资源受限设备也可使用 MQTT。MQTT 在智能家居、智慧医疗等领域已得到广泛应用。

1. 通信模型

MQTT 通信模型包含服务器和客户端两部分,在通信过程中,MQTT 设备有 3 种身份:发布者(Publisher)、订阅者(Subscriber)、代理(Broker),如图 12-1 所示,其中发布者和订阅者都属于客户端,消息代理者则属于服务器端。一个 MQTT 客户端可以同时具备发布者和订阅者两种身份。

MQTT 消息通过 Topic(主题)进行分类,客户端需要订阅相关的主题才能收到主题对应的消息,这类似微信公众号的订阅模式,没有被订阅的主题不会将消息推送给客户端。消息的发布和订阅都要经过服务器。

2. 运行原理

发布/订阅模式将消息的发送端和接收端隔离,所有的消息都由代理服务器进行路由和转发。发布/订阅模式增强了系统的可靠性,系统并不会由于某个客户端出现问题而停止工作。

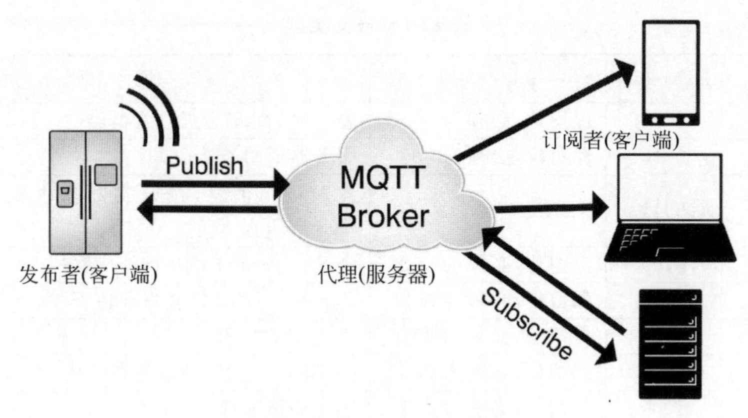

图 12-1 MQTT 通信模型

MQTT 工作流程分为以下几个步骤：

(1) 启动代理服务器。

(2) 订阅者向服务器订阅需要的主题。

(3) 发布者向服务器发布自己的主题信息。

(4) 服务器向所有订阅目标主题的客户端推送消息。

3. QoS

QoS 即服务质量，它是一种解决网络阻塞和延迟的技术。MQTT 提供以下 3 个级别的服务质量：

(1) QoS=0，至多一次。只发送一次消息，不管接收者是否收到消息，其消息传输完全依赖底层 TCP，消息可能会丢失。这种情况用于普通的 App 推送，例如智能家居的传感器数据，丢失一次无关紧要，因为传感器会周期性地推送数据。

(2) QoS=1，至少一次。它会确保消息一定到达，但是可能出现重复。如果消息送达之后没有 ACK，则发送者会再次发送消息，由此造成消息重复。

(3) QoS=2，只有一次。确保消息一定会到达，而且只有一次。如果产品无法忍受消息的重复和丢失，则必须使用这种服务质量，但是这种高等级的服务质量会有额外的开销。

12.1.2 MQTT 报文结构

MQTT 数据包由 Fixed Header(固定头)、Variable Header(可变头)、PayLoad(有效负载)3 部分组成。

1. Fixed Header

固定头位于 MQTT 数据包首部，占 2 字节，每个 MQTT 数据包都必须包含固定头。

1) 数据包类型

固定头的第 1 字节中的 bit7～bit4 表示 MQTT 的数据包类型，这 4 个 bit 共可表示 16 种类型，其中 0 和 15 是保留位，其余 14 种类型见表 12-1。

表 12-1 报文类型

报文类型	bit7～bit4	bit3～bit0	说明
CONNECT	0001	保留位,必须为 0000	客户端请求连接服务器
CONNACK	0010	保留位,必须为 0000	服务器返回连接应答
PUBLISH	0011	XXXX	发送应用消息,按照实际需求设置,DUP QoS QoS RETAIN
PUBACK	0100	保留位,必须为 0000	QoS=1 时的 PUBLISH 应答
PUBREC	0101	保留位,必须为 0000	QoS=2 时的 PUBLISH 应答
PUBREL	0110	保留位,必须为 0010	PUBREC 应答
PUBCOMP	0111	保留位,必须为 0000	PUBREL 应答,消息发布完成
SUBSCRIBE	1000	保留位,必须为 0010	客户端请求订阅
SUBACK	1001	保留位,必须为 0000	服务器应答订阅
UNSUBSCRIBE	1010	保留位,必须为 0010	客户端请求取消订阅
UNSUBACK	1011	保留位,必须为 0000	服务器应答取消订阅
PINGREQ	1100	保留位,必须为 0000	客户端心跳请求
PINGRESP	1101	保留位,必须为 0000	服务器对心跳应答
DISCONNECT	1110	保留位,必须为 0000	客户端请求断开连接

2）标识位

固定头的第 1 字节的 bit3～bit0 为 MQTT 数据包的标识位,目前大多数 MQTT 数据包中的标识位还是保留位,其值必须按照表 12-1 设置。如果收到无效的标识位,则客户端必须关闭连接。

只有 PUBLISH 数据包可使用标识位:

(1) bit3 为 DUP,重复交付位,保证消息可靠传输。如果将 DUP 标志设置为 0,则表示这是客户机或服务器首次尝试发送此 MQTT PUBLISH 数据包。如果 DUP 标志已被设置为 1,则代表这可能是先前尝试发送数据包的重新传递。当客户端或服务器尝试重新传递 PUBLISH 数据包时,DUP 标志必须被设置为 1。当 QoS 为 0 时,DUP 标志必须被设置为 0。

(2) bit2～bit1 为 QoS,服务质量位。目前服务质量等级只能是 0、1、2,等级 3 是保留位。如果 PUBLISH 数据包的 QoS 被设置为 3,则必须关闭连接。

(3) bit0 为 RETAIN,保留标识位。如果被设置为 1,则表示服务器要保留这次推送的消息,当有新订阅出现时,把消息推送给订阅者。

3）剩余长度

从固定头的第 2 字节开始,表示剩余消息的字节数,即可变头和有效负载的字节数总和。剩余长度最多 4 字节,每字节的 bit6～bit0 代表长度,bit7 代表后面是否还有字节为剩余长度。由此 1 字节表示的最大长度为 127,4 字节的最大长度为 0xFFFFFF7F $=127\times128^0+127\times128^1+127\times128^2+127\times128^3=$ 256MB。

例如剩余长度为 $432=48+384=48+3\times128=$ 0x0303,将第 1 字节的最高位置 1,最后

得到的剩余长度用2字节表示为0x1303。

2. Variable Header

可变报头位于固定报头和有效负载之间，其内容由报文类型决定，可变报头通常也用作一种报文标识。例如在PUBLISH、PUBACK、PUBREC等报文中都包含2字节的可变报头作为其报文标识。

3. PayLoad

PayLoad是MQTT数据包的第三部分，通常是用户收到的实用数据。只有部分类型的MQTT数据包具有PayLoad数据。

(1) CONNECT：PayLoad主要内容为clientId、username、password等信息。

(2) PUBLISH：PayLoad内容为被发布的应用消息，PUBLISH数据包的PayLoad可以为空。

(3) SUBSCRIBER：PayLoad主要包含一个想要订阅的主题过滤器和服务质量要求。

(4) SUBACK：PayLoad内容是对SUBSCRIBER的应答码。

(5) UNSUBSCRIB：PayLoad内容是一个想要取消的主题过滤器。

12.1.3 MQTT通配符

MQTT中Topic Name使用"/"分隔为不同层级，例如主题名oc/command/request，当订阅者无法确定具体的Topic名称时，可使用通配符匹配符合条件的Topic。通配符分为单层通配符和多层通配符两种。

1. 单层通配符

"+"为单层通配符，代表Topic名称只能匹配一个主题层次。例如主题oc/command/+可以匹配oc/command/request、oc/command/response，但无法匹配oc/command/response/ibm，因为"+"是单层匹配的。

单层通配符可用于匹配任何层次，但必须在顶层分隔符"/"之后使用，例如oc/+/request是合法的主题，但oc+是非法主题。

2. 多层通配符

"#"可匹配0个或多个主题，但必须用在主题名的最后。例如oc/#可匹配oc/command/request、oc/command/request/ibm。单独的一个"#"也是合法主题，但oc/#/request是非法的。

12.2 MQTT报文详解

本节内容详细解析MQTT报文的Fixed Header、Variable Header、PayLoad字段。

12.2.1 CONNECT报文

CONNECT报文是客户端建立连接的第1个数据包，客户端只能从网络发送一个

CONNECT 数据包，服务器会将第 2 个 CONNECT 包作为协议冲突，并且断开连接。

1. 固定头

CONNECT 报文的固定报头为 0x10(Byte1)＋ 剩余长度(Byte2)。

2. 可变头

CONNECT 报文的可变报头有 4 个字段：Protocol Name（协议名，Byte1～Byte6）、Protocol Level(协议级别，Byte7)、Connect Flags(连接标志，Byte8)、Keep Alive(心跳间隔，Byte9～Byte10)。

1）Protocol Name

协议名为 UTF-8 编码的字符串 MQTT，名称之前还有 2 字节以表示其长度，因此用 6 字节表示协议名 0x00、0x40、0x4C(M)、0x51(Q)、0x54(T)、0x54(T)。如果协议名不正确，则服务器可能会断开连接，或者按照其他规范处理 CONNECT 数据包。

2）Protocol Level

协议级别用 1 字节表示，针对 MQTT 3.1.1 协议级别，其固定值为 0x04。如果服务器不支持协议级别，则必须用 0x01 做应答码，而且断开连接。

3）Connect Flags

连接标志包含许多指定 MQTT 连接行为的参数，其长度为 1 字节。它还用于指示有效载荷中是否存在字段，连接标志又分为多个字段，见表 12-2。

表 12-2 Connect Flags

位	7	6	5	4	3	2	1	0
	User Name Flag	Password Flag	Will Retain	Will QoS		Will Flag	Clean Session	Reserved
Byte8	X	X	X	X	X	X	X	0

(1) bit0 是保留位，其值必须为 0。如果服务器发现 CONNECT 包的这个位不是 0，则会断开连接。

(2) bit1 是会话状态清理标记位，用于控制会话状态的生存期。客户端和服务器端可以存储会话状态，以便在一系列网络连接中继续发送可靠的消息。如果 CleanSession＝1，则每次建立连接后要求服务器端重新开启；如果 CleanSession＝0，则服务器端的会话持久化，会话可根据实际情况重复使用。

(3) bit2 是遗嘱标志，1 为启用遗嘱，0 为关闭遗嘱。遗嘱就是当连接关闭之后还会发送一条消息，这条消息就是遗嘱消息。如果启用 Will Flag，则 Will QoS 和 Will Retain 都会启用。

(4) bit4～bit3 表示遗嘱 QoS，当 Will Flag 关闭时，Will Qos 强制为 00。

(5) bit5 是遗嘱保留位，代表发布时是否保留遗嘱消息。

(6) bit6 是密码标志位，代表是否启用密码功能。如果设为 0，则 PayLoad 中不能包含密码信息。

(7) bit7 是用户名标志位，代表是否启用用户名。如果设为 0，则 PayLoad 中不能包含用户名,并且此时密码标志位也必须为 0。

4) Keep Alive

心跳间隔用 2 字节表示,以秒为单位。客户端按照心跳间隔发送 PINGREQ 消息,服务器端回复 PINGRSP。如果服务器端在 1.5 倍的心跳间隔内没有收到客户端的心跳,则以 Keep Alive Timeout 为理由将连接断开。Keep Alive 值可以设置为 0,此时就关闭了心跳机制,服务器不会以 Timeout 为由断开连接。

3. 有效负载

CONNECT 数据包的有效负载包含一个或多个以长度为前缀的字段,这些字段由可变头中的标志决定是否应该存在。如果存在,则必须按照规定的顺序出现:客户端标识符、遗嘱主题、遗嘱消息、用户名、密码。每个字段都是以"长度+内容"的形式出现,长度为大端格式的 16 位数据。

(1) 服务器以 ClientId(客户端标识符)标识客户端,每个客户端有唯一的 ClientId,而且 ClientId 必须是 CONNECT 报文的第 1 个字段。

(2) 如果 Will Flag 为 1,则 Will Topic(遗嘱主题)是 CONNECT 报文的第 2 个字段。Will Topic 必须是以 UTF-8 编码的字符串。

(3) 如果 Will Flag 为 1,则 Will Message(遗嘱主消息)是 CONNECT 报文的第 3 个字段。

(4) 如果 User Name Flag 为 1,则 User Name(用户名)是 CONNECT 报文的第 4 个字段。User Name 必须是以 UTF-8 编码的字符串。

(5) 如果 Password Flag 为 1,则 Password(密码)是 CONNECT 报文的第 5 个字段。

12.2.2 CONNACK 报文

CONNACK 报文是服务器响应从客户端接收的 CONNECT 报文而发送的应答数据包。从服务器发送到客户端的第 1 个数据包必须是 CONNACK 报文。

1. 固定头

CONNACK 报文的固定报头为 0x20(Byte1)+ 剩余长度(Byte2)。

2. 可变头

CONNACK 报文的可变报头有两个字段:Connect Acknowledge Flags(连接确认标志,Byte1)、Connect Return code(连接返回码,Byte2)。

1) Connect Acknowledge Flags

连接确认标志占 1 字节,其中 bit7~bit1 是保留位,必须为 0,bit0 是 SP 位(当前会话标志)。如果建立连接时会话是新创建的,则 SP 为 0;如果建立连接时会话是之前建立的持久化会话,而且 Clean Session 标志没有开启,则 SP 为 1。

2) Connect Return code

如果服务器接收到格式良好的 CONNECT 数据包,但由于某种原因无法处理它,则服务器应尝试发送非零 Connect Return Code 的 CONNACK 数据包,见表 12-3。如果服务器发送包含非零返回码的 CONNACK 数据包,则必须关闭网络连接。

表 12-3 Connect Return Code

返 回 码	说 明
0x00	连接通过
0x01	服务器不支持的 Protocol Level
0x02	ClientId 被拒绝
0x03	网络正常,但 MQTT 服务器不可用,拒绝连接
0x04	用户名或密码错误
0x05	客户端无权连接

3. 有效负载

CONNACK 报文没有 PayLoad。

12.2.3 PUBLISH 报文

PUBLISH 报文控制包从客户端发送到服务器或者从服务器发送到客户端以传输应用消息,客户端和服务器端都可能发送此报文。

1. 固定头

PUBLISH 报文的固定报头格式见表 12-4。

表 12-4 Connect Flags

位	7	6	5	4	3	2	1	0
Byte1	Packet Type(0011)				DUP	QoS Level		RETAIN
Byte2 …	Remaining Length							

(1) bit3 为 DUP,重复交付位,保证消息可靠传输。如果 DUP 标志被设置为 0,则表示这是客户机或服务器首次尝试发送此 MQTT PUBLISH 数据包。如果 DUP 标志已被设置为 1,则代表这可能是先前尝试发送数据包的重新传递。当客户端或服务器端尝试重新传递 PUBLISH 数据包时,DUP 标志必须设置为 1。当 QoS 为 0 时,DUP 标志必须设置为 0。

(2) bit2~bit1 为 QoS,服务质量位。目前服务质量等级只能是 0、1、2,等级 3 是保留位。如果 PUBLISH 数据包的 QoS 被设置为 3,则必选关闭连接。

(3) bit0 为 RETAIN,保留标识位。如果被设置为 1,则表示服务器要保留这次推送的消息,当有新订阅出现时,把消息推送给订阅者。

2. 可变头

PUBLISH 报文可变头由两个字段组成,即 Topic Name(主题名称)、Packet Identifier(包标识)。

1) Topic Name

主题名标识了有效负载的发布通道,不同类型的消息会被发布到各自的主题上。Topic Name 必须是 PUBLISH 报文的第 1 个字段,其格式为"长度+内容",长度是大端格式的 16 位数据。Topic Name 必须是 UFT-8 编码的字符串,PUBLISH 报文中的主题名不可以有通配符。

2) Packet Identifier

报文标识符只存在于特定的报文中：PUBLISH（QoS＞0）、PUBACK、PUBREC、PUBREL、PUBCOMP、SUBSCRIBE、SUBACK、UNSUBSCRIBE、UNSUBACK。

每次发送新数据包时，必须为其分配未使用的报文标识符。客户端在重新发送控制报文时，其报文标识符必须与之前的报文一致。当报文的应答消息被成功处理之后，报文标识符便可重复利用。

PUBACK、PUBREC、PUBREL 报文的标识符与其对应的同一组 PUBLISH 报文一致，SUBACK、UNSUBSCRIBE、UNSUBACK 报文的标识符与其对应的同一组 SUBSCRIBE 报文一致。

3. 有效负载

有效负载包含正在发布的应用程序消息，其数据的内容和格式是特定于应用程序的。有效负载的长度从固定报头中的剩余长度中减去可变报头的长度。

PUBLISH 报文可以包含长度为 0 的负载。

12.2.4 其他报文

MQTT 的其他类型报文相对比较简单，具体见表 12-5。

表 12-5 其他报文

名 称	固 定 头	可 变 头	有 效 负 载
PUBACK	0x40 0x02	报文标识符	无
PUBREC	0x50 0x02	报文标识符	无
PUBREL	0x60 0x02	报文标识符	无
PUBCOMP	0x70 0x02	报文标识符	无
SUBSCRIBE	0x82 XX	报文标识符	过滤器列表，每个过滤器的格式都是"长度(2 个 Byte)＋主题名＋QoS"
SUBACK	0x90 XX	报文标识符	返回码列表，必须和主题列表一一对应
UNSUBSCRIBE	0xA2 XX	报文标识符	主题过滤器列表，格式为"2 字节长度＋主题名"
UNSUBCK	0xC0 0x00	报文标识符	无
PINGREQ	0xC0 0x00	无	无
PINGRESP	0xD0 0x00	无	无
DISCONNECT	0xE0 0x00	无	无

12.3 实战案例：华为云 MQTT 产品

本节在华为 IoT 云端为案例 9.5 创建一个基于 MQTT 协议的产品，并使用模拟软件 MQTT. fx 对产品进行调试。

12.3.1 MQTT产品

华为IoT云支持MQTT协议产品，该产品可使用JSON或二进制两种数据格式。如果选择二进制数据流，则需要为产品设置相应的插件；如果选择JSON格式，则无须插件。插件的本质还是将数据在二进制和JSON之间转换，因此本产品使用JSON格式数据流。

1. 创建产品

登录华为IoT云平台，创建一个基于MQTT协议的产品，将数据格式选为JSON，如图12-2所示。

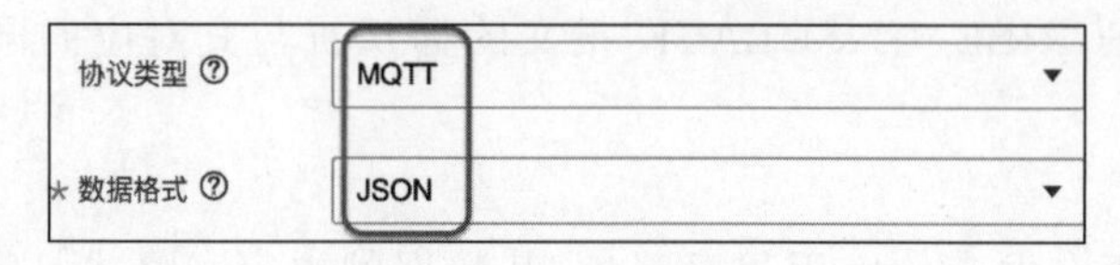

图12-2 MQTT产品

2. 导出模型

进入10.2节"智能家居CoAP"产品模型主页，单击右侧的"导出"按钮，将该产品模型导出，如图12-3所示。

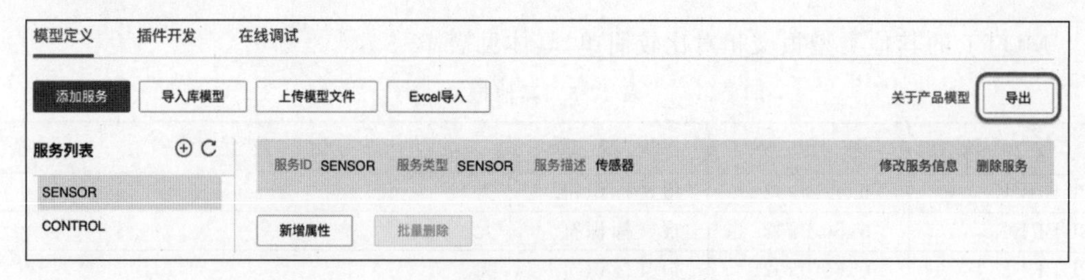

图12-3 导出产品模型

3. 导入模型

进入当前的MQTT产品模型主页，单击"上传模型文件"按钮，将上一步导出的模型导入该产品下，如图12-4所示。

图12-4 导入模型

12.3.2 MQTT调试

使用JSON格式传输MQTT数据，JSON本质上就是一些键-值对，云平台对数据格式仍有具体要求。MQTT按照产品模型将服务、属性、属性参数、命令、命令参数等数据以JSON格式在云平台和设备间传输。

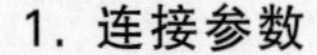

1. 连接参数

MQTT客户端需要提供ClientID、User Name、Password等3个参数才能正确连接到服务器，这 3 个参数由设备 ID 和密码经过特定算法得到。设备 ID 由产品 ID 和设备序列号组成，密码即注册设备时填写的密钥。开发者可根据云平台手册自己计算出 MQTT 连接参数，也可进入华为云官方网站(https://iot-tool.obs-website.cn-north-4.myhuaweicloud.com)输入设备 ID、密码，从而得到连接参数，如图 12-5 所示。

图 12-5　连接参数

2. MQTT.fx

19min

MQTT.fx 是一款专门为 MQTT 设计的调试软件，支持运行在 Windows、Linux、macOS 等系统上。开发者可下载自己系统对应的 MQTT.fx，输入 IP 地址、端口、ClientID、User Name、Password 等参数即可连接到服务器。

1) 新建配置

(1) 打开 MQTT.fx 软件，单击“设置”按钮，在弹出的对话框中单击左下角的“+”新建一个配置，如图 12-6 所示。应提前为当前 MQTT 产品注册一个设备，并计算参数、ClientID、UserName、Password。

(2) 在 Profile Name 中填写配置名称，根据实际情况自己命名即可。

(3) Profile Type 选择 MQTT Broker。

(4) 在 Broker Address 中填写 MQTT 服务器域名或者 IP，在 Broker Port 中填写端口号，参考表 10-5。

(5) ClientID 由设备 ID 和密钥计算得到。

(6) MQTT Version 选择 3.1.1。

(7) 切换到 User Credentials 标签，填写 User Name 和 Password，如图 12-7 所示。

2) 连接测试

在 MQTT.fx 配置文件列表中选择一个符合要求的配置，单击 Connect 按钮连接服务器。切换到 Log 标签，可看到软件正在连接服务器，如图 12-8 所示。同时登录华为 IoT 云平台，可看到注册的设备已经从“未激活”状态变为“在线”状态。

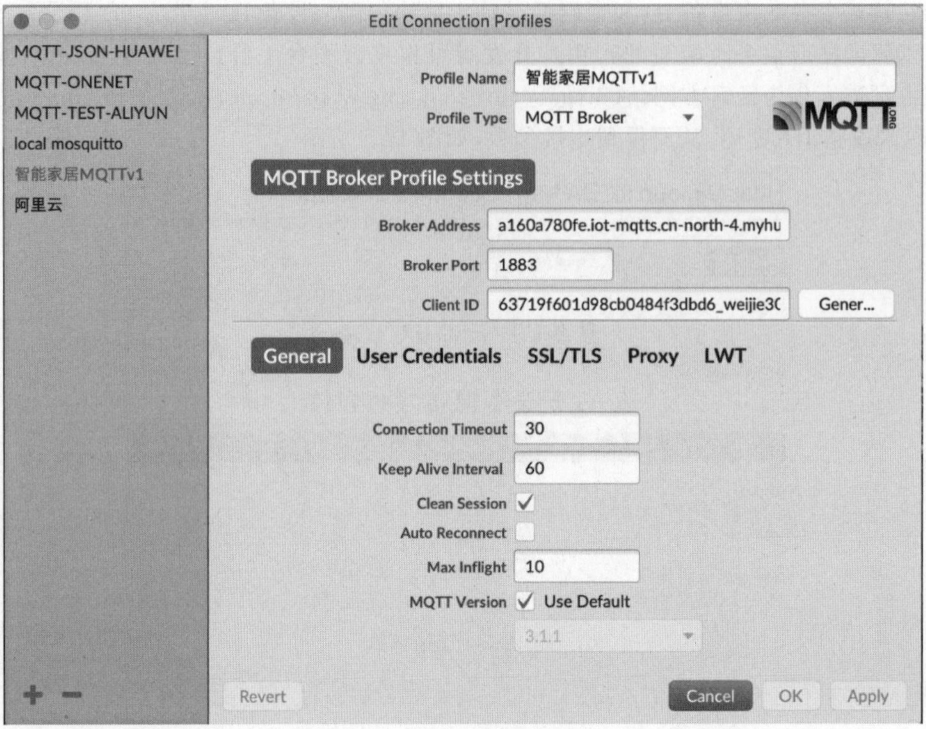

图 12-6　新建连接

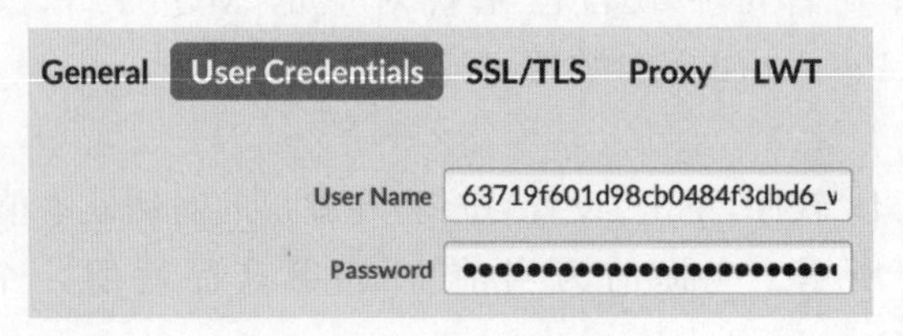

图 12-7　用户名和密码

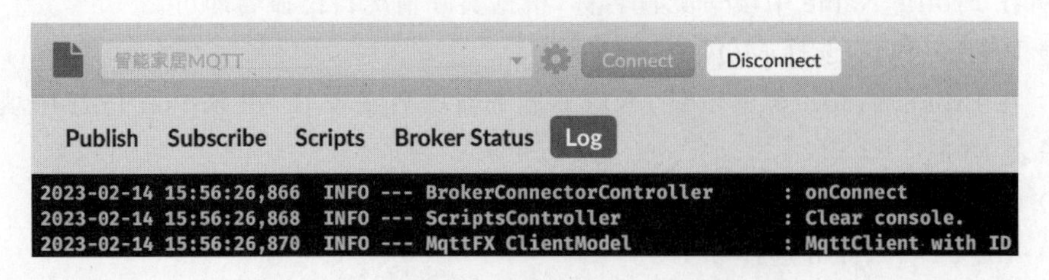

图 12-8　连接日志

3. 属性上报

1）运行原理

属性上报的实际就是使用指定的主题将指定的信息发送到服务器。在华为 IoT 云平台的"文档首页→设备接入 IoTDA→API 参考→设备侧 MQTT/MQTTS 接口参考→设备属性→设备属性上报”页面中详细介绍了上报属性需要的 Topic Name 和 PayLoad，见表 12-6。属性上报对应的主题是 $oc/devices/{device_id}/sys/properties/report，将{device_id}替换为设备信息中的 ID 号。

表 12-6 PayLoad

字段名	类型	说明
services	List<ServiceProperty>	必选项，设备服务数据列表，具体参考 ServiceProperty 说明

从表 12-6 可看出，services 字段其实是一个数组，实际上报代码如下：

```
//第 12 章/示例代码
{
    services:[
        {...},
        {...}
    ]
}
```

接着需要填充 services 字段中的每个数组内容即可上报数据，数组中每个元素都是 ServiceProperty，其中各字段说明见表 12-7。

表 12-7 ServiceProperty 字段

字段名	类型	说明
service_id	String	必选，设备所在产品中属性对应的服务 ID
properties	Object	必选，服务的属性列表，可一次性填写多个属性
event_time	String	可选，设备采集数据 UTC 时间，如果不带此参数，则以云平台时间为准

必选字段一定要出现在上报的消息中，properties 是一个属性列表，可一次性上报多个数据，每个属性都是一个 JSON 格式的键-值对。例如为当前 MQTT 产品上报主卧的温度和湿度，代码如下：

```
//第 12 章/示例代码
{
    "services": [{
            "service_id": "SENSOR",
            "properties": {
                "MASTER_TH": 20,
                "MASTER_RH": 19
            }
        }
    ]
}
```

2）测试

将 MQTT.fx 连接到服务器，切换到 Publish 标签，在主题输入框中填写上报数据对应的主题名称，将上一步用于上报数据的代码填入 MQTT.fx 内容输入框，如图 12-9 所示。

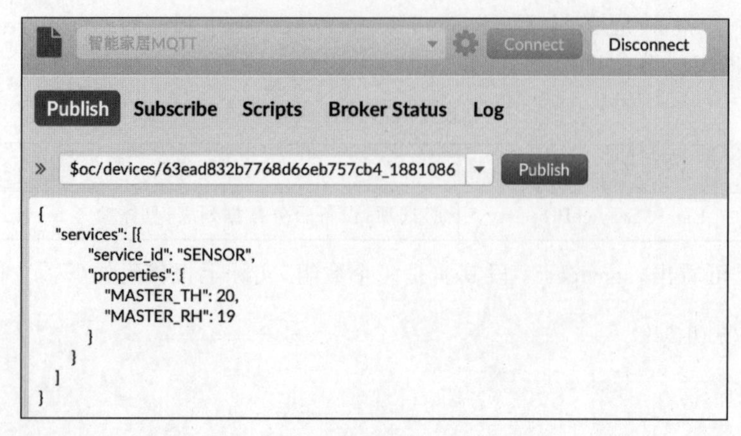

图 12-9 发布主题

单击 Publish 按钮即可发送数据。在云平台中进入对应的设备详情页面，可看到有两条最新的数据，如图 12-10 所示。

图 12-10 设备最新数据

4. 下发命令

1）运行原理

平台下发命令后，设备应该及时向平台返回命令执行的结果，如果设备长时间没有响应，则平台认为命令执行超时。命令下发和响应分别对应两个主题，见表 12-8。

表 12-8 命令主题

方　向	主　题
下行	$oc/devices/{device_id}/sys/commands/request_id={request_id}
上行	$oc/devices/{device_id}/sys/commands/response/request_id={request_id}

设备必须订阅命令对应的下行主题才能接收到相应的控制命令，主题中的 request_id 由云平台自动计算得出，因此设备在订阅主题时必须使用通配符。应答主题的 request_id 必须与其对应的命令主题 request_id 一致。当设备收到命令时，MQTT 协议栈同时也能收到完整的主题信息，开发者需要从主题中提取 request_id 提供给应答主题。

命令的 PayLoad 中包含 service_id、command_name 等参数，见表 12-9。

表 12-9 下行参数

字段名	类型	说明
object_device_id	String	可选,命令对应的目标设备 ID。如果不携带此字段,则目标设备 ID 就是主题中的 device_id
service_id	String	必选,设备所在产品中命令对应的服务 ID
command_name	String	必选,产品模型中的命令名称
paras	Object	必选,产品模型中的命令对应的参数

应答 PayLoad 中包含 result_code、response_name 等参数,见表 12-10。

表 12-10 上行参数

字段名	类型	说明
result_code	Integer	可选,命令执行的结果。0 表示成功,其他值代表失败,默认为成功
response_name	String	可选,响应名称,通常和命令名称一样
paras	Object	可选,响应参数,在产品模型中定义

以当前 MQTT 产品中的 MASTER_LED_CTRL_1 控制命令为例,如果通过云平台发送关闭指令,则其响应代码如下:

```
//第 12 章/示例代码
{
    "service_id": "CONTROL",
    "command_name": "MASTER_LED_CTRL_1",
    "paras": {
        "ANS_STATE": "OFF"
    }
}
```

2) 测试

打开 MQTT. fx 连接服务器,切换到 Subscribe 标签,在主题输入框中输入命令下发主题名称 $oc/devices/{device_id}/sys/commands/#。单击 Subscribe 按钮订阅主题,如图 12-11 所示。这里使用通配符"#"可以匹配所有的命令。

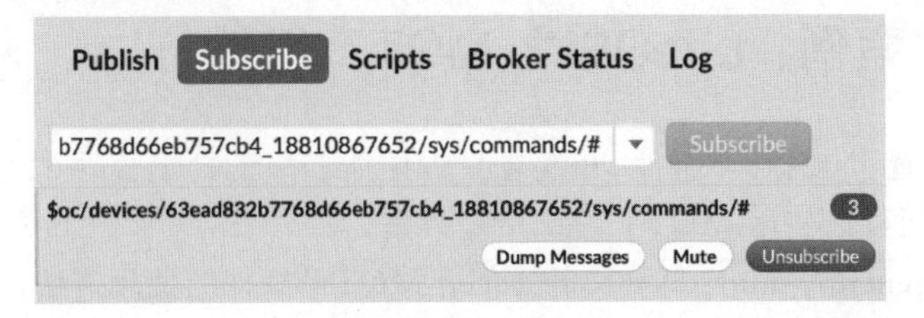

图 12-11 订阅主题

通过云平台发送指令 MASTER_LED_CTRL_1,参数为 OFF。在 MQTT. fx 的右下角可看到打印的命令信息,如图 12-12 所示。

将 MQTT. fx 切换到 Log 标签,从最新日志信息中复制 COMMAND 对应的 request_

$oc/devices/63ead832b7768d66eb757cb4_18810867652/sys/commands/request_id=0dd55d9c-3168-41
$oc/devices/63ead832b7768d66eb757cb4_18810867652/sys/commands/# 3
14-02-2023 17:36:06.63366283 QoS 0

{"paras":{"CTRL_STATE":"OFF"},"service_id":"CONTROL","command_name":"MASTER_LED_CTRL_1"
}

图 12-12 收到命令

id。切换到 Publish 标签，参考表 12-8，在主题输入框中填写应答主题。在信息框中输入应答内容，代码如下：

```
//第 12 章/示例代码
{
    "service_id": "CONTROL",
    "command_name": "MASTER_LED_CTRL_1",
    "paras": {
        "ANS_STATE": "OFF"
    }
}
```

单击 Publish 按钮发送消息，从云平台的消息跟踪页面可看到应答日志，如图 12-13 所示。由于手动操作导致应答不及时，因此中间有一条无应答日志。

设备至平台	平台收到设备的命令响应	Receiving command response from the devic...	2023/02/14 17:36:42.808 GMT+08:00	● ...	详情
设备至平台	平台收到设备的命令响应	Receiving command response from the devic...	2023/02/14 17:36:32.400 GMT+08:00	● ...	详情
设备至平台	同步命令设备响应	Command timeout. No response was receive...	2023/02/14 17:36:30.000 GMT+08:00	● ...	定位建议
平台至设备	平台下发命令	IoTDA has delivered a command to the devic...	2023/02/14 17:36:06.261 GMT+08:00	● ...	详情
平台至设备	同步命令下发请求	service_id: CONTROL, command_name: MA...	2023/02/14 17:36:06.251 GMT+08:00	● ...	详情

图 12-13 平台应答日志

12.4 实战案例：LiteOS 之 MQTT 组件

LiteOS 中内置了 MQTT 组件，开发者只需使能相应的功能模块（如网络组件、加密组件、协议组件等）便可以使用 MQTT 协议传输数据。

本节基于 Agenttiny_mqtt Demo 案例介绍 MQTT 组件的使用方法。

29min

12.4.1 配置 MQTT Demo

1. 案例概述

Agenttiny_mqtt Demo 是一个基于 MQTT 协议的物联网案例，LiteOS 提供的 Agent_mqtt 组件可对 MQTT 进行二次封装，实现 MQTT 快速开发。开发者需进入 menuconfig

配置菜单使能某些功能模块才可使用此案例，见表12-11。

表 12-11 使能 MQTT

模 块	说 明
Agent Tiny MQTT Demo	使用 Agent 助手的 MQTT 案例
Agenttiny MQTT	Agent 助手，辅助开发 MQTT
MQTT	MQTT 协议栈
CJson	在 C 语言中使用 JSON
Net AT	AT 框架
ESP8266	网络设备
Atiny Sal	Socket 网络模块
VFS	虚拟文件系统
Mbedtls	安全组件，如果没有加密，则不需要此组件
LwIP	网络模块，此选项一般针对以太网卡

Agenttiny MQTT Demos 案例的入口函数定义在源文件 agent_tiny_mqtt_demo.c 中，此文件还包括实现数据上报任务及命令解析过程。服务器的配置参数在源文件 mqtt_config.c 中，包括服务器信息、产品 ID、设备序列号、设备密钥，ClientID、User Name、Password 由 Agent 助手自动计算。此案例以事件驱动的方式实现数据上报和命令接收功能，其最终代码在源文件 mqtt_events.c 中实现。

2. 使能 MQTT Demo

以 ESP8266 作为网络模块，此时不需要 LwIP 组件。同时，为了减少硬件开支，数据传输过程不加密。进入 menuconfig 菜单，使能相应的组件以开启 MQTT 案例，最终使能的组件如图 12-14 所示。为减少不必要的资源浪费，应尽可能关闭不需要的功能组件。

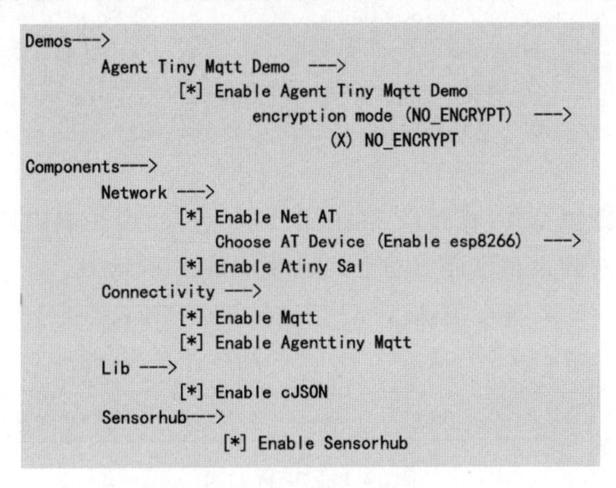

图 12-14 使能 MQTT

3. 修改连接参数

MQTT 案例将连接参数定义在源文件 demos/agenttiny_mqtt/mqtt_config.c 中，开发者需修改其中的 IP 地址、端口号等参数，代码如下：

```
//第 12 章/demos/agenttiny_mqtt/mqtt_config.c
//端口号
static char *g_serverPort = "1883";
//服务器 IP 地址
static char *g_serverIp = "121.36.42.100";
//设备密钥,注册设备时填写
static char *g_secret = "12345678";
//产品 ID
static char *g_productId = "63ead832b7768d66eb757cb4";
//设备序列号,注册设备时填写
static char *g_nodeId = "18810867652";
//设备 ID,其格式为 产品 ID_设备序列号
static char *g_deviceId = "63ead832b7768d66eb757cb4_18810867652";
```

此处使用非加密传输，服务器 IP 和端口参考表 10-5，产品 ID、设备序列号、设备密钥可在云平台查看，设备 ID 由产品 ID 和序列号组成，格式为“产品 ID_设备序列号”。

4. 关于 Flash

MQTT 案例中将设备密钥存储在 Flash 中，以实现持久性对话。如果使用内置小熊派案例，则其代码在源文件 targets/STM32L431_BearPi/Src/flash_adaptor.c 中；如果使用自己移植的其他 STM32 开发板，则可参考此文件设置 Flash 代码。

笔者使用自己移植的 STM32F407 开发板，暂时先将 Flash 部分去掉。修改 MQTT 入口源文件 agent_tiny_mqtt_demo.c，将 Flash 接口设置为 NULL，代码如下：

```
//第 12 章/demos/agenttiny_mqtt/agent_tiny_mqtt_demo.c
void AgentTinyMqttDemoEntry(void){
    ...
    g_flashHandle.init = NULL; //Flash init
    g_flashHandle.write_flash_info = NULL;
    g_flashHandle.read_flash_info = NULL;
    ...
}
```

5. 连接测试

参考 11.3.2 节，设置 WiFi 模块的 SSID 和 Password，编译源码后尝试连接服务器，登录华为 IoT 云平台可看到设备已经成功上线，如图 12-15 所示。

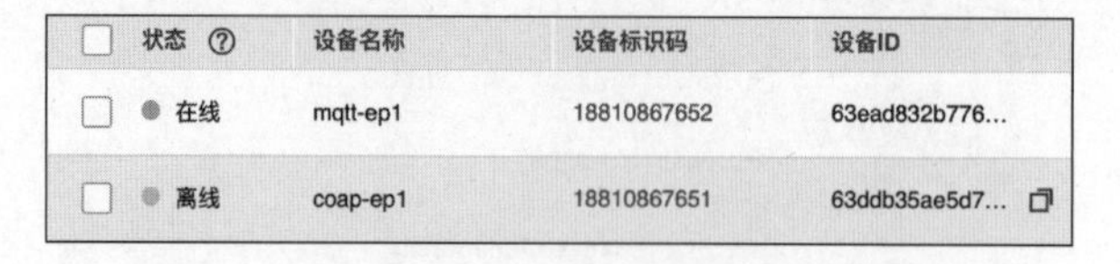

状态	设备名称	设备标识码	设备ID
在线	mqtt-ep1	18810867652	63ead832b776...
离线	coap-ep1	18810867651	63ddb35ae5d7...

图 12-15 设备上线

17min

12.4.2 上报数据

1. 运行原理

MQTT Demo 的入口函数是 AgentTinyMqttDemoEntry()，通过函数 atiny_mqtt_bind()连

接到服务器,在此之前创建了一个周期性任务 MqttDemoDataReport(),以此来上报传感器数据,代码如下:

```
//第 12 章/demos/agenttiny_mqtt/agent_tiny_mqtt_demo.c
static void MqttDemoDataReport(void) {
    int ret;
    char * deviceId = NULL;
    uint16_t deviceIdLen = 0;
    //获取设备 ID
    MQTT_GetConnectDeviceId(&deviceId, &deviceIdLen);
    while (1) {
        char * demoEventTime = "20210908T081630Z";
        //上报数据
        ret = PropertiesReport(deviceId, demoEventTime);
        if (ret == ATINY_OK) {
            ATINY_LOG(LOG_Debug, "report data success.\n");
        }
        (void)LOS_TaskDelay(8 * 1000);
    }
}
```

上报数据必须有一定的间隔,因此函数的最后有一个延时函数。通过分析可知实际的上报过程在函数 PropertiesReport()中实现,此函数定义在源文件 demos/agenttiny_mqtt/mqtt_events.c 中,代码如下:

```
//第 12 章/demos/agenttiny_mqtt/mqtt_events.c

//主题名
#define PROPERTIES_REPORT_TOPIC "$oc/devices/%s/sys/properties/report"

//上报数据操作
int PropertiesReport(char * deviceId, char * eventTime) {
    int ret;
    static int level = 0;
    //使用 cJSON 库创建 JSON 格式数据
    cJSON * obj = cJSON_CreateObject();
    ...
    char * sendData = cJSON_Print(obj);
    //获取 topic 名字
    char * topic = mqtt_get_topic(PROPERTIES_REPORT_TOPIC,
                    sizeof(PROPERTIES_REPORT_TOPIC) - 2);
    ...
    //发送数据
    ret = atiny_mqtt_data_send(topic, sendData,
                        strnlen(sendData, PAYLOAD_MAX_LEN),
                        MQTT_QOS_LEAST_ONCE);
    ...
}
```

发布数据之前要确定 Topic，而 Topic 定义在 PROPERTIES_REPORT_TOPIC 中，其中的 device_id 是不确定的，因此需要使用函数 mqtt_get_topic()动态获取。device_id 从函数 PropertiesReport()的参数可以得到，函数 mqtt_get_topic()的实际操作就是利用函数 snprintf()将 device_id 输出到真正的 Topic 中。

使用函数 atiny_mqtt_data_send()将数据发送到指定的主题中，此函数可以指定 MQTT 的服务质量(最后一个参数)。

2. cJSON

1）工作原理

JSON 是 JavaScript 中的语法，C 语言本身并不支持 JSON 格式。JSON 数据是一种纯文本格式，而且易于阅读，因此被广泛应用在各领域。例如各大物联网平台都使用 JSON 传输数据。

cJSON 是一个用 C 语言编写的轻便、开源、可移植的 JSON 数据解析器，其源文件只有两个：cJSON.c 和 cJSON.h。LiteOS 内置了 cJSON 组件，使能 MQTT Demo 时会自动反向依赖 cJSON 组件，使用 cJSON 提供的 API 生成 PayLoad 数据。

```
{
    "services":[{
        "service_id":"SENSOR",
        "properties":{
            "TH":20,
            "RH":20,
            "LUX",20
        }
    }]
}
```

图 12-16　JSON 格式

JSON 是一系列 KEY：VALUE 的组合，cJSON 将一个完整的 JSON 数据{KEY：VALUE}看作一个 Object，而 VALUE 可分为 String、Number、BOOL、NULL、Item(复合类型，是一个 JSON 或 JSON 数组)等类型。一段 JSON 格式的 myObj 数据如图 12-16 所示。

使用 cJSON 构造 JSON 数据时首先要用函数 cJSON_CreateObject()创建一个 Object 对象，然后使用函数 cJSON_AddXXXToObject()为对象添加键-值对。cJSON 对外提供了一系列 API，以帮助开发者构造 JSON 数据，见表 12-12。

表 12-12　cJSON API

API	说　明
cJSON_CreateObject	创建 Object 对象 返回值：cJSON *，如果成功，则返回创建的对象指针，如果失败，则返回 NULL
cJSON_AddNumberToObject	给对象添加一个 VALUE 是数字的键-值对 返回值：cJSON *，如果成功，则返回添加的对象，如果失败，则返回 NULL 参数 1：[IN] cJSON *，待操作的对象 参数 2：[IN] const char *，JSON 中的 KEY 名称 参数 3：[IN] const double，JSON 中的 VALUE
cJSON_AddStringToObject	给对象添加一个 VALUE 是字符串的键-值对 返回值和参数：可参考 cJSON_AddNumberToObject

续表

API	说　明
cJSON_AddBoolToObject	给对象添加一个 VALUE 是 BOOL 类型的键-值对 返回值和参数：可参考 cJSON_AddNumberToObject
cJSON_AddItemToObject	给对象添加一个 VALUE 是 Item 类型的键-值对 返回值和参数：可参考 cJSON_AddNumberToObject
cJSON_AddArrayToObject	给对象添加一个 VALUE 是数组的键-值对 返回值和参数：可参考 cJSON_AddNumberToObject
cJSON_CreateArray	创建一个 JSON 数组 返回值：cJSON *，如果成功，则返回创建的对象，如果失败，则返回 NULL 参数：无
cJSON_AddItemToArray	给数组添加一个元素 返回值：cJSON_bool，如果成功，则返回 true，如果失败，则返回 false 参数 1：[IN] cJSON *，待操作的数组 参数 2：[IN] cJSON * item，待添加的元素
cJSON_Print	将 cJSON 对象输出为一个字符串 返回值，char *，打印的结果 参数：[IN] Cjson *，待输出的 cJSON 对象

2）实例测试

使用 cJSON 构造 JSON 数据时要层层分析，复合类型要使用函数 cJSON_AddItemToObject()添加。例如构造如图 12-16 所示的 JSON 数据需要经过以下几个步骤。

（1）创建 Object 对象，为其添加键-值对 services：[…]，代码如下：

```
//第 12 章/代码片段
//创建 Object
cJSON * myObj = cJSON_CreateObject();
//创建数组,因为被[]括起来的是一个数组
cJSON * service_array = cJSON_CreateArray ();
//添加一个键 - 值对,其 VALUE 是一个数组,属于 Item 类型
//构造出"services":[...]
cJSON_AddItemToObject(myObj, "services", service_array);
```

（2）使用函数 cJSON_AddItemToArray()为数组添加元素，构造出[{…}]，代码如下：

```
//第 12 章/代码片段
//创建对象,数组的每个元素都是{},这属于 Object 类型
cJSON * array_1 = cJSON_CreateObject();
//为数组添加对象,结果是"services":[{...}]
cJSON_AddItemToArray(service_array, array_1);
```

（3）实例化数组中的每个元素，构造出[{KEY：VALUE}]，代码如下：

```
//第 12 章/代码片段
//为数组元素添加一个键 - 值对，其 VALUE 是 String 类型
//构造出{"service_id":"SENSOR"}
cJSON_AddStringToObject(array_1, "service_id", "SENSOR");
//创建对象
cJSON * properties = cJSON_CreateObject();
//为数组元素添加一个键 - 值对，其 VALUE 是一个 JSON，属于 Item 类型
//构造出{"properties":{}}
cJSON_AddItemToObject(array_1, "properties", properties);
```

(4) 实例化键-值对"properties"：{}，构造出"properties"：{ KEY：VALUE }，代码如下：

```
//第 12 章/代码片段
//为 properties 添加键 - 值对，其 VALUE 是数字类型
//构造出"properties":{"TH":20}
cJSON_AddNumberToObject(properties, "TH", 20);
//构造出"properties":{"TH":20, "RH":20}
cJSON_AddNumberToObject(properties, "RH", 20);
//构造出"properties":{"TH":20, "RH":20, "LUX":20}
cJSON_AddNumberToObject(properties, "LUX", 20);
```

3. 自定义数据上报任务

1) 设置同步信号

传感框架中通过回调函数 SensorDHT11Report()、SensorMQ2Report()等对传感数据变量进行更新，在这些回调函数中设置一个同步信号，通知 MQTT 开始将数据上报到云平台。本案例依然使用事件作为同步信号，具体代码可参考 11.4.1 节。

2) 读取同步信号

在数据上报任务的入口函数 MqttDemoDataReport()中读取传感框架中的同步信号，用以触发数据上报函数，代码如下：

```
//第 12 章/demos/agenttiny_mqtt/agent_tiny_mqtt_demo.c
static void MqttDemoDataReport(void) {
    int ret;
    char * deviceId = NULL;
    uint16_t deviceIdLen = 0;
    //获取 deviceId
    MQTT_GetConnectDeviceId(&deviceId, &deviceIdLen);
    while(1) {
        char * demoEventTime = "20210908T081630Z";
        //读取同步信号
        ret = LOS_EventRead(&event, EVT_DHT11 | EVT_MQ2 | EVT_BH1750,
                    LOS_WAITMODE_AND | LOS_WAITMODE_CLR, 0);
        //上报数据
        if(ret == EVT_DHT11 | EVT_MQ2 | EVT_BH1750)
```

```
            ret = PropertiesReport(deviceId, demoEventTime);
        if(ret == ATINY_OK) {
            ATINY_LOG(LOG_Debug, "report data success.\n");
        }
        (void)LOS_TaskDelay(8 * 1000); //continue mqtt publish after 8s delay.
    }
}
```

3）修改上报函数

修改函数 PropertiesReport()，利用 cJSON 组件将传感数据写入待发送的 cJSON Object 变量中，代码如下：

```
//第 12 章/demos/agenttiny_mqtt/mqtt_events.c
int PropertiesReport(char * deviceId, char * eventTime) {
    int ret;
    static int level = 0;
    //创建 Object
    cJSON * myObj = cJSON_CreateObject();
    //创建数组,因为被[]括起来的是一个数组
    cJSON * service_array = cJSON_CreateArray();
    //添加一个键 - 值对,其 VALUE 是一个数组,属于 Item 类型
    //构造出"services":[...]
    cJSON_AddItemToObject(myObj, "services", service_array);
    //创建对象,数组的每个元素都是{},这属于 Object 类型
    cJSON * array_1 = cJSON_CreateObject();
    //为数组添加对象,结果是"services":[{...}]
    cJSON_AddItemToArray(service_array, array_1);

    //为数组元素添加一个键 - 值对,其 VALUE 是 String 类型
    //构造出{"service_id":"SENSOR"}
    cJSON_AddStringToObject(array_1, "service_id", "SENSOR");
    //创建对象
    cJSON * properties = cJSON_CreateObject();
    //为数组元素添加一个键 - 值对,其 VALUE 是一个 JSON,属于 Item 类型
    //构造出{"properties":{}}
    cJSON_AddItemToObject(array_1, "properties", properties);
    //为 properties 添加键 - 值对,其 VALUE 是数字类型
    //构造出"properties":{"TH":20, "RH":20, "LUX":20, "GAS":20}
    cJSON_AddNumberToObject(properties, "MASTER_TH", sensor_data[0].th);
    cJSON_AddNumberToObject(properties, "MASTER_RH", sensor_data[0].rh);
    cJSON_AddNumberToObject(properties, "MASTER_LUX", sensor_data[0].lux);
    cJSON_AddNumberToObject(properties, "MASTER_GAS", sensor_data[0].gas);
    //添加其他字段 SLAVE_XXX STUDY_XXX TOILET_XXX KETCHEN_XXX LIVING_XXX

    //将数据以字符串的形式输出到 sendData
    char * sendData = cJSON_Print(myObj);
    cJSON_Delete(myObj);
    //得到真正的主题
```

```
    char * topic = mqtt_get_topic(PROPERTIES_REPORT_TOPIC,
                    sizeof(PROPERTIES_REPORT_TOPIC) - 2);
    if(topic == NULL) {
        free(sendData);
        return false;
    }
    //发送数据
    ret = atiny_mqtt_data_send(topic, sendData,
                        strnlen(sendData, PAYLOAD_MAX_LEN),
                        MQTT_QOS_LEAST_ONCE);
    free(topic);
    free(sendData);
    return ret;
}
```

在上报的 cJSON 结构中必须包含表 12-7 中的必选字段，cJSON 结构中处于同一个层级的键-值对顺序是随意的。properties 字段中的 KEY 必须和产品模型中的属性名称对应，上报的属性个数并没有要求，本案例可一次性上报 4 个数据（同一个房间的 4 个传感器数据），也可将所有房间数据一次性全部上报。

源码编译通过之后可尝试连接服务器，登录云平台后可看到设备有最新数据，如图 12-17 所示。

图 12-17　数据上报

34min

12.4.3　接收命令

1. 运行原理

1）下行数据入口

MQTT Demo 接收下行数据的接口为函数 MqttDemoCmdIoctl()，通过分析其第 1 个参数 cmd 实现不同的操作，代码如下：

```
//第 12 章/demos/agenttiny_mqtt/agent_tiny_mqtt_demo.c
//下行消息处理函数
static int MqttDemoCmdIoctl(mqtt_cmd_e cmd, void * arg, int32_t len) {
    int result = ATINY_ERR;
    switch (cmd) {
        //获取时间
        case MQTT_GET_TIME:
```

```
            result = MqttDemoGetTime(arg, len);
            break;
        //接收普通应用数据
        case MQTT_RCV_MSG:
            result = MqttDemoRecvMsg(arg, len);
            break;
        //保存密钥信息
        case MQTT_SAVE_SECRET_INFO:
            ...
            break;
        //读取密钥信息
        case MQTT_READ_SECRET_INFO:
            ...
            break;
        default:
            break;
    }
    return result;
}
```

参数 cmd 代表下行数据的操作类型，其值可以为 MQTT_GET_TIME（获取设备时间）、MQTT_RCV_MSG（接收应用数据）、MQTT_SAVE_SECRET_INFO（保存密钥信息，用于持久性会话）、MQTT_READ_SECRET_INFO（读取密钥信息）。参数 arg 和 len 分别代表收到的数据内容及其数据长度，数据内容包含 Topic 和 PayLoad。

2）控制命令入口

控制命令属于应用消息，其入口函数是 MqttDemoRecvMsg()，此函数首先分离 Topic 和 PayLoad 内容，接着跳转到函数 HandleRecvMsg()处理 MQTT PayLoad。

MQTT 下行数据不仅包含控制命令，还可进行属性查询、设置属性（如果产品模型中属性可写）等操作，因此函数 HandleRecvMsg()要对下行应用数据进行分类处理，代码如下：

```
//第 12 章/demos/agenttiny_mqtt/agent_tiny_mqtt_demo.c
//分析下行数据
static int HandleRecvMsg(char * topic, int32_t topicLen,
                    char * payload, int32_t payloadLen) {
    //parse topic.
    char * p = strstr(topic, "/");
    if(p == NULL) {
        return ATINY_ERR;
    }
    //属性操作，例如查询、修改
    char * properties = strstr(topic, "properties");
    if(properties) {
        char * propertiesType = strstr(properties, "/");
        ...
    }
```

```
    //命令操作,例如关闭 LED、打开窗帘等
    char * commands = strstr(topic, "commands");
    if (commands) {
        char * commandsType = strstr(commands, "/");
        …
    }
    //消息操作,例如平台将消息下发给设备
    char * messages = strstr(topic, "messages");
    if(messages) {
        char * msgType = strstr(messages, "/");
        …
    }
    //事件操作,例如平台将事件下发给设备
    char * events = strstr(topic, "events");
    if(events) {
        char * eventType = strstr(events, "/");
        …
    }
    …
}
```

在消息处理过程中首先使用函数 strstr()查找 Topic 中的关键字,从而确定当前 Topic 所属的类型。开发者可在华为 IoT 云平台的"文档首页→设备接入 IoTDA→API 参考→设备侧 MQTT/MQTTS 接口参考→Topic 定义"中查看华为云的 MQTT Topic。

如果 Topic 中包含关键字 commands,则代表当前 Topic 是控制命令主题,进而可以执行命令分析函数。MQTT Demo 中并没有给出命令处理函数,开发者需自己实现命令处理过程。

2. cJSON 解析 API

命令处理的本质是解析 PayLoad 内容,而 MQTT PayLoad 是 JSON 格式的数据,因此需要借助 cJSON 解析 PayLoad 数据。

JSON 的解析过程就是不断地提取键-值对,直到每个 KEY 对应的 VALUE 都是普通数据(例如 Number、String)为止。cJSON 对外提供了一系列 API,帮助开发者解析 JSON 数据,具体见表 12-13。

表 12-13 cJSON API

API	说明
cJSON_Parse	将字符串转换为一个 cJSON 对象 返回值:cJSON *,如果成功,则返回创建的对象指针,如果失败,则返回 NULL 参数:[IN] char *,待操作的字符串
cJSON_GetObjectItem	从 cJSON 对象中提取一个键-值对 返回值:cJSON *,如果成功,则返回提取的对象,如果失败,则返回 NULL 参数 1:[IN] cJSON *,待操作的对象 参数 2:[IN] const char *,JSON 中的 KEY 名称

续表

API	说　明
cJSON_GetArraySize	获取 cJSON 数组的长度 返回值：int,cJSON 数组的长度 参数：[IN] cJSON *,待操作的数组
cJSON_GetArrayItem	根据索引值获取 cJSON 数组的某个元素 返回值：cJSON *,数组中的某个元素 参数 1：[IN] cJSON *,待操作的数组 参数 2：[IN] int,数组索引值,即序号

3. 开始解析 commands

在函数 HandleRecvMsg()中分析 Topic 字符串,当提取出 commands 字段时开始解析控制命令,代码如下：

```
//第 12 章/demos/agenttiny_mqtt/agent_tiny_mqtt_demo.c
//分析下行数据
static int HandleRecvMsg(char * topic, int32_t topicLen,
                    char * payload, int32_t payloadLen) {
    //parse topic.
    char * p = strstr(topic, "/");
    if(p == NULL) {
        return ATINY_ERR;
    }
    ...
    char * commands = strstr(topic, "commands");
    if(commands) {
        char * commandsType = strstr(commands, "/");
        if(commandsType == NULL) {
            return ATINY_ERR;
        }
        //命令解析入口函数,此函数可参考事件解析函数 EventsDownPayloadParse()
        CommandsPayloadParse(topic, payload, payloadLen);
        ATINY_LOG(LOG_Debug, "commandsType = %s\n", commandsType++);
        return ATINY_OK;
    }
    ...
}
```

命令解析函数 CommandsPayloadParse()需开发者自己实现,其本质就是用 cJSON 库不断提取 JSON 键-值对,并根据提取的键-值对执行相应的操作。解析命令时必须知道命令的完整数据格式,开发者可根据云平台的“日志跟踪”功能得到下发的命令数据,也可在使用 MQTT.fx 调试时得到命令数据。可参考事件解析函数 EventsDownPayloadParse()实现命令解析,代码如下：

```
//第 12 章/demos/agenttiny_mqtt/agent_tiny_mqtt_demo.c
int CommandsPayloadParse(char * topic, char * payload, int payloadLen) {
    //将消息结构提取到 JSON 结构
    cJSON * obj = cJSON_Parse((const char * )payload);
    if(obj == NULL) {
        return ATINY_ERR;
    }
    //得到 command_name
    cJSON * command_name = cJSON_GetObjectItem(obj, "command_name");
    if(command_name == NULL) {
        cJSON_Delete(obj);
        return ATINY_ERR;
    }
    ATINY_LOG(LOG_Debug, "command_name = %s\n", command_name -> valuestring);
    //得到 service_id
    cJSON * service_id = cJSON_GetObjectItem(obj, "service_id");
    if(service_id == NULL) {
        cJSON_Delete(obj);
        return ATINY_ERR;
    }
    ATINY_LOG(LOG_Debug, "service_id = %s\n", service_id -> valuestring);
    //得到消息中的参数
    cJSON * paras = cJSON_GetObjectItem(obj, "paras");
    if(paras == NULL) {
        cJSON_Delete(obj);
        return ATINY_ERR;
    }
    //从参数中提取出对应的指令 STATE_CTL,这个指令在产品模型中已经定义好了
    cJSON * CTRL_STATE = cJSON_GetObjectItem(paras, "CTRL_STATE");
    if(CTRL_STATE == NULL) {
        cJSON_Delete(obj);
        return ATINY_ERR;
    }
    ATINY_LOG(LOG_Debug, "CTL_STATE = %s\n", CTRL_STATE -> valuestring);
    //如果 service_id 对应的是 CONTROL
    if(strcmp(service_id -> valuestring, "CONTROL") == 0) {
        //如果 command_name 对应的是 LED1_CTL
        if(strcmp(command_name -> valuestring, "MASTER_LED_CTRL_1") == 0) {
            //如果 STATE_CTL 对应的是 ON
            if(strcmp(CTRL_STATE -> valuestring, "ON") == 0) {
                //开灯
                printf("led on\n");
                //给云平台一个应答,可以参考数据上报代码
                CommandResp(topic, "ON");
            } else if (strcmp(CTRL_STATE -> valuestring, "OFF") == 0) {
                printf("led off\n");
                CommandResp(topic, "OFF");
            }
        }
```

```
    }
    return ATINY_OK;
}
```

4. 应答 commands

完整的命令不仅包含下行控制数据，还包含上行应答数据。参考 12.3.2 节得到命令应答 JSON 数据，在自定义函数 CommandResp()中实现应答过程。

使用 cJSON 组件创建应答数据，通过函数 atiny_mqtt_data_send()即可将应答数据发送至服务器。平台要求一组命令/应答的 request_id 必须保持一致，因此需要处理命令 Topic 从中提取 request_id，并将其传递给应答 Topic。具体应答代码如下：

```
//第 12 章/demos/agenttiny_mqtt/agent_tiny_mqtt_demo.c

//应答主题
#define PROPERTIES_RESP_TOPIC
         "$oc/devices/%s/sys/commands/response/request_id="
int CommandResp(char * topic, char * reslut){
    //创建主结构 obj,包含所有数据
    cJSON * obj = cJSON_CreateObject();
    if(obj == NULL) {
        return LOS_NOK;
    }
    //将两个字段添加到 obj
    //构造出{"result_code":0,"response_name":"COMMAND_RESPONSE"}
    cJSON_AddItemToObject(obj, "result_code", cJSON_CreateNumber(0));
    cJSON_AddItemToObject(obj, "response_name",
                      cJSON_CreateString("COMMAND_RESPONSE"));

    //创建 obj1 结构,用于添加 result 字段
    cJSON * obj1 = cJSON_CreateObject();
    if(obj1 == NULL) {
        cJSON_Delete(obj);
        return LOS_NOK;
    }
    //将 result 字段添加到 obj1, {"ANS_STATE":"ON"}
    cJSON_AddItemToObject(obj1, "ANS_STATE", cJSON_CreateString(reslut));
    //将 obj1 结构添加到 obj 结构, "paras":{"ANS_STATE":"ON"}
    cJSON_AddItemToObject(obj, "paras", obj1);

    //将数据打印到 sendData
    char * sendData = cJSON_Print(obj);
    cJSON_Delete(obj);
    //获取主题名称,这里主要得到了 device_id
    char * topic1 = mqtt_get_topic(PROPERTIES_RESP_TOPIC,
                            sizeof(PROPERTIES_RESP_TOPIC) - 2);
    //从"="开始截取 topic,目的是得到 request_id
```

```
    strtok(topic, " = ");
    char * request_id = strtok(NULL, " = ");

    char * topic_resp = atiny_malloc(strlen(topic1) + strlen(request_id));
    if(topic1 == NULL) {
        printf("topic alloc failed\n");
        free(sendData);
        return false;
    }
    //得到应答主题的前半部分
    memcpy(topic_resp, topic1, strlen(topic1));
    //将 request_id 拼接到最后,得到完整的 topic
    strcat(topic_resp, request_id);
    //printf("topic_resp is % s\n", topic_resp);
    //发送应答数据
    int ret = atiny_mqtt_data_send(topic_resp, sendData,
                        strlen(sendData), MQTT_QOS_LEAST_ONCE);
    if(ret != 0){
        printf("mqtt send failed\n");
    }
    free(topic_resp);
    free(sendData);
    return 0;
}
```

源码编译无误后将开发板连接到云平台，登录云平台后打开"日志跟踪"功能，向设备发送控制命令 MASTER_LED_CTRL_1，可从日志中看到设备的应答信息，如图 12-18 所示。

设备至平台	平台收到设备的命令响应	Receiving command response from the devic...
平台至设备	平台下发命令	IoTDA has delivered a command to the devic...
平台至设备	同步命令下发请求	service_id: CONTROL, command_name: MA...

图 12-18　应答日志

12.5 实战案例：移植 MQTT 协议栈

如果 MQTT 项目采用裸机方案，或者使用其他操作系统，则需要自己移植 MQTT 协议栈。MQTT 相对比较简单，开发者可从 GitHub 下载 C 语言版本的 MQTT 原始协议栈，并移植到自己的硬件设备。

本节介绍嵌入式 MQTT 协议栈的移植方法。

12.5.1 Paho MQTT

1. 概述

Paho MQTT 是 Eclipse 旗下的一个开源项目，致力于物联网领域 M2M 通信。Paho 项目满足EPL/EDL双重许可，提供支持C、Java、Python、JavaScript的MQTT客户端代码及集成开发环境，同时还提供了一个Eclipse IoT沙盒MQTT服务器（MQTT.eclipseprojects.io）。

Paho为嵌入式提供了易于移植的轻量级C客户端，开发者进入代码托管网站GitHub、Gitee搜索paho.mqtt.embedded-c即可下载专为嵌入式平台设计的MQTT客户端代码，如图12-19所示。

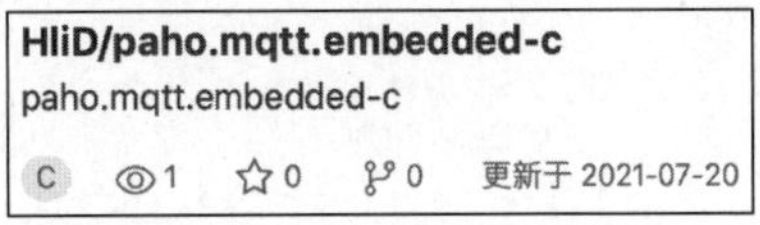

HliD/paho.mqtt.embedded-c
paho.mqtt.embedded-c
C 1 0 0 更新于 2021-07-20

图12-19 paho.mqtt.embedded-c

paho.mqtt.embedded-c源码主要包含以下3个目录。

(1) MQTTPacket：该目录包含要求最小的最低级别C库，是MQTT协议栈的内核。此目录还提供了简单的序列化和反序列化案例，这些案例可作为基础库供更高级别的函数使用，也可单独使用。

(2) MQTTClient：该目录是更高级别的C++库，提供了网络操作代码，这些代码包含在单独的类中。目前支持网络操作的平台有Linux、Arduino、ARM mbed。ARM mbed是第1个为其编写的平台，因此选择C++实现客户端。

(3) MQTTClient-C：此目录相当于C语言版本的MQTTClient，适用于那些不支持C++的平台，它尽可能地复制了MQTTClient的功能。

2. 运行原理

MQTT的核心功能源码位于MQTTPacket/src目录，该目录下提供了MQTT的连接、订阅、发布、序列化、反序列化等功能源码。序列化就是将一些列MQTT协议包组装成一个字符串，反序列化则是将MQTT协议包格式的字符串拆分为各个关键字段。

MQTTPacket/Samples目录提供了一些案例，开发者可基于这些案例实现自己的MQTT功能。Samples目录中的transport.c实现了数据传输功能，例如函数transport_getdata()用来读取socket数据，函数transport_sendPacketBuffer()可将数据发送到socket。

1) Connect结构

Connect数据类型定义在MQTTPacket_connectData结构体中，代码如下：

```
//第12章/MQTTPacket/src/MQTTConnect.h
typedef struct{
    //协议类型,必须是MQTT
    char struct_id[4];
    //当前结构版本,必须是0
    int struct_version;
    //MQTT版本号,3 = 3.1,4 = 3.1.1
    unsigned char MQTTVersion;
    //客户端ID
    MQTTString clientID;
    //心跳时间
    unsigned short keepAliveInterval;
    //持久性会话标志
    unsigned char cleansession;
```

```
    //遗嘱标志
    unsigned char willFlag;
    //遗嘱选项
    MQTTPacket_willOptions will;
    //用户名
    MQTTString username;
    //密码
    MQTTString password;
} MQTTPacket_connectData;
```

Connect 包的前 3 个字段是固定的，由宏定义 MQTTPacket_connectData_initializer 实现，开发者需根据实际情况设置剩下的几个字段，最后通过函数 MQTTSerialize_connect()进行序列化。Connect 的应答数据使用函数 MQTTDeserialize_connack()反序列化。

2）Topic 结构

Topic 数据类型定义在 MQTTString 结构体中，代码如下：

```
//第 12 章/MQTTPacket/src/MQTTConnect.h
typedef struct{
    char * cstring;
    //主题内容，该结构体包含主题长度、主题字符串
    MQTTLenString lenstring;
} MQTTString;
```

在发布数据时使用函数 MQTTSerialize_publish()将 Topic、PayLoad 序列化；在接收数据时使用函数 MQTTDeserialize_publish()将收到的数据包反序列化，从而得到 Topic 和 PayLoad。

在订阅主题时使用函数 MQTTSerialize_subscribe()将 Topic 序列化，订阅的应答数据则使用函数 MQTTDeserialize_suback()反序列化。

12.5.2 移植 Paho MQTT

本案例将以组件的形式将 paho.mqtt.embedded-c 移植到 LiteOS 项目中。

1. 准备工作

MQTT 协议栈使用 JSON 格式传输数据，因此开发者需要在项目中使用 cJSON 库，开发者可使能 LiteOS 中的 cJSON 组件，也可从 Gitee 下载 cJSON 源码（只需两个文件，即 cJSON.c 和 cJSON.h）。

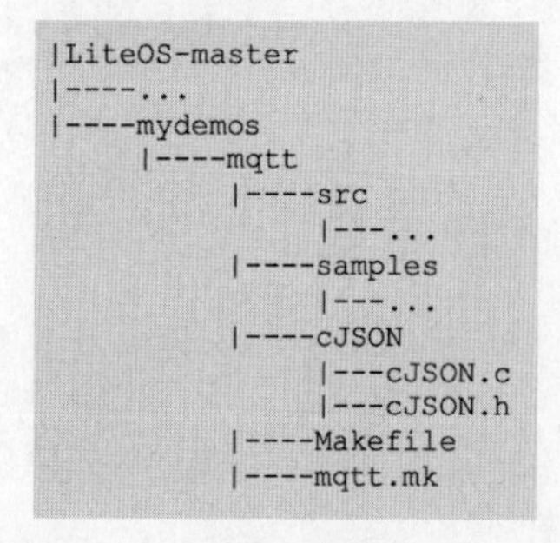

图 12-20　mqtt 的目录结构

1）复制源码

在 mydemos 下创建目录 mqtt，将 MQTTPacket 中的 src、samples 复制到 mqtt 目录下，同时将下载的 cJSON 文件夹复制到 mqtt 目录下。在 mqtt 目录中创建文件 Makefile 和 mqtt.mk，最终 mqtt 的目录结构如图 12-20 所示。

2）Makefile 与 mk 文件

参考案例 9.4，为 mqtt 组件设置编译规则 Makefile 和

mqtt.mk，代码如下：

```
#第 12 章/mydemos/mqtt/Makefile
#引入其他配置文件
include $(LITEOSTOPDIR)/config.mk
include $(LITEOSTOPDIR)/components/components.mk
#模块名称
MODULE_NAME := mydemos_$(notdir $(CURDIR))
#源码路径
LOCAL_SRCS := \
     $(wildcard src/*.c) \
     samples/transport.c \
     samples/pub0sub1.c \
     cJSON/cJSON.c
#头文件路径
MYDEMOS_MQTT_INCLUDE += \
     -I $(LITEOSTOPDIR)/mydemos/sensor/sensor_data \
     -I $(LITEOSTOPDIR)/mydemos/mqtt \
     -I $(LITEOSTOPDIR)/mydemos/mqtt/samples \
     -I $(LITEOSTOPDIR)/mydemos/mqtt/src \
     -I $(LITEOSTOPDIR)/mydemos/mqtt/cJSON

LOCAL_INCLUDE += $(MYDEMOS_MQTT_INCLUDE)
LOCAL_FLAGS := $(LOCAL_INCLUDE) $(COMPONENTS_INCLUDE)
include $(MODULE)


#第 12 章/mydemos/mqtt/mqtt.mk
MYDEMOS_MQTT_INCLUDE := \
     -I $(LITEOSTOPDIR)/mydemos/mqtt
```

目录 Src 是 MQTT 的核心，因此源码路径 LOCAL_SRCS 必须包含 Src 目录下的所有 c 文件；Samples 目录下的源码则需要选择其中的一个案例及负责传输数据的 transport.c。案例中需要使用网络组件，因此必须导入 components.mk。当前以 pub0sub1.c 案例进行移植操作，此案例可实现发布、订阅两种功能。

3）更改系统配置

如果要通过 make menuconfig 控制 mqtt 组件，则必须修改系统配置文件，将该组件添加到系统中。参考案例 9.4 得知，为 LiteOS 添加组件需要修改 mydemos.mk、mydemos/Makefile、mydemos/Kconfig、targets/bsp.mk 等若干文件。

（1）修改 mydemos/Kconfig 以实现 mqtt 组件图形化配置，代码如下：

```
#第 12 章/mydemos/Kconfig
menu
...
config LOSCFG_MYDEMOS_MQTT
    bool "Enable MQTT Demo"
    default n
endmenu
```

（2）将 mqtt 组件添加到上层 Makefile 和 mk 文件，代码如下：

```
#第 12 章/mydemos/Makefile
MODULE_NAME := $(MYDEMOS_EXAMPLE)
MODULE_$(LOSCFG_MYDEMOS_SEM) += sem
...
MODULE_$(LOSCFG_MYDEMOS_MQTT) += mqtt
include $(MODULE)


#第 12 章/mydemos.mk
ifeq ($(LOSCFG_MYDEMOS_MQTT), y)
include $(LITEOSTOPDIR)/mydemos/mqtt/mqtt.mk
MYDEMOS_INCLUDE += $(MYDEMOS_MQTT_INCLUDE)
endif
```

（3）为板级配置 bsp.mk 添加 mqtt 链接库，代码如下：

```
#第 12 章/targets/bsp.mk
ifeq ($(LOSCFG_MYDEMOS_MQTT), y)
    LITEOS_BASELIB += -lmydemos_mqtt
endif
```

2. 更改源代码

案例 pub0sub1.c 文件中只有一个 main()函数，其中包含了连接、订阅、发布 3 个操作，移植过程可将其进行拆分。在移植过程中很多操作要参考 pub0sub1.c 文件，因此建议将此文件事先预留备份。

1）案例入口

pub0sub1.c 文件中的入口在函数 main()，为了避免编译错误，首先将此函数的名字改为 mydemo_mqtt。在入口函数中实现 Connect 操作，需要设置服务器 IP、端口、ClientID、User Name、Password 等参数。同时为了避免设备掉线，需将源码中的 keepAliveInterval 调大，具体的代码如下：

```
//第 12 章/mydemos/mqtt/samples/pub0sub1.c
#define MQTT_IP "121.36.42.100"
#define MQTT_PORT 1883
#define MQTT_CLIENTID "XXX"
#define MQTT_USERNAME "XXX"
#define MQTT_PASSWORD "XXX"
#define MQTT_PROPERTY_REPORT "$oc/devices/XXX/sys/properties/report"
#define MQTT_COMMAND_GET "$oc/devices/XXX/sys/commands/#"
#define MQTT_COMMAND_RESP
        "$oc/devices/XXX/sys/commands/response/request_id="
//全局变量,socket 的文件描述符
int mysock = 0;
```

```
//MQTT 案例入口
int mydemo_mqtt() {
    MQTTPacket_connectData data = MQTTPacket_connectData_initializer;
    int rc = 0;
    unsigned char buf[500];
    int buflen = sizeof(buf);
    int msgid = 1;
    MQTTString topicString = MQTTString_initializer;
    int req_qos = 0;
    char * payload = "mypayload";
    int len = 0;
    char * host = MQTT_IP;
    int port = MQTT_PORT;

    printf("begin mqtt\n");
    //连接服务器 socket
    mysock = transport_open(host, port);
    if(mysock < 0)
        return mysock;
    //设置参数
    data.clientID.cstring = MQTT_CLIENTID;
    data.keepAliveInterval = 60;
    data.cleansession = 1;
    data.username.cstring = MQTT_USERNAME;
    data.password.cstring = MQTT_PASSWORD;
    /********************** 连接服务器 **********************/
    //序列化服务器参数
    len = MQTTSerialize_connect(buf, buflen, &data);
    //将数据发送到服务器
    rc = transport_sendPacketBuffer(mysock, buf, len);
    /* 等待应答 */
    if(MQTTPacket_read(buf, buflen, transport_getdata) == CONNACK) {
        unsigned char sessionPresent, connack_rc;
        //反序列化 connect 应答数据
        if(MQTTDeserialize_connack(&sessionPresent, &connack_rc, buf,
                                   buflen) != 1 || connack_rc != 0) {
            printf("Unable to connect, return code %d\n", connack_rc);
            goto exit;
        }
    } else
        goto exit;
    /********************* 用户任务 *****************************/
    //数据上报任务
    create_mqtt_report_task();
    //接收命令任务
    create_mqtt_cmd_task();
    /********************* 订阅主题 *****************************/
    //接收 command 主题
    topicString.cstring = MQTT_COMMAND_GET;
```

```
    //将订阅主题转换为 MQTT 数据包
    len = MQTTSerialize_subscribe(buf, buflen, 0, msgid, 1,
                                  &topicString, &req_qos);
    //发送数据
    rc = transport_sendPacketBuffer(mysock, buf, len);
    //等待应答
    if(MQTTPacket_read(buf, buflen, transport_getdata) == SUBACK) {
        unsigned short submsgid;
        int subcount;
        int granted_qos;
        //反序列化应答数据
        rc = MQTTDeserialize_suback(&submsgid, 1, &subcount,
                                    &granted_qos, buf, buflen);
        if(granted_qos != 0) {
            printf("granted qos != 0, %d\n", granted_qos);
            goto exit;
        }
    } else
        goto exit;

exit:
    transport_close(mysock);
    return 0;
}
```

注意：应将宏定义中的 XXX 替换为自己产品中的数据。

2）数据上报任务

数据上报任务首先要通过 cJSON 构造出 JSON 格式的数据（参考案例 12.4.3）接着使用函数 MQTTSerialize_publish()将数据序列化，最后调用函数 transport_sendPacketBuffer()发送数据。这里依然使用事件作为和传感框架的同步信号，具体的代码如下：

```
//第 12 章/mydemos/mqtt/samples/pub0sub1.c
#define EVT_DHT11 0x01
#define EVT_MQ2 0x02
#define EVT_BH1750 0x04
extern EVENT_CB_S event;

static void data_report(void) {
    MQTTPacket_connectData data = MQTTPacket_connectData_initializer;
    int rc = 0;
    unsigned char buf[500];
    int buflen = sizeof(buf);
    MQTTString topicString = MQTTString_initializer;
```

```
char * payload = "mypayload";
int len = 0;
int ret;

topicString.cstring = MQTT_PROPERTY_REPORT;
while(1) {
    //创建 Object
    cJSON * myObj = cJSON_CreateObject();
    //创建数组,因为被[]括起来的是一个数组
    cJSON * service_array = cJSON_CreateArray();
    //添加一个键-值对,其 VALUE 是一个数组,属于 Item 类型
    //构造出"services":[...]
    cJSON_AddItemToObject(myObj, "services", service_array);
    //创建对象,数组的每个元素都是{},这属于 Object 类型
    cJSON * array_1 = cJSON_CreateObject();
    //为数组添加对象,结果是"services":[{...}]
    cJSON_AddItemToArray(service_array, array_1);

    //为数组元素添加一个键-值对,其 VALUE 是 String 类型
    //构造出{"service_id":"SENSOR"}
    cJSON_AddStringToObject(array_1, "service_id", "SENSOR");
    //创建对象
    cJSON * properties = cJSON_CreateObject();
    //为数组元素添加一个键-值对,其 VALUE 是一个 JSON,属于 Item 类型
    //构造出{"properties":{}}
    cJSON_AddItemToObject(array_1, "properties", properties);
    //读取同步信号
    ret = LOS_EventRead(&event, EVT_DHT11 | EVT_MQ2 | EVT_BH1750,
                        LOS_WAITMODE_AND | LOS_WAITMODE_CLR, 0xffff);
    if(ret == EVT_DHT11 | EVT_MQ2 | EVT_BH1750){
        //为 properties 添加键-值对,其 VALUE 是数字类型
        //构造出"properties":{"TH":20, "RH":20, "LUX":20, "GAS":20}
        cJSON_AddNumberToObject(properties, "MASTER_TH",
                    sensor_data[0].th);
        cJSON_AddNumberToObject(properties, "MASTER_RH",
                    sensor_data[0].rh);
        cJSON_AddNumberToObject(properties, "MASTER_LUX",
                    sensor_data[0].lux);
        cJSON_AddNumberToObject(properties, "MASTER_GAS",
                    sensor_data[0].gas);
    }
    //添加其他字段 SLAVE_XXX STUDY_XXX TOILET_XXX KETCHEN_XXX LIVING_XXX
    //...
    //将 myObj 转换为字符串
    payload = cJSON_PrintUnformatted(myObj);
    //释放内存
    cJSON_Delete(myObj);
    cJSON_Delete(service_array);
    cJSON_Delete(array_1);
```

```
        cJSON_Delete(properties);
        //序列化
        len = MQTTSerialize_publish(buf, buflen, 0, 0, 0, 0, topicString,
                                    (unsigned char * )payload, strlen(payload));
        //发送数据
        rc = transport_sendPacketBuffer(mysock, buf, len);
        LOS_TaskDelay(250 * 8);
    }
}

static INT32 create_mqtt_report_task(void) {
    uint32_t ret;
    TSK_INIT_PARAM_S taskInitParam;
    uint32_t taskHandle;

    taskInitParam.usTaskPrio = 5;
    taskInitParam.pcName = "DataReport";
    taskInitParam.pfnTaskEntry = (TSK_ENTRY_FUNC)data_report;
    taskInitParam.uwStackSize = 0x1000;

    ret = LOS_TaskCreate(&taskHandle, &taskInitParam);
    return ret;
}
```

3）接收命令任务

接收命令任务应该是循环的，首先使用函数 MQTTPacket_read()读取协议栈收到的数据，接着使用函数 MQTTDeserialize_publish()将数据包反序列化，最后解析数据。反序列化的数据包含 Topic 和 PayLoad，使用 cJSON 库可以解析 PayLoad，而 Topic 则需要使用字符串处理函数层层解析，最终要获取当前命令的 request_id 字段。

代码中得到的 Topic 字符串的格式为 $oc/devices/xxx/sys/commands/request_id=yyy{…}，由此可知，获取 request_id 的方法是将该字符串用等号和大括号分隔。完整的命令接收代码如下：

```
//第 12 章/mydemos/mqtt/samples/pub0sub1.c

//应答主题,这是一个全局变量
char * resp_topic;

static void get_command(void) {
    MQTTPacket_connectData data = MQTTPacket_connectData_initializer;
    int rc = 0;
    unsigned char buf[500];
    int buflen = sizeof(buf);

    while (1) {
        //读取下行数据
        if(MQTTPacket_read(buf, buflen, transport_getdata) == PUBLISH) {
```

```
unsigned char dup;
int qos;
unsigned char retained;
unsigned short msgid;
int payloadlen_in;
unsigned char * payload_in;
int rc;
MQTTString receivedTopic;
//反序列化
rc = MQTTDeserialize_publish(&dup, &qos, &retained, &msgid,
                             &receivedTopic, &payload_in,
                             &payloadlen_in, buf, buflen);
/**************** 解析收到的主题 ************************/
uint8_t len0 = receivedTopic.lenstring.len;
char * rec_topic = malloc(len0 + 1);
rec_topic[len0] = '\0';
//得到命令主题
memcpy(rec_topic, receivedTopic.lenstring.data, len0);
//用"="拆分字符串,返回"="左侧内容
char * res = strtok(rec_topic, "=");
//用"="拆分剩余字符串,第 1 个参数传 NULL,返回"="右侧
res = strtok(NULL, "=");
//用"{"拆分,返回"{"左侧内容.到此得到 request_id
char * request_id = strtok(res, "{");
//计算要发送的主题
uint8_t len1 = strlen(MQTT_COMMAND_RESP);
uint8_t len2 = strlen(request_id);
resp_topic = malloc(len1 + len2 + 1);
//主题的左半部分
memcpy(resp_topic, MQTT_COMMAND_RESP, len1);
//主题的右半部分
memcpy(resp_topic + len1, request_id, len2);
resp_topic[len1 + len2] = '\0';
free(rec_topic);
/******************** 解析收到的负载 ************************/
//将 msg 转换为 cJSON
cJSON * obj = cJSON_Parse(payload_in);
//取出一个条目 command_name
cJSON * command_name = cJSON_GetObjectItem(obj, "command_name");
cJSON * service_id = cJSON_GetObjectItem(obj, "serive_id");
cJSON * paras = cJSON_GetObjectItem(obj, "paras");
//从参数中提取对应的指令 STATE_CTL,这个指令在产品模型中已经定义好了
cJSON * CTRL_STATE = cJSON_GetObjectItem(paras, "CTRL_STATE");
/*************** 根据负载进行相应的硬件操作 *******************/
if(strcmp(command_name -> valuestring, "MASTER_LED_CTRL_1") == 0)
{
    if(strcmp(CTRL_STATE -> valuestring, "ON") == 0) {
        printf("master led on...\n");
        //发送应答
```

```
                    command_rsp("ON");
                } else if (strcmp(CTRL_STATE->valuestring, "OFF") == 0) {
                    printf("master led off...\n");
                    command_rsp("OFF");
                }
            }
        }
        LOS_TaskDelay(250 * 8);
    }
}

static INT32 create_mqtt_cmd_task(void) {
    uint32_t ret;
    TSK_INIT_PARAM_S taskInitParam;
    uint32_t taskHandle;

    taskInitParam.usTaskPrio = 5;
    taskInitParam.pcName = "get_command";
    taskInitParam.pfnTaskEntry = (TSK_ENTRY_FUNC)get_command;
    taskInitParam.uwStackSize = 0x1000;

    ret = LOS_TaskCreate(&taskHandle, &taskInitParam);
    return ret;
}
```

4）命令应答

应答的本质和数据上报是一样的，只是其 JSON 数据及 Topic 不一样。另外，应答 Topic 的结尾需要将 request_id 拼接上去，笔者已经在解析命令时完成了这个操作，将完整的应答主题放在全局变量 resp_topic 中。应答数据可参考案例 12.4.3，具体的应答代码如下：

```
//第 12 章/mydemos/mqtt/samples/pub0sub1.c
static void command_rsp(char * reslut) {
    char* payload = "mypayload";
    int len = 0;
    unsigned char buf[500];
    int buflen = sizeof(buf);
    MQTTString topicString = MQTTString_initializer;
    int rc;

    //创建主结构 obj,包含所有数据
    cJSON * obj = cJSON_CreateObject();
    if(obj == NULL) {
        return LOS_NOK;
    }
    //将两个字段添加到 obj
    cJSON_AddItemToObject(obj, "result_code", cJSON_CreateNumber(0));
```

```
    cJSON_AddItemToObject(obj, "response_name",
                         cJSON_CreateString("COMMAND_RESPONSE"));
    //创建 obj1 结构,用于添加 result 字段
    cJSON * obj1 = cJSON_CreateObject();
    if(obj1 == NULL) {
        cJSON_Delete(obj);
        return LOS_NOK;
    }
    //将 result 字段添加到 obj1, {"ANS_STATE":"ON"}
    cJSON_AddItemToObject(obj1, "ANS_STATE", cJSON_CreateString(reslut));
    //将 obj1 结构添加到 obj 结构, "paras":{"ANS_STATE":"ON"}
    cJSON_AddItemToObject(obj, "paras", obj1);

    //将 cJSON 转换为字符串
    payload = cJSON_PrintUnformatted(obj);
    topicString.cstring = resp_topic;
    //序列化
    len = MQTTSerialize_publish(buf, buflen, 0, 0, 0, 0, topicString,
                         (unsigned char * )payload, strlen(payload));
    //发送数据
    rc = transport_sendPacketBuffer(mysock, buf, len);
    //释放内存
    cJSON_Delete(obj);
    cJSON_Delete(obj1);
    free(resp_topic);
}
```

5）底层数据传输接口

以上代码已经完成了 MQTT 协议栈上层数据传输过程，接着需要实现底层传输接口，以达到设备和云平台之间的实际数据流传输。MQTT 运行在 TCP 协议之上，由 TCP 客户端将 MQTT 数据包发送到服务器即可实现设备与云平台的通信。

如果使用以太网卡作为网络设备，则可用 Socket API 创建 TCP 客户端，进而实现 MQTT 底层数据传输接口；如果使用 ESP8226 作为网络设备，则可使用 LiteOS 提供的 AT 框架传输数据（参考表 11-5）。

案例 pub0sub1.c 使用 transport.c 文件中的接口实现底层传输，如果以 ESP8226 作为网络设备，则需要修改 transport.c 文件中的接口函数，代码如下：

```
//第 12 章/mydemos/mqtt/samples/transport.c
#include "at_api.h"

int msock = -1;
//发送数据
int transport_sendPacketBuffer(int sock, unsigned char * buf, int buflen){
    return AtApiSend(sock, buf, buflen);
}
```

```
//接收数据,无超时
int transport_getdata(unsigned char * buf, int count){
    return AtApiRecv(msock, buf, count);
}
//接收数据,有超时
int transport_getdatanb(void * sck, unsigned char * buf, int count)
{
    char * ipaddr = "121.36.42.100";
    int port = 1883;

    return AtApiRecvTimeout(sck, buf, count, ipaddr, &port, 0xffff);
}
//连接到 TCP 服务器,MQTT 运行在 TCP 协议之上
int transport_open(char * host, int port){
    char port_str[10];
    snprintf(port_str, sizeof(port_str), "%u", port);
    //持续连接,直到成功
    while(msock < 0){
        //TCP:0 UDP:1
        msock = AtApiConnect(host, port_str, 0);
        LOS_TaskDelay(250 * 8);
    }
    return msock;
}
//关闭 TCP 连接
int transport_close(int sock){

}
```

6）修改 mydemo_entry.c

为了使能案例,必须将案例的入口函数 mydemo_mqtt()添加到源文件 mydemo_entry.c 中,代码如下:

```
//第 12 章/targets/bsp/common/mydemo_entry.c
void mydemo_entry(){
...
#ifdef LOSCFG_MYDEMOS_MQTT
    mydemo_mqtt();
#endif
}
```

3. 连接测试

为了避免冲突,务必要关闭 LiteOS 自带的 MQTT 案例。进入 menuconfig 使能相应的功能组件即可编译源码,最终 menuconfig 的配置如图 12-21 所示。

配置好 ESP8266 的 SSID 和 PASSWORD 即可编译源码并下载到开发板,网络连接可能需要耗费十几秒,待设备连接到云平台后发送控制命令,打开“日志跟踪”功能以验证案例是否成功。

```
Components--->
        Network --->
                [*] Enable Net AT
                    Choose AT Device (Enable esp8266) --->
        Sensorhub--->
                     [*] Enable Sensorhub


MyDemos--->
        [*] Enable Sensor Demos
                [*] Enable DHT11
                [*] Enable DMQ2
                [*] Enable BH1750
        [*] Enable MQTT Demo
```

图 12-21 menuconfig 配置

12.6 本章小结

本章介绍了 MQTT 协议栈并分析了报文结构,通过 LiteOS 内置的 MQTT 组件实现设备与云平台间的数据传输。除了要掌握 MQTT 的基本原理外,开发者必须掌握云平台针对 MQTT 产品设定的 Topic 及其数据结构,这样才能实现数据传输。各大云平台的 MQTT Topic、ClientID、User Name、Password 都有自己的计算方法,开发 MQTT 产品时应查询平台帮助手册。LiteOS 提供的 MQTT Demo 并不具有通用性,若要连接其他云平台,则需要修改其 MQTT 组件,或者自己移植 MQTT 协议栈。

第13章

体验应用开发

在完整的物联网方案中必定涉及上层应用开发，例如工业项目要求提供基于PC的上位机客户端程序、家庭智能控制方案需要定制手机App、车间智能控制设备需要提供平板App等。根据实际项目需求，开发者可用HTML5、Android、Java等语言，为客户提供合适的上位机程序。

尽管App应该由专业人员开发完成，但是一个简单的App样例可以帮助底层开发者更好地构造整体项目。

本章将设计一个微信小程序，借此了解华为IoT云的上层应用接口。

13.1 微信小程序概述

小程序是一种基于Web规范的框架，使用HTML、CSS、JS等技术实现，具有轻量级、跨平台等优势。小程序可以在微信内被便捷地获取和传播，同时具有出色的使用体验，它是一种新的开放能力，开发者可以快速地开发一个应用。

开发微信小程序前必须进入微信公众平台进行实名注册，目前微信已对个人、政府机构、企业、媒体组织等提供了开放接口。微信公众平台提供了一系列开发工具，以便帮助开发者快速接入并完成小程序的开发。

13.1.1 获取账号信息

进入微信公众平台官网(https://mp.weixin.qq.com)，单击左上角的“立即注册”按钮跳转到注册页面，注册账号类型选择“微信小程序”，如图13-1所示。

完成注册后可登录平台并进入个人主页，平台为开发者分配了一个唯一的AppID，开发者设计的每个小程序都必须使用AppID。同时，个人主页还显示了一个服务器域名列表，如图13-2所示，小程序只能访问列表中的域名。

13.1.2 开发工具

微信开放社区(https://developers.weixin.qq.com/)提供了丰富的开发文档及专业的

图 13-1　注册账号

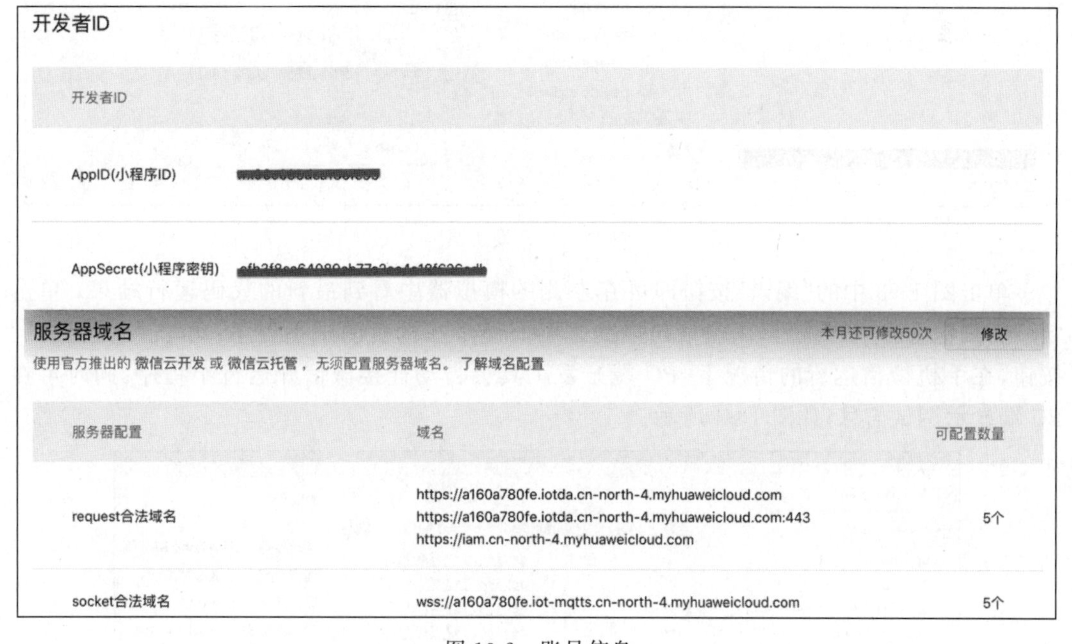

图 13-2　账号信息

开发工具 wechat_devtool，如图 13-3 所示。

开发工具 wechat_devtool 大致可分为 3 个区域：模拟器、编辑器、调试器。

（1）模拟器：提供了一个和真机一样的界面，开发者可通过此界面浏览 App 布局，同时还可通过单击鼠标模拟触摸操作。

（2）编辑器：提供了代码编辑功能，同时可实现代码格式化（Shift＋Alt＋F）。

（3）调试器：帮助开发者输出调试信息、定位错误。

图 13-3　开发工具

单击图 13-3 中的“编译”按钮即可在左侧的模拟器中看到最新的代码运行结果；单击“预览”按钮会弹出二维码，用微信扫描此二维码即可在真机测试小程序；单击“真机调试”按钮，在手机微信运行的情况下，PC 端开发工具会自动连接微信并运行小程序，同时可在 PC 端显示调试信息，如图 13-4 所示。

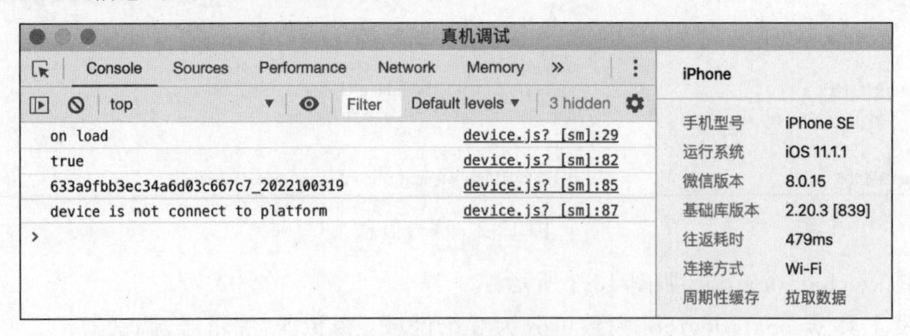

图 13-4　真机调试

13.1.3　实战案例：Hello World

打开微信开发工具，选择“小程序”标签，单击“+”按钮创建一个新项目，输入项目名称、

AppID 等信息,如图 13-5 所示。

图 13-5 新建项目

该项目的主要功能代码存放在 pages 目录下,index 就是项目运行的主页,其中会显示当前用户的微信名及头像。编译源码即可在模拟器中看到结果,如图 13-6 所示。

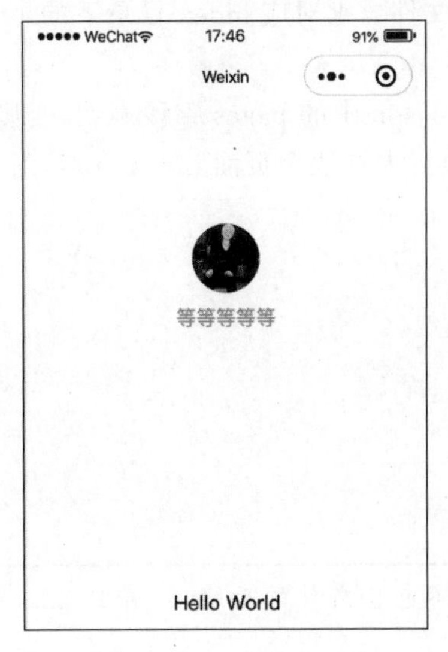

图 13-6 Hello World

13.2 微信小程序入门

本节以 Hello World 案例为基础,分析小程序的结构框架。

13.2.1 目录结构

微信小程序包含一个描述整体程序的 App 和多个描述各自页面的 page。主体程序

App 必须放在项目的根目录，由 3 个文件组成，见表 13-1。

表 13-1 主体 App

模　块	说　明
app. js	小程序逻辑，主要是一些生命周期函数
app. json	小程序全局配置，如网络超时时间、窗口多 Tab 等
app. wxss	小程序全局样式，如背景色、窗口尺寸等，类似 CSS 文件

一个小程序页面由 js、json、wxml、wxss 共 4 个文件组成，见表 13-2。

表 13-2 页面文件

模　块	必　选	说　明
js	是	页面逻辑
wxml	是	页面结构，类似于 HTML
wxss	否	页面样式，可覆盖 app. wxss
json	否	页面配置，可覆盖 app. json

描述一个页面的 4 个文件必须放在同一个目录下，并且名字必须和目录名相同，例如 Hello World 中的 index 主页文件分别对应 index 目录下的 4 个文件：index. js、index. json、index. wxml、index. wxss。

页面路径必须在文件 app. json 中的 pages 字段声明，否则这个页面就不会被注册到小程序中。例如 Hello World 项目中有两个页面 index、logs，对应的 app. json 代码如下：

```
//第 13 章/app. js
{
  "pages": [
    "pages/index/index",
    "pages/logs/logs"
  ],
  ...
}
```

注意：pages 字段中的路径并不包含文件的后缀名，并且 pages 字段的第 1 个路径就是小程序的首页。

13.2.2 小程序框架

小程序框架分为两部分：视图层(View)和逻辑层(App Service)。视图层采用小程序自己的描述语言 WXML 和 WXSS，逻辑层使用 JavaScript 框架。视图层与逻辑层间提供了数据传输和事件系统，以保证后台数据与前台页面统一。

1. 逻辑层

JS 文件负责逻辑层代码，文件 app. js 中的 App()方法负责注册小程序，页面 JS 文件可通过 getApp()方法获取唯一的全局 App 实例，通过 App 实例可获取全局变量，代码如下：

```
//第 13 章/xxx.js
const appIns = getApp()
console.log(appIns.globalData1)
console.log(appIns.globalData2)
```

简单页面可通过 Page()方法进行构造，页面中通常包含局部变量、生命周期函数、动作函数等，代码如下：

```
//第 13 章/xxx.js
Page({
  data: {
    text: "This is page data."
  },
  onLoad: function(options) {
    //页面创建时执行
  },
  onShow: function() {
    //页面出现在前台时执行
  },
  ...
  //事件响应函数
  btnTap: function() {
    this.setData({
      text: 'Set some data for updating view.'
    }, function() {
      //this is setData callback
    })
  }
})
```

页面 JS 文件可执行绝大多数 JavaScript 方法，但页面并非真正运行在浏览器中，因此部分与 Web 相关的方法无法使用，例如 window()、document()等方法。

Page()方法中的 data 为私有数据，通过 this.setData()方法可修改其中的某个值，而使用 this.data.xxx 则可获取成员变量 xxx 的值。

2. 视图层

视图层由 WXML 和 WXSS 文件编写，WXML(WeiXin Markup Language)文件用于描述页面结构，结合基础组件和事件系统构建出页面的结构；WXSS(WeiXin Style Sheet)文件用于描述页面的样式，结合了大部分 CSS 特性，并进行扩展和修改。

小程序提供了事件机制，将逻辑层函数绑定到视图层的某个组件，例如为某个 view 组件绑定单击事件，代码如下：

```
<!—第 13 章/index.wxml -->
<view bindtap="viewTap">单击我<view>
```

```
//第 13 章/index.js
Page({
  ...
  //事件处理函数
  viewTap() {
    console.log("view tap")
  },
  ...
})
```

WXML 中的组件可使用“双大括号”将逻辑层的变量绑定到视图层，一旦绑定成功，视图层和逻辑层即可实现数据统一。例如给 input 控件绑定一个显示字符串的变量，代码如下：

```
<!—第 13 章/index.wxml -->
< intput model:value = "{{str}}" />


//第 13 章/index.js
Page({
  data{
    str: hello
  },
  ...
})
```

13.2.3 实战案例：智能家居 App

1. 案例描述

以案例 9.5 为基础设计一个智能家居上位机小程序，用户可自由控制每个房间的 LED 设备，并自主查询各传感器的属性值。

本上位机程序只考虑基础功能，并未设计复杂界面，最终效果如图 13-7 所示。

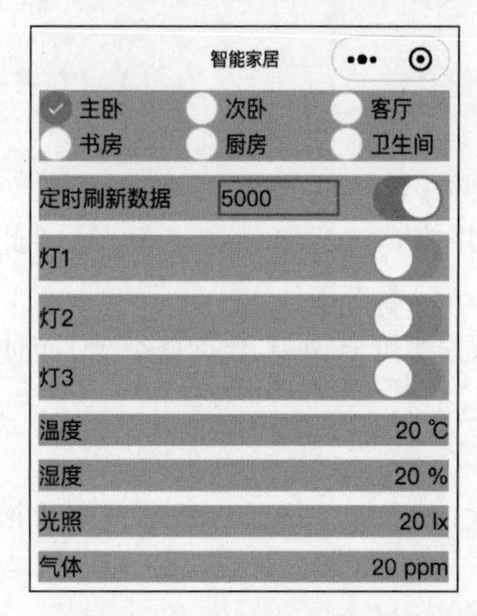

图 13-7 智能家居 App

2. 布局文件 WXML

页面整体设计为一个垂直布局的 view，而每行都是一个水平布局的 view。第 1 行用来选择房间号，采用 radio-group 实现此功能；其余各行文本框使用控件 text，开关使用控件 switch。整体布局文件的代码如下：

```
<!—第 13 章/index.wxml -->
< view class = "container">
    < view class = "h_container">
```

```
        <radio-group bindchange="get_room">
            <radio class="left_text" value="1" checked="true">主卧</radio>
            <radio class="left_text" value="2">次卧</radio>
            <radio class="right_text" value="3">客厅</radio>
            <radio class="left_text" value="4">书房</radio>
            <radio class="left_text" value="5">厨房</radio>
            <radio class="right_text" value="6">卫生间</radio>
        </radio-group>
    </view>
    <view class="h_container">
        <text class="left_text">定时刷新数据</text>
        <input type="number" value="{{source_time}}" bindinput="get_timer"
                 style="border: solid 2px red;width:200rpx"></input>
        <switch id="is_source" checked="{{is_source}}"
                  bindchange="bind_switch"></switch>
    </view>
    <view class="h_container">
        <text class="left_text">灯 1 </text>
        <switch id="led_1" checked="{{led_1}}"
                  bindchange="bind_switch"></switch>
    </view>
    <view class="h_container">
        <text class="left_text">灯 2 </text>
        <switch id="led_2" checked="{{led_2}}"
                  bindchange="bind_switch"></switch>
    </view>
    <view class="h_container">
        <text class="left_text">灯 3 </text>
        <switch id="led_3" checked="{{led_3}}"
                  bindchange="bind_switch"></switch>
    </view>
    <view class="h_container">
        <text class="left_text">温度</text>
        <text class="right_text">{{th}} ℃ </text>
    </view>
    <view class="h_container">
        <text class="left_text">湿度</text>
        <text class="right_text">{{rh}} % </text>
    </view>
    <view class="h_container">
        <text class="left_text">光照</text>
        <text class="right_text">{{lux}} lx </text>
    </view>
    <view class="h_container">
        <text class="left_text">气体</text>
        <text class="right_text">{{gas}} ppm </text>
    </view>
</view>
```

3. 样式文件 WXSS

最外层样式对应 container，设置为垂直的 flex 弹性布局，并设置一定量的 padding；内层样式对应 h_container，设置为水平的 flex 布局，对齐方式为 center；左侧小控件使用 left_text 样式，右侧小控件对应 right_text 样式。整体样式的代码如下：

```
;第 13 章/index.wxss
.container{
    display: flex;
    flex-direction: column;
    padding-left: 10px;
    padding-right: 10px;
}

.h_container{
    display: flex;
    flex-direction: row;
    justify-content: space-between;
    margin-bottom: 10px;
    background-color: #00ffff;
    align-items: center;
}

.left_text{
    width: 250rpx;
    font-size: 16px;
}
.right_text{
    font-size: 16px;
}
```

4. 逻辑层 JS

目前逻辑层并未实现任何有效功能，只需定义一些与视图层对应的变量和函数，代码如下：

```
//第 13 章/index.js
Page({
    data: {
        token: '',
        is_source: false,
        source_time: 5000,
        room_id: 1,
        led_1: false,
        led_2: false,
        led_3: false,
        th: 20,
        rh: 20,
```

```
        lux: 20,
        gas: 20,
    },
    //页面生命周期函数,加载页面
    onLoad() {
        self = this;
    },
    //switch 事件处理函数
    bind_switch(e) {
    },
    //radio 事件处理函数
    get_room(e){
        console.log("id = " + e.detail.value);
    },
})
```

13.3 华为 IoT 云应用接口

IoT 平台提供了 RESTful(Representational State Transfer)风格 API,开发者可通过 HTTPS 请求调用应用侧 API 以实现与设备侧之间的通信。应用侧 API 提供了诸多开发功能,包含产品管理、设备管理、设备命令、设备消息、设备属性、规则管理等。

应用侧首先要通过 IAM 服务获取连接平台的鉴权信息,接着通过 IoTDA 服务进行产品管理、设备管理等操作,如图 13-8 所示。

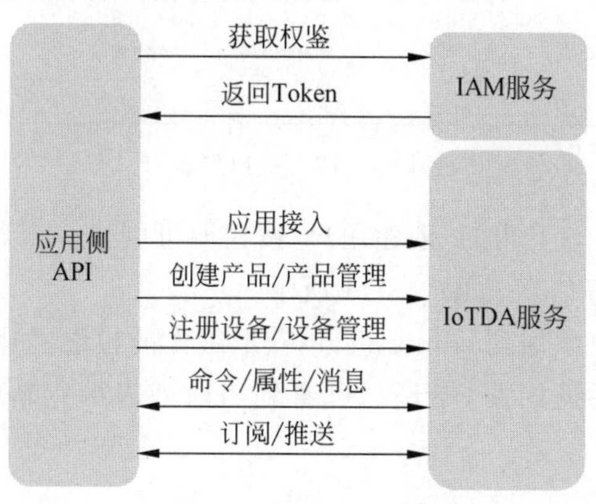

图 13-8 应用 API 结构

13.3.1 IAM 服务

1. IAM 账号概述

新注册的用户属于"华为账号",该账号属于管理员账号,无法直接使用应用侧 API 连接到服务器。开发者必须在当前"华为账号"下创建 IAM(Identity and Access

Management）账号，使用授权过的IAM账号即可连接到服务器。

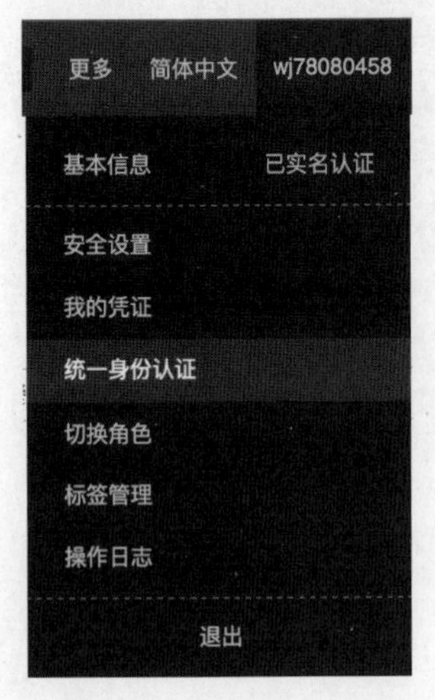

图 13-9　统一身份认证

IAM账号由管理员创建，它拥有独立的账号和密码。开发者可使用IAM账号/密码登录到华为云管理控制台，并根据密钥访问应用API。IAM用户不拥有资源，不进行独立的计费，其资源和权限由所属“华为账号”统一控制和付费。

2．注册IAM账号

1）进入统一身份认证服务

登录“华为账号”后进入控制台，将鼠标移动至右上角的用户名处，在弹出的下拉菜单中选择“统一身份认证”，如图13-9所示。

2）创建用户

（1）在“统一身份认证”页面中选择左侧的第1个标签“用户”，可看到当前账号下的管理员账号和IAM账号，如图13-10所示。

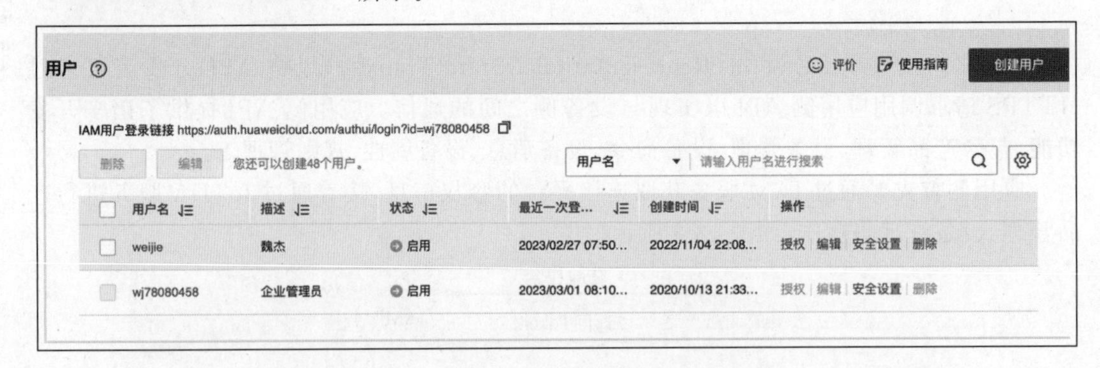

图 13-10　用户列表

（2）单击图13-10中右上角的“创建用户”按钮即可创建一个新的IAM用户，开发者需填写新的用户名和密码等信息，如图13-11所示。

（3）将新创建的用户添加到admin组，以获取最大的权限，如图13-12所示。

（4）创建用户成功后返回用户列表，可看到当前列表中有新的用户，并且处于启用状态，如图13-13所示。

3）登录IAM账号

退出当前账号，在登录页面选择下方的“IAM用户”进入IAM登录界面。第1个输入框需填写原华为账号名称，第2个输入框填写IAM账号，第3个输入框填写IAM账号对应的密码，如图13-14所示。

3．获取Token

应用侧开发者首先必须使用IAM账号获取Token信息，之后才可连接到IoT服务器。应用侧开发的实际上就是一些HTTPS请求，只要向特定的地址发送特定的请求即可得到

图 13-11　用户信息

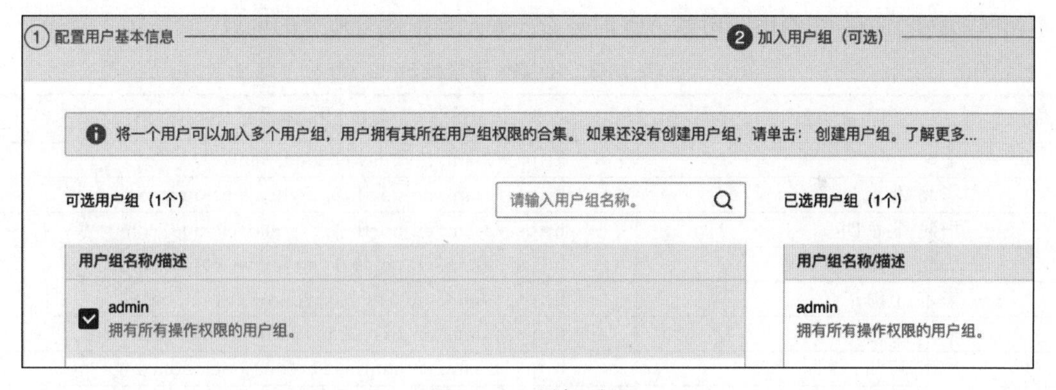

图 13-12　添加到组

IAM用户登录链接 https://auth.huaweicloud.com/authui/login?id=wj78080458

删除　编辑　您还可以创建47个用户。　用户名　请输入用户名进行搜索

用户名	描述	状态	最近一次登...	创建时间	操作
zhengbo	--	启用	--	2023/03/01 09:43...	授权 | 编辑 | 安全设置 | 删除
weijie	魏杰	启用	2023/02/27 07:50...	2022/11/04 22:08...	授权 | 编辑 | 安全设置 | 删除
wj78080458	企业管理员	启用	2023/03/01 08:10...	2020/10/13 21:33...	授权 | 编辑 | 安全设置 | 删除

图 13-13　用户列表

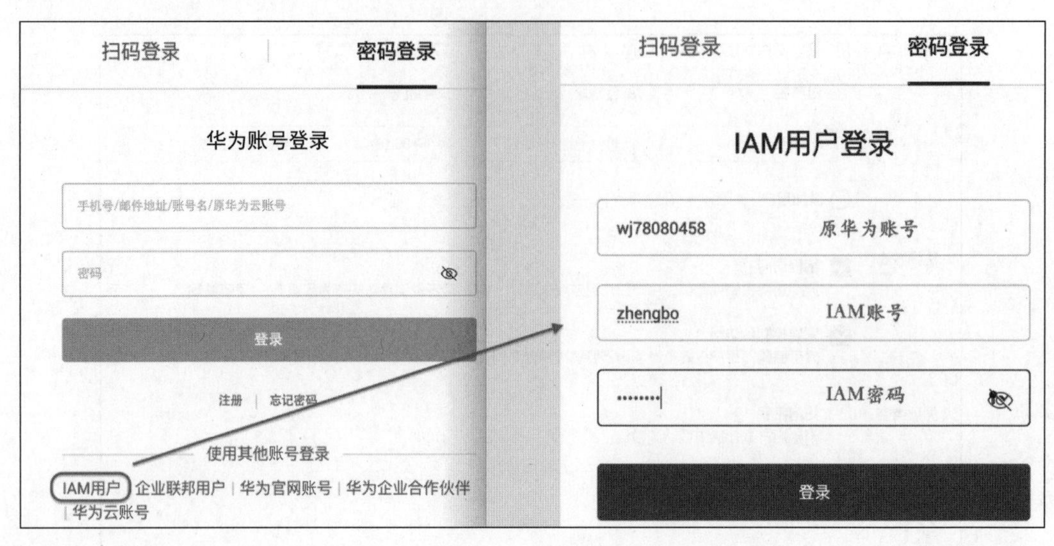

图 13-14 IAM 登录

正确的数据。

1）请求地址

华为云为 IAM 账号提供了单独的 HTTPS 接口地址，针对不通的区域，其 HTTPS 地址也不相同，见表 13-3。在调用应用侧 API 时务必先确定当前账号所属的区域，参考 10.2.1 节。

表 13-3 HTTPS 请求地址

区　　域	HTTPS 地址
全球	https://iam.myhuaweicloud.com
华北-北京二	https://iam.cn-north-2.myhuaweicloud.com
华北-北京四	https://iam.cn-north-4.myhuaweicloud.com
华北-北京一	https://iam.cn-north-1.myhuaweicloud.com
华东-上海二	https://iam.cn-east-2.myhuaweicloud.com
华东-上海一	https://iam.cn-east-3.myhuaweicloud.com
华南-广州	https://iam.cn-south-1.myhuaweicloud.com
华南-深圳	https://iam.cn-south-2.myhuaweicloud.com
欧洲-巴黎	https://iam.eu-west-0.myhuaweicloud.com
欧洲-都柏林	https://iam.eu-west-101.myhuaweicloud.com
土耳其-伊斯坦布尔	https://iam.tr-west-1.myhuaweicloud.com
西南-贵阳一	https://iam.cn-southwest-2.myhuaweicloud.com

2）请求内容

获取 Token 必须以 POST 方式发送一个 HTTPS 请求，该请求体是一个 JSON 数据，代码如下：

```
//第 13 章/代码片段 - 获取 Token
{
    "auth": {
```

```
            "identity": {
                "methods": [
                    "password"
                ],
                "password": {
                    "user": {
                        "domain": {
                            "name": "xxx"
                        },
                        "name": "xxx",
                        "password": "xxx"
                    }
                }
            },
            "scope": {}
        }
    }
```

在上述代码中第1个xxx应该填写当前IAM账号对应的华为账号,第2个xxx是当前的IAM账号名,第3个xxx是当前IAM账号对应的密码。

3）测试

华为云提供了API Explorer工具,以便帮助开发者进行应用侧调试,在华为云主页搜索API Explorer,单击第1个结果即可进入API Explorer调试页面,如图13-15所示。

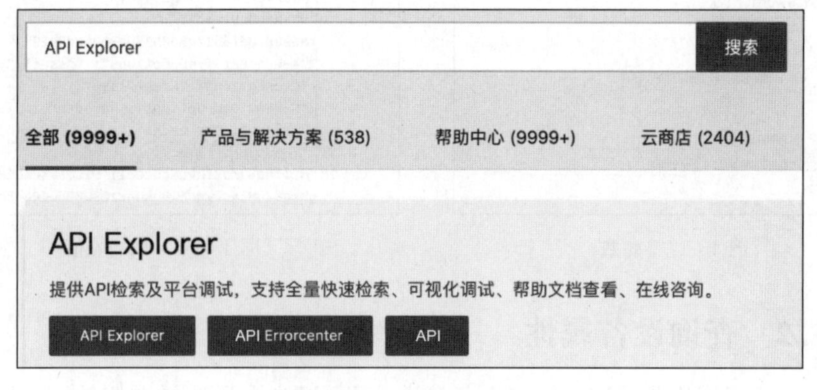

图13-15 API Explorer

在API Explorer主页中搜索“获取IAM用户Token”,在结果中选择第1项即可进入Token调试主页,如图13-16所示。

进入API Explorer后首先在Region下拉菜单中选择自己账号对应的区域,接着在Body区域填写用户名、密码等信息,如图13-17所示。

单击调试按钮,在右侧的“响应结果”→“响应头”中可看到输出信息,其中X-Subject-Token字段就是用户获取的Token信息,如图13-18所示。

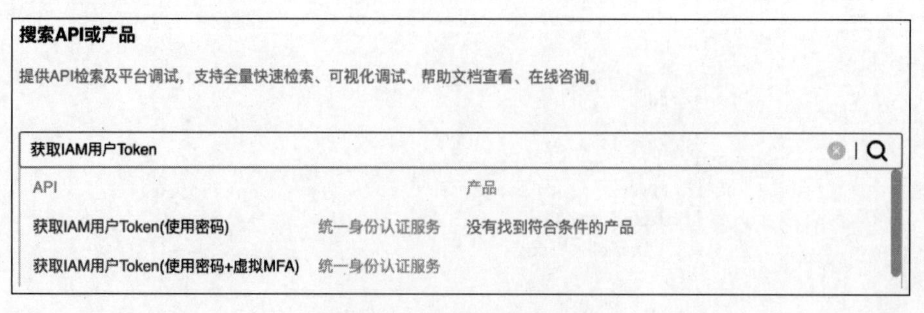

图 13-16　搜索 Token 功能

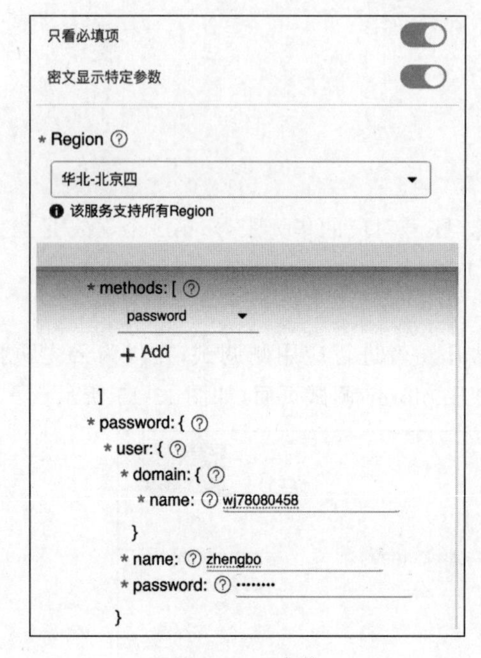

图 13-17　参数

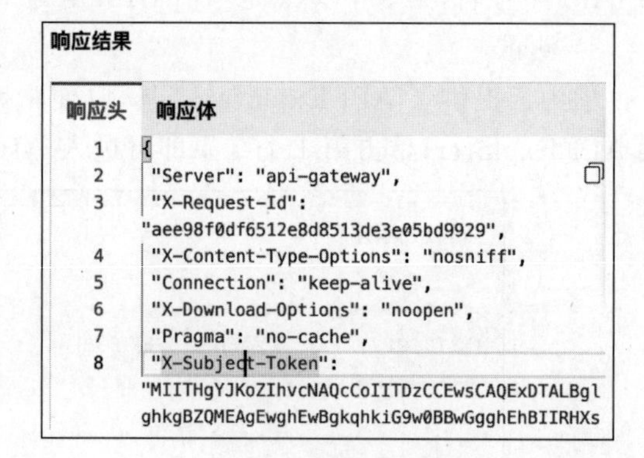

图 13-18　Token 值

13.3.2　查询设备属性

华为云有诸多应用侧 API，进入“设备接入 IoTDA”主页后选择左侧的“产品文档”即可进入 API 说明页面。在“文档首页→设备接入 IoTDA→ API 参考→应用侧 API 参考→API 列表”页面中可查看需要的 API 文档，如图 13-19 所示。

1. 查询属性接口

1）请求地址

应用服务器可调用查询属性接口向设备发送指令用以查询设备的实时属性，并由设备将查询的结果同步返给应用服务器，接口的示例代码如下：

```
https://{endpoint}/v5/iot/{project_id}/devices/{device_id}/properties?service_id = TH
```

图 13-19　API 文档

该接口以 GET 方法发送一个 HTTPS 请求，各字段的说明见表 13-4。

表 13-4　HTTPS 字段说明

字　段	说　明
endpoint	必选字段，区域地址，见表 13-3
device_id	必选字段，设备 ID
project_id	必选字段，产品 ID
service_id＝SENSOR	可选字段，设备中的某个服务 ID，例如这里查询服务 SENSOR 的所有属性。如果没有这个字段，则查询所有的服务属性

2）请求 Header

在应用侧的 HTTPS 请求中需要包含一个必选字段 Content-Type 及其他可选字段，如 X-Auth-Token、Instance-Id 等，详情见表 13-5。

表 13-5　HTTPS Header

字　段	说　明
Content-Type	消息数据格式，默认取值为 application/json; charset＝utf-8
X-Auth-Token	如果以 Token 形式认证，则该字段必选。通过调用 IAM 服务接口获取，在接口返回的响应消息头中 X-Subject-Token 就是需要获取的用户 Token，详情参考 13.3.1 节
Instance-Id	实例 ID。物理多租下各实例的唯一标识，一般华为云租户无须携带此参数，仅在物理多租场景下从管理面访问 API 时需要携带此参数。开发者可以在 IoTDA 管理控制台界面，选择左侧导航栏的“总览”页签查看当前实例的 ID

3）请求 Body

查询设备的 HTTPS 请求 Body 为空。

4）响应

如果请求成功，则返回状态码 200，响应 Body 中只有一个 JSON 格式的参数 response，其结构依赖产品模型，示例代码如下：

```
//第 13 章/代码片段
{
  "response" : [{
    "services" : {
      "serviceId" : "SENSOR",
      "properties" : {
        "TH" : "20",
        "RH" : "20",
        "LUX" : "430",
        "GAS" : "45",
      },
      "eventTime" : "20190606T121212Z"
    }
  }]
}
```

2. API 调试

1）填写信息

进入 API Explorer 调试页面，在 Region 下拉列表中选择自己账号所在的区域，例如笔者的账号属于“华北-北京四”；在 Parameters→device_id 输入框中填写要查询的设备 ID，在 service_id 处填入要查询的属性对应的服务 ID（以案例 12.4 为设备端），如图 13-20 所示。

2）调试结果

确定参数设置无误后，单击图 13-20 右上角的“调试”按钮即可将查询属性指令发送到设备端。如果设备端正确应答，则 API Explorer 右侧会显示查询到的结果，如图 13-21 所示。

GET https://iotda.cn-north-4.myhuaweicloud.com/v...
高级设置 ∨　填写默认值　▶ 调试
****
Instance-Id ⓘ
string
Parameters
* device_id ⓘ
63ead832b7768d66eb757cb4_18810867652
* project_id ⓘ
0c7039e2db00f2a42fe4c016707a42b1
* service_id ⓘ
SENSOR

图 13-20　设置参数

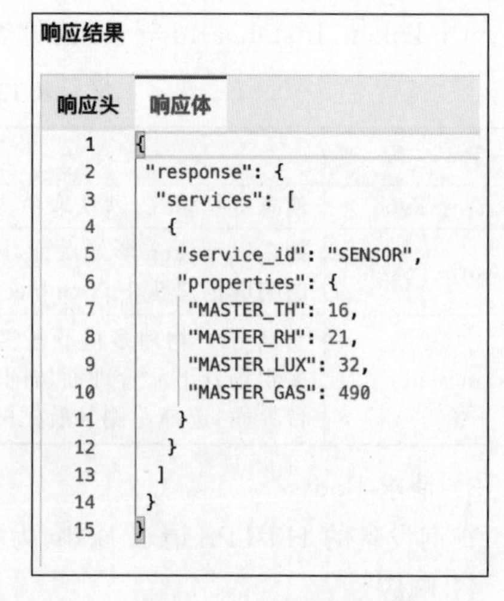

图 13-21　查询结果

注意：应用侧在查询属性时，平台将会向设备发送相应的主题，而设备则必须订阅相关的主题，并且要做出正确的应答。

13.3.3 同步命令下发

应用服务器可调用同步命令下发接口向设备下发命令，以实现对设备的同步控制。IoT 平台将命令以同步的方式发送给设备，并将设备执行命令的结果同步返回。如果设备没有应答，则平台将返给应用服务器超时，超时时间是 20s。

1. 命令下发接口

1）接口地址

应用侧以 POST 方式下发同步命令的 HTTPS 请求，该请求与查询属性请求类似，各字段说明可参考表 13-4，示例代码如下：

```
https://{endpoint}/v5/iot/{project_id}/devices/{device_id}/commands
```

2）请求 Header

命令下发也需要请求 Header，见表 13-5。

3）请求 Body

命令的请求 Body 不能为空，需要包含 service_id、paras 等字段，见表 13-6。

表 13-6 Body 字段

字 段	说 明
service_id	命令所属的设备服务 ID，在产品模型中定义
command_name	命令名称，在产品模型中定义
paras	设备执行的命令，JSON 格式，里面是一个键-值对，如果 service_id 不为空，则每个键都是 profile 中命令的参数名(paraName)；如果 service_id 为空，则由用户自定义命令格式。设备命令示例：{"value"："1"}，具体格式与产品模型相关

4）响应

如果请求成功，则返回状态码 200，响应 Body 是一个 JSON 格式的参数数据，包含 command_id 和 response 字段，其结构依赖产品模型，示例代码如下：

```
//第 13 章/代码片段
{
  "service_id" : "b1224afb - e9f0 - 4916 - 8220 - b6bab568e888",
  "command_name" : "LED1_CTL",
  "paras" : {
    "LED_STATE" : "ON"
  }
}
```

2. API 调试

1）填写信息

进入 API Explorer 调试页面，在 Region 下拉列表中选择自己账号所在的区域；在 Parameters→device_id 输入框中填写要查询的设备 ID，在 service_id 处填入要查询的属性对应的服务 ID(以案例 12.4 为设备端)。

2）填写参数

在 Body 菜单中填入设备命令对应的 service_id、command_name、paras 等参数，如图 13-22 所示。

3）调试结果

确认所写参数与产品模型中的内容相匹配，单击"调试"按钮即可将控制命令发送到设备端。如果设备端在线且应答正确，则 API Explorer 页面的右侧会显示设备的应答结果，如图 13-23 所示。

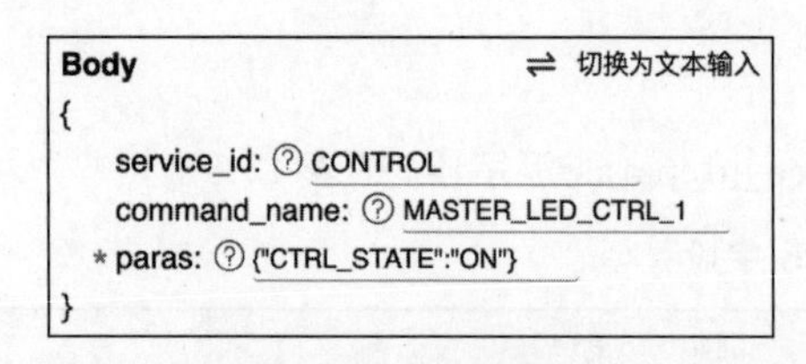

图 13-22　命令参数

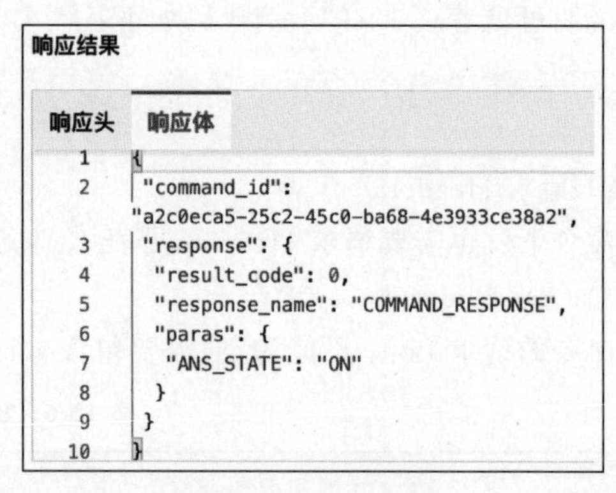

图 13-23　控制结果

23min

13.4　实战案例：小程序与设备交互

小程序经过配置以后可以和指定域名进行通信，包括 HTTPS 请求、上传文件、下载文件、WebSocket 通信。

本节以案例 13.2.3 为基础，为其添加 HTTPS 请求功能，实现设备与 App 交互。

13.4.1　小程序 HTTPS 接口

1. 域名配置

在使用小程序网络接口时，必须将域名添加到个人账号的域名列表中，不在域名列表的地址无法与小程序进行网络通信。开发者登录小程序后台 mp. weixin. qq. com，选择"开发管理"→"开发设置"→"业务域名"，单击"新增"，按照要求配置业务域名，如图 13-24 所示。

华为云应用层 API 中的设备操作接口与 Token 接口并不相同，见表 13-7，小程序开发者必须将这两个接口地址都添加到自己的域名列表中。

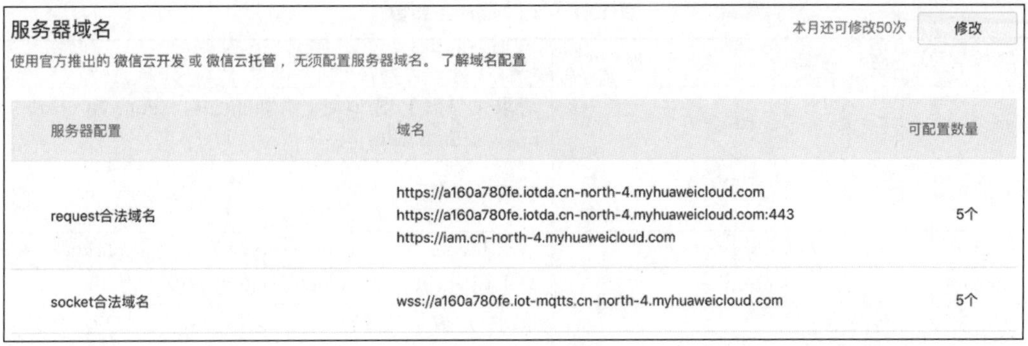

服务器域名　　本月还可修改50次　修改

使用官方推出的 微信云开发 或 微信云托管，无须配置服务器域名。了解域名配置

服务器配置	域名	可配置数量
request合法域名	https://a160a780fe.iotda.cn-north-4.myhuaweicloud.com https://a160a780fe.iotda.cn-north-4.myhuaweicloud.com:443 https://iam.cn-north-4.myhuaweicloud.com	5个
socket合法域名	wss://a160a780fe.iot-mqtts.cn-north-4.myhuaweicloud.com	5个

图 13-24　域名列表

注意：不同区域的账号，设备接口地址并不相同。域名列表中的设备接口必须包含端口号。

表 13-7　域名列表

功　　能	地　　址
IAM 用户获取 Token	https://iam.cn-north-4.myhuaweicloud.com
北京四区-操作设备接口	https://a160a780fe.iotda.cn-north-4.myhuaweicloud.com:443

2. wx.request

函数 wx.request(Object obj)是小程序中针对 HTTPS 请求的接口，开发者可通过此函数向域名列表中的地址发送 HTTPS 请求，示例代码如下：

```
//第 13 章/代码片段
wx.request({
  url: 'example.php', //仅为示例,并非真实的接口地址
  method: 'GET'
  data: {
    x: '',
    y: ''
  },
  header: {
    'content-type': 'application/json' //默认值
  },
  success (res) {
    console.log(res.data)
  }
})
```

wx.request(Object obj)中的参数 obj 是一个 Object 类型的数据，其中包含若干字段，见表 13-8。

表 13-8　wx.request 参数

字　段	必　填	类　型	说　明
url	是	string	请求的 HTTPS 地址,例如 https://iam.cn-north-4.huaweicloud.com
data	否	string/object/ArrayBuffer	请求的参数
header	否	object	请求 header,其中的 content-type 默认为 application/json
timeout	否	number	请求超时,默认为 60 000,单位为毫秒
methond	否	string	请求方法,支持 OPTIONS、GET、PUT、POST、DELETE、TRACE、CONNECT
datatype	否	string	返回的数据格式,默认为 JSON,返回后会对返回的数据进行一次 JSON.parse。如果为其他类型,则不对返回的内容进行 JSON.parse
success	否	function	接口调用成功的回调函数
fail	否	function	接口调用失败的回调函数
complete	否	function	接口调用结束的回调函数,成功或失败都会执行

13.4.2　获取 Token

使用小程序接入华为云应用层接口时必须获取 IAM 账号的 Token,该请求以 POST 方法发送,实际 URL 网址为 https://iam.cn-north-4.myhuaweicloud.com/v3/auth/tokens。开发者需要在该请求的 data 字段中添加 IAM 账号、密码等信息,如果请求成功,则 Token 位于回调函数的参数中,代码如下:

```
//第 13 章/index.js
Page({
    data: {
        token: '',
        is_source: false,
        source_time: 5000,
        room_id: 1,
        led_1: false,
        led_2: false,
        led_3: false,
        th: 20,
        rh: 20,
        lux: 20,
        gas: 20,
    },
    //页面加载时调用,此时已经开始获取 Token
    onLoad() {
        self = this;
```

```
        self.get_token();
        ...
    },
    //获取时间
    get_timer: function(e){
        this.setData({
            source_time: e.detail.value,
        });
    },
    //事件处理函数
    bind_switch(e) { ... },
    //获取房间号
    get_room(e){
        console.log("id = " + e.detail.value);
    },
    //获取认证 Token
    get_token: function(){
        wx.request({
            //请求地址
            url:'https://iam.cn-north-4.myhuaweicloud.com/v3/auth/tokens',
            //请求方式
            method: 'POST',
            //数据域
            data: {
                "auth": {
                    "identity": {
                        "methods": [
                            "password"
                        ],
                        "password": {
                            "user": {
                                "domain": {
                                    //原华为账号
                                    "name": "wjxxxx"
                                },
                                //IAM 账号
                                "name": "weijie",
                                //IAM 密码
                                "password": "wjxxxx"
                            }
                        }
                    },
                    "scope": {}
                }
            },
            header: {
                'content-type': 'application/json'
            },
            //如果请求成功,则 Token 位于 res.data.X-Subject-Token
```

```
                success: function (res) {
                    //将结果转换为字符串
                    var json = JSON.stringify(res.header);
                    //替换内容,X-Subject-Token就是实际Token值
                    json = json.replace("X-Subject-Token", "xtoken");
                    //重新转换为JSON格式
                    json = JSON.parse(json);
                    //提取数据
                    var xtoken = json.xtoken;
                    //将xtoken赋值给页面的全局变量token
                    self.setData({ token: xtoken });
                    console.log(self.data.token);
                }
            });
    },
    ...
})
```

由于后续的查询属性、下发命令等操作都需要Token，因此在小程序的页面加载函数onLoad()中调用函数get_token()，小程序启动时即可获取Token值。

13.4.3 查询属性

1. 查询请求

查询属性接口地址URL可参考13.3.2节，注意替换自己的project_id、device_id、service_id等信息。此HTTPS请求的Header中必须设置X-Auth-Token字段，如果请求成功，则在回调函数的参数中可得到设备属性，代码如下：

```
//第13章/index.js
Page({
    data: {
        token: '',
        is_source: false,
        source_time: 5000,
        room_id: 1,
        led_1: false,
        led_2: false,
        led_3: false,
        th: 20,
        rh: 20,
        lux: 20,
        gas: 20,
    },
    //页面加载时调用,此时已经开始获取Token
    onLoad() {
        self = this;
        self.get_token();
```

```
        ...
    },
    //获取时间
    get_timer: function(e) { ... },
    //事件处理函数
    bind_switch(e) { ... },
    //获取房间号
    get_room(e){
        console.log("id = " + e.detail.value);
    },
    //获取认证 Token
    get_token: function(){ ... },
    //查询属性
    query_data: function(){
        wx.request({
            //请求地址,注意替换自己的 project_id 和 device_id
            url:
'https://a160a780fe.iotda.cn-north-4.myhuaweicloud.com:443/v5/iot/{project_id}/devices/
{device_id}/properties?service_id=SENSOR',
            //请求方法
            method: 'GET',
            data: {

            },
            //请求 header,必须包含 X-Auth-Token 字段
            header: {
                "X-Auth-Token": self.data.token,
                "Content-Type": "application/json"
            },
            //请求成功的回调函数
            success: function (res) {
                self.setData({
                    lux: res.data.response.services[0].properties.LUX,
                    th: res.data.response.services[0].properties.TH,
                    rh: res.data.response.services[0].properties.RH,
                });
                console.log(res.data.response.services[0].properties.LUX);
            }
        })
    },
    ...
})
```

2. 更新页面

为控制查询的频率,可在小程序的视图层为其设置查询周期值,在“定时刷新数据”输入框中输入时间值,并打开右侧对应按钮才可定时查询属性。在逻辑层中为“刷新”按钮绑定一个处理函数 bind_switch(),代码如下:

```
<!--第 13 章/index.wxml -->
<view class="container">
```

```
    ...
    < view class = "h_container">
        < text class = "left_text">定时刷新数据</text >
        < input type = "number" value = "{{source_time}}" bindinput = "get_timer"
                style = "border: solid 2px red;width:200rpx"></input >
        < switch id = "is_source" checked = "{{is_source}}"
                 bindchange = "bind_switch"></switch >
</view >
...
<//view >


//第 13 章/index.js
Page({
    data: { ... },
    //页面加载时调用,此时已经开始获取 Token
    onLoad() { ... },
    ...
    //事件处理函数
    bind_switch(e) {
        //获取控件 id
        var sw_id = e.currentTarget.id;
        //获取 switch 控件当前的状态
        var sw_value = e.detail.value;
        //根据 id 跳转相应的函数
        if(sw_id == "is_source"){
            if(sw_value){
                //开启定时器,定时调用函数 query_data()
                timer = setInterval(self.query_data, self.data.source_time);
            }else{
                //关闭定时器
                clearInterval(timer);
            }
        }
    },
    ...
})
```

3. 查询结果

如果设备端订阅了与查询属性相关的主题,并做出正确应答响应,则小程序页面会定时刷新传感数值,如图 13-25 所示。

注意:设备主动上报数据并不是在应答 App 的查询请求,为响应 App 查询属性请求,设备必须订阅相关主题,并做出应答操作。

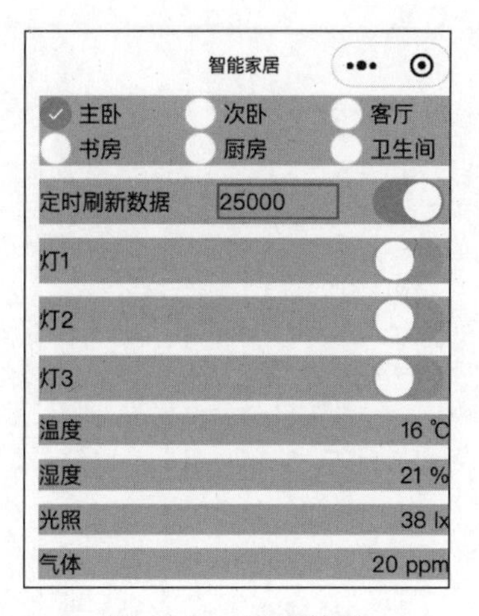

图 13-25 查询结果

13.4.4 命令下发

1. 命令请求

命令下发接口地址 URL 可参考 13.3.2 节，注意替换自己的 project_id、device_id、service_id 等信息。此 HTTPS 请求以 POST 方式发送，请求 Header 中必须设置 X-Auth-Token 字段，请求 Data 中需要包含 service_id、command_name、paras 等字段，代码如下：

```
//第 13 章/index.js
Page({
    data: {
        token: '',
        is_source: false,
        source_time: 5000,
        room_id: 1,
        led_1: false,
        led_2: false,
        led_3: false,
        th: 20,
        rh: 20,
        lux: 20,
        gas: 20,
    },
    //页面加载时调用,此时已经开始获取 Token
    onLoad() { … },
    //获取时间
    get_timer: function(e){ … },
    //事件处理函数
    bind_switch(e) { … },
    //获取房间号
    get_room(e) ) { … },
```

```
    //获取认证 Token
    get_token: function()) { ... },
    //查询属性
    query_data: function(){ ... },
    //控制 LED
    ctl_led: function (led, state) {
        var command_name = "LED1_CTL";
        var led_state = "ON";
        //得到 commandname 和 paras
        if(led == "led_1") {
            command_name = "LED1_CTL";
            if(state) {
                led_state = "ON";
            } else {
                led_state = "OFF";
            }
        } else if (led == "led_2") {
            command_name = "LED2_CTL";
            if(state) {
                led_state = "ON";
            } else {
                led_state = "OFF";
            }
        } else if(led == "led_3") {
            command_name = "LED3_CTL";
            if(state) {
                led_state = "ON";
            } else {
                led_state = "OFF";
            }
        }
        //发起控制请求
        wx.request({
            //请求地址,注意替换自己的 project_id 和 device_id
            url:
'https://a160a780fe.iotda.cn-north-4.myhuaweicloud.com:443/v5/iot/{project_id}/devices/
{device_id}/commands',
            //请求方法
            method: 'POST',
            //请求数据
            data: {
                "service_id": "LED",
                "command_name": command_name,
                "paras": {
                    "STATE_CTL": led_state,
                }
            },
            //请求 header,必须包含 X-Auth-Token
            header: {
```

```
                "X-Auth-Token": self.data.token,
                "Content-Type": "application/json"
            },
            //请求成功回调函数
            success: function (res) {
                console.log(res);
            }
        })
    }
})
```

2. 页面控制

为实现LED控制功能,需将小程序的视图层控件与逻辑层变量绑定在一起,并为控件设置事件处理函数,代码如下:

```
<!--第13章/index.wxml-->
<view class="container">
    ...
    <view class="h_container">
        <text class="left_text">灯 1</text>
        <switch id="led_1" checked="{{led_1}}"
                bindchange="bind_switch"></switch>
    </view>
    <view class="h_container">
        <text class="left_text">灯 2</text>
        <switch id="led_2" checked="{{led_2}}"
                bindchange="bind_switch"></switch>
    </view>
    <view class="h_container">
        <text class="left_text">灯 3</text>
        <switch id="led_3" checked="{{led_3}}"
                bindchange="bind_switch"></switch>
    </view>
    ...
</view>


//第13章/index.js
Page({
    ...
    //事件处理函数
    bind_switch(e) {
        //获取控件 id
        var sw_id = e.currentTarget.id;
        //获取 switch 控件的值
        var sw_value = e.detail.value;
        //控制 LED
```

```
        if(sw_id == "led_1" || sw_id == "led_2" || sw_id == "led_3") {
            self.ctl_led(sw_id, sw_value);
        }
        //控制刷新属性的频率
        else if(sw_id == "is_source") {
            if(sw_value) {
                timer = setInterval(self.query_data, self.data.source_time);
            } else {
                clearInterval(timer);
            }
        }
    },
    ...
})
```

3. 控制结果

如果设备已经上线，则单击小程序页面的 LED 控制按钮后可看到设备端 LED 会发生状态改变，并且小程序可收到设备端的应答，应答代码如下：

```
//第 13 章/命令应答结果
{data: {…}, header: {…}, statusCode: 200, Cookies: Array(0), errMsg: "request:ok"}
Cookies: Array(0)
length: 0
nv_length: (...)
__proto__: Array(0)
data:
command_id: "1f2f062c-42de-44d3-a0a2-c6c64f5df67d"
response:
paras: {ANS_STATE: "ON"}
response_name: "COMMAND_RESPONSE"
result_code: 0
__proto__: Object
__proto__: Object
errMsg: "request:ok"
header: {Date: "Sat, 18 Mar 2023 07:24:51 GMT", Content-Type: "application/json; charset=
UTF-8", Transfer-Encoding: "chunked", Connection: "keep-alive", Server: "api-gateway",
…}
statusCode: 200
```

13.5 本章小结

本章以微信小程序为基础，介绍了华为云应用侧的开发流程。各大云平台应用侧接口虽然不尽相同，但其开发流程大致一样。云平台为应用侧开发者提供了测试平台，开发者可在测试平台做模拟测试，得到数据流后可转向实际应用开发。上层应用也是物联网解决方案中必不可少的一环，一个合格的物联网工程师应该能够开发出上层的测试样例。

参考文献

[1] 付强. 物联网开发：从0到1构建IoT平台[M]. 北京：机械工业出版社，2020.

[2] 徐凯. IoT开发实战：CoAP卷[M]. 北京：机械工业出版社，2017.

图书推荐

书 名	作 者
深度探索 Vue.js——原理剖析与实战应用	张云鹏
剑指大前端全栈工程师	贾志杰、史广、赵东彦
Flink 原理深入与编程实战——Scala＋Java(微课视频版)	辛立伟
Spark 原理深入与编程实战(微课视频版)	辛立伟、张帆、张会娟
HarmonyOS 应用开发实战(JavaScript 版)	徐礼文
HarmonyOS 原子化服务卡片原理与实战	李洋
鸿蒙操作系统开发入门经典	徐礼文
鸿蒙应用程序开发	董昱
鸿蒙操作系统应用开发实践	陈美汝、郑森文、武延军、吴敬征
HarmonyOS 移动应用开发	刘安战、余雨萍、李勇军 等
HarmonyOS App 开发从 0 到 1	张诏添、李凯杰
HarmonyOS 从入门到精通 40 例	戈帅
JavaScript 基础语法详解	张旭乾
华为方舟编译器之美——基于开源代码的架构分析与实现	史宁宁
Android Runtime 源码解析	史宁宁
鲲鹏架构入门与实战	张磊
鲲鹏开发套件应用快速入门	张磊
华为 HCIA 路由与交换技术实战	江礼教
华为 HCIP 路由与交换技术实战	江礼教
openEuler 操作系统管理入门	陈争艳、刘安战、贾玉祥 等
恶意代码逆向分析基础详解	刘晓阳
深度探索 Go 语言——对象模型与 runtime 的原理、特性及应用	封幼林
深入理解 Go 语言	刘丹冰
深度探索 Flutter——企业应用开发实战	赵龙
Flutter 组件精讲与实战	赵龙
Flutter 组件详解与实战	[加]王浩然(Bradley Wang)
Flutter 跨平台移动开发实战	董运成
Dart 语言实战——基于 Flutter 框架的程序开发(第 2 版)	亢少军
Dart 语言实战——基于 Angular 框架的 Web 开发	刘仕文
IntelliJ IDEA 软件开发与应用	乔国辉
Vue＋Spring Boot 前后端分离开发实战	贾志杰
Vue.js 快速入门与深入实战	杨世文
Vue.js 企业开发实战	千锋教育高教产品研发部
Python 从入门到全栈开发	钱超
Python 全栈开发——基础入门	夏正东
Python 全栈开发——高阶编程	夏正东
Python 全栈开发——数据分析	夏正东
Python 游戏编程项目开发实战	李志远
量子人工智能	金贤敏、胡俊杰
Python 人工智能——原理、实践及应用	杨博雄 主编，于营、肖衡、潘玉霞、高华玲、梁志勇 副主编
Python 深度学习	王志立
Python 预测分析与机器学习	王沁晨
Python 异步编程实战——基于 AIO 的全栈开发技术	陈少佳

续表

书　　名	作　　者
Python 数据分析实战——从 Excel 轻松入门 Pandas	曾贤志
Python 概率统计	李爽
Python 数据分析从 0 到 1	邓立文、俞心宇、牛瑶
FFmpeg 入门详解——音视频原理及应用	梅会东
FFmpeg 入门详解——SDK 二次开发与直播美颜原理及应用	梅会东
FFmpeg 入门详解——流媒体直播原理及应用	梅会东
FFmpeg 入门详解——命令行与音视频特效原理及应用	梅会东
Python Web 数据分析可视化——基于 Django 框架的开发实战	韩伟、赵盼
Python 玩转数学问题——轻松学习 NumPy、SciPy 和 Matplotlib	张骞
Pandas 通关实战	黄福星
深入浅出 Power Query M 语言	黄福星
深入浅出 DAX——Excel Power Pivot 和 Power BI 高效数据分析	黄福星
云原生开发实践	高尚衡
云计算管理配置与实战	杨昌家
虚拟化 KVM 极速入门	陈涛
虚拟化 KVM 进阶实践	陈涛
边缘计算	方娟、陆帅冰
物联网——嵌入式开发实战	连志安
动手学推荐系统——基于 PyTorch 的算法实现（微课视频版）	於方仁
人工智能算法——原理、技巧及应用	韩龙、张娜、汝洪芳
跟我一起学机器学习	王成、黄晓辉
深度强化学习理论与实践	龙强、章胜
自然语言处理——原理、方法与应用	王志立、雷鹏斌、吴宇凡
TensorFlow 计算机视觉原理与实战	欧阳鹏程、任浩然
计算机视觉——基于 OpenCV 与 TensorFlow 的深度学习方法	余海林、翟中华
深度学习——理论、方法与 PyTorch 实践	翟中华、孟翔宇
HuggingFace 自然语言处理详解——基于 BERT 中文模型的任务实战	李福林
AR Foundation 增强现实开发实战（ARKit 版）	汪祥春
AR Foundation 增强现实开发实战（ARCore 版）	汪祥春
ARKit 原生开发入门精粹——RealityKit + Swift + SwiftUI	汪祥春
HoloLens 2 开发入门精要——基于 Unity 和 MRTK	汪祥春
巧学易用单片机——从零基础入门到项目实战	王良升
Altium Designer 20 PCB 设计实战（视频微课版）	白军杰
Cadence 高速 PCB 设计——基于手机高阶板的案例分析与实现	李卫国、张彬、林超文
Octave 程序设计	于红博
ANSYS 19.0 实例详解	李大勇、周宝
ANSYS Workbench 结构有限元分析详解	汤晖
AutoCAD 2022 快速入门、进阶与精通	邵为龙
SolidWorks 2021 快速入门与深入实战	邵为龙
UG NX 1926 快速入门与深入实战	邵为龙
Autodesk Inventor 2022 快速入门与深入实战（微课视频版）	邵为龙
全栈 UI 自动化测试实战	胡胜强、单镜石、李睿
pytest 框架与自动化测试应用	房荔枝、梁丽丽